刘媛媛 / 著

PRECISE
EFFORT

精准努力

刘媛媛的逆袭课

湖南文艺出版社
博集天卷

Precise Effort

**被安排得明明白白，
不如主动出击未来。**

**精准努力：
刘媛媛的逆袭课**

一个普通的寒门小孩，
向上的路又窄又陡，
翻越命运的可能性小
而又小，
但是你说，
爬还是不爬？

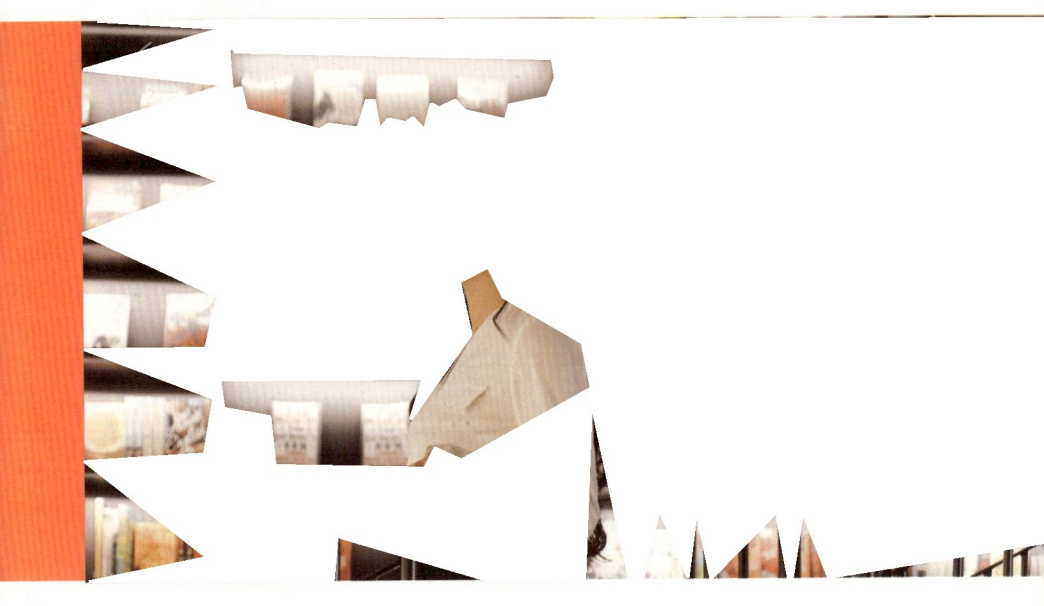

Precise
Efffort

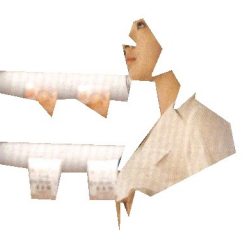

Precise Effort

弯下你的腰，
在走一条花路之前，
走你的水路、泥路、
坎坷不平的土路。

精准努力：
刘媛媛的逆袭课

命运给你一个比别人低的起点,是希望你奋斗出一个绝地反击的故事。

Precise Effort

精准努力:
刘媛媛的逆袭课

目录

Contents

Precise Effort

Preface 自序 我不想死于一事无成

/ 001

Chapter One 目标篇

别把宝贵的时间，浪费在有用的事情上　　/ 002
二十几岁的你，一定要想明白这三个问题　　/ 007
目标制定：为什么你制定的目标，从来完不成　　/ 016
你拥有的那些，正在毁掉你　　/ 022
甜蜜点和能力圈：不懂的事情，一定不要做　　/ 027
为什么我说，喜欢的事情不要选　　/ 034
位置选择：你所在的位置，决定你的价值　　/ 039

Chapter Two 策略篇

财富系统：从今天开始，想想赚钱这回事　　/ 048
成功三角形：逆袭必备的三种技能　　/ 054
加入杠杆：让你的努力，带来翻倍的收获　　/ 072
六步循环：让你没有做不成的事　　/ 081
人生错题本：最好用的进步神器你有吗？　　/ 098

Chapter Three
执行篇

笔记和 GTD：消除内心声音，提高专注度　　/ 118
根治拖延症：亲测有效的及时行动方法　　/ 127
精力有限理论：时间花到哪里，哪里就是你的人生　　/ 146
热爱：懒惰不是你人生的死敌，不热爱才是　　/ 158
深度工作：专注的时间，才有意义　　/ 163
永不放弃：让坚持变得更容易　　/ 174

Chapter Four
心态篇

焦虑自愈：过得太舒服，可能是因为没有进步　　/ 184
练习幸福：这些小方法，可以让你更开心　　/ 201
心智成熟：有勇气面对现实的人，才是真正的猛士　　/ 207
性格自由：做自己的资格，不是每个人都有的　　/ 213
学会不生气：别让情绪成为你进步最大的阻力　　/ 226
重塑大脑：只要成功六次，你就能成为自信的人　　/ 247

Chapter Five
社交篇

不强大的人，怎么社交才有用　　/ 262
社交关系分层：别把最好的时间，给了不对的人　　/ 271
印象管理：成为你想成为的人　　/ 280
说话交易理论：如何说话才能受欢迎　　/ 292

Chapter Six
学习篇

背景知识：阅读理解能力，
是最基础的能力　/ 306
深度思考：把问题想明白，然后解决掉　/ 313
吸星大法：那些学得快的人，
到底厉害在哪里　/ 322
学习就是加速度　/ 328

End
写在最后：
年轻没有用　/ 338

Precise Effort

**精准努力：
刘媛媛的逆袭课**

扫描二维码，关注后回复文章标题，即可获得该篇文章的思维导图。
集齐 32 篇思维导图并分享，即可获赠价值 99 元的音频版本"逆袭课"。
具体获赠规则，公众号后台回复"规则"即可查看。

Preface

自序 **我不想死于
一事无成**

有位读者曾在公众号后台给我留言：我很羡慕你的人生，仿佛开挂一样。当时我还为这件事情发了一条微博，因为真的太感慨了。

从来没有想过有一天，会有人羡慕我。羡慕我人生开挂，羡慕我拥有很多。

十一二岁离开家到外地求学，每次离开家都要从家里骑车到镇上的车站，坐两个小时的车晃晃悠悠到市里，然后背着行囊转乘公交车到学校，刚进校门就看到同学的家人开车来送她。那是个秋天的下午，我到现在都记得她当时穿了一件紫色的毛衣。那时候没人会觉得我的人生跟开挂有什么关系，毕竟我是那种普通话都说不好的、体育课没有运动鞋穿的女生。

14岁，我勉强考上了当地不错的高中，结果进班就成绩垫底，我在自己的日记本上写：这里的人都太厉害了，到底怎么样才能脱颖而出，考上北大？同桌说我"要啥没啥，心气还大"。那时候，我的人生和开挂也没有关系。

17岁考上大学，四年大学期间，我的体重一直保持在一百二十斤以上，大三时的小男友逢人就说我人很好，生怕别人看不到我的优点。是的，那时的我不漂亮，成绩不好，整个人处于无缘北大的颓丧中，对生活一点劲也提不起来，那时候不会有人觉得我人生开挂。

22岁，我毅然决然辞职考研，在北大东南门租了个破房子备考。冬天的晚上，睡觉前把鞋放到暖气片上烤，醒来后一摸还是凉的，夏天则闷得浑身起荨麻疹，那时候觉得自己前途灰暗，全靠做梦。彼时彼刻，绝不会有人跟我说我人生开挂。

23岁，误打误撞去参加选秀节目，第一轮比赛差点被淘汰。朋友说，这一行根本就不是我应该来的。于是自己蹲在楼道里哭到手脚发软，被人发现以后还假装是被别人的演讲感动了。那时候"开挂"这两个字，也离我好远。

26岁毕业创业，公司要搬家，我不舍得花钱，就自己组装桌子，用手一颗一颗地拧螺丝钉。下班回家走在路上，觉得人这一辈子怎么那么长，怎么熬也熬也不完；北京的人怎么这么多，哪儿哪儿都是人；路灯怎么那么亮，怎么躲也躲不开；世界那么大，到底我会落在哪儿？那时候有人跟我说开挂，我觉得是个笑话。

说来说去，都是鸡汤。到现在我也不觉得自己人生开挂，人生处处有南墙，随时准备头破血流。

有时坡底，有时坡峰，坎坷是坎坷，曲折倒也曲折，可人生就这么一条道，向上或者向下，不管在什么点上，没有别的选择。
所以，我的选择是：向上，向上，向上。
我真的很努力。
一直觉得，自己努力的原因是什么都没有，单枪匹马，毫无依仗，只能自己拼出一条路。

到了后来，当我拥有了一些别人羡慕的东西，车子与房子，自由与事业。我仍然拼，随时做好准备失去一切。

我跟自己说，反正你已经拥有这么多，怎么折腾都能活下去，还有什么好怕的？

原来我努力的动力，从来不是为了拥有什么。

我从不怕苦，我怕自己死于一事无成。

年少时我做过差生，上大学时也庸庸碌碌，在那些毫无追求的日子里，我外表平静，但内心一直都在翻腾。我觉得生命不该这样默默无闻地逝去，青春不该这样风平浪静地衰退。我要的是波澜壮阔，要的是波涛汹涌，要的是起伏跌宕，要的是热闹轰动，那时我的QQ签名上写的是：我是一座活火山，随时爆发。

人生走到低谷时，我最喜欢看励志书。

许多人比我聪明，许多人比我漂亮，许多人比我家境好还更努力，许多人比我有天赋还更自由，许多人比我幸运。我从未羡慕，也没有羡慕的资格，我只是一遍一遍地告诉自己：你看，那些看起来比你更弱的、更差的、更笨的人，他们最后都做到了。

我不一定能成为他们，他们也没有证明弱小和成功之间有必然联系，他们只是证明了可能性。

如果只有一点点可能，你还愿不愿意付出，敢不敢去努力？

我愿意的。

所以我从未停止过探索更多的人生可能。

你问我是否觉得辛苦。

其实努力不辛苦的，真正辛苦的是无望的坚持。

如果一个人不知道自己脚下的路通向何方，更不懂得正确的走路姿势，那他的每一步都是难的，每一次坚持都是痛的。

但如果你知道自己在哪里，要走向哪儿，怎么走，就根本不会在意自己吃了多少苦，流了多少汗。

这一点是我在高中时发现的。

那时候我每天早上几乎是整个女生宿舍楼里起得最早的，冬天天未亮，我就奔出宿舍楼，去教学楼旁的小亭子下面背英语单词。

晚上我在被窝里打着手电筒做题，担心宿管阿姨发现了给班级扣分。

我每天都兴致高昂，充满希望，那是因为我知道成绩进步的秘密。

所以我也能理解同学们为什么痛苦：他们不知道自己做的事情是为了什么，不知道每天做一道题目的作用是什么，甚至不知道自己在做什么，所以会觉得前途遥远，步步为难。

所以你看，其实努力不辛苦的，如果你会努力的方法的话。

在本书当中，我总结了所有我实践过的努力的方法，这些都是在我人生的某个阶段起到了重要作用的。

我把这些方法按照做事的环节分为六个部分，包括：

一、目标篇。

在这部分，我写下了制订有效目标的方法。

二、策略篇。

在这部分，主要分享我实现目标的方法和策略。

三、执行篇。

在这部分，我写了高效执行的秘密，包括如何及时开始，怎么保持专注，以及如何长期有效地坚持。

四、心态篇。

心态是努力最大的动力，在这部分，我写了自己如何保持自信的状态，以及克服焦虑的方法等。

五、社交篇。

作为一个内向的人，社交对我来说是巨大的损耗，在这部分我分享了有效的社交策略。

六、学习篇。

学习能力是一个人逆袭的最佳武器，在这里，我分享了学习的方法。

以上就是整本书的主要内容。

其中最核心的一个思想，就是把有限的资源，通过合理的安排，发挥最大的作用。

是的，我拥有的东西很少，一点点可怜的才能，一个帮不上忙的家庭，不占优势的外貌。时间有限，精力不多，没钱没势。

但是我会让这些东西发挥最大的作用，去做天大的事情。

祝你阅读愉快。

One
目标篇

我们这辈子都在和问题打交道，
一堆问题向你涌来的时候，
你必须识别出关键的问题；
一堆事情要做的时候，
必须确定最重要的事情是什么。

别把宝贵的时间，
浪费在有用的事情上

有两种人喜欢说"慢慢来"。

一种是心里没数的人，当他看到周围人进步都很快的时候，会安慰自己，慢慢来不要急，一步一个脚印。实际上他根本没有高瞻远瞩的能力，不知道应该做什么，与其说一步一个脚印，不如说只能走一步看一步，想到什么做什么。

另一种是心里有数的人，这种人知道自己的目标和路径，有属于自己的做事节奏和速度，全心全意地向着自己的目的地奔跑。因为知道自己在做的事情到底有什么意义，所以并不会被周围人影响。

第二种人当然是少数的聪明人，第一种人就是"伪踏实人"。

踏实是个好品质，但是有时候我们赋予它的赞美，掩藏了问题本身。许多人就在这种思维之下，踏踏实实地做了许多无用的事情。

不是每一件事都是当下最值得做的事情。

产品质量管理当中有一个法则叫作"重要少数法则"。

这个法则是由质量管理专家约瑟夫·朱兰提出的，他的名字有点长，我们就叫他朱兰好了。

朱兰认为，大多数品质不良的问题能够形成，可以归因为重要的少数，其余的小瑕疵，才是属于不重要的多数造成的。

所以我们在处理质量问题的时候，应该先处理重要的少数。

他用大量的统计分析证明，在发生质量问题的时候，20%的问题是由基层操作人员的失误造成的，但是80%的问题是由领导者造成的；而80%的领导问题，又是在20%的重要环节上造成的，这就是质量管理当中的"二八原则"。

这个原则对我的人生产生了很重要的影响。

每次开始做一件新的事情的时候，都会经历一个逐步完善的过程。

刚开始大家总是漏洞百出。

比如那时候去参加《超级演说家》的比赛，发现自己从发型到着装，从演讲气场到演讲内容，通通不对。

在这样的情况下，人会做出两个选择：

第一个，告诉自己慢慢来，先从发型开始改变，再改变着装，再去抓演讲内容的质量等等。

第二个，抓瞎，手忙脚乱。

但其实这两个选择都不够明智，当你方方面面都在崩塌的时候，你应该静下来想一想，接下来的精力到底花在哪里，才能有效地解决大多数问题。

我当时的选择是改变内容。

自己说话的节奏还不错，加上好的内容，还是有取胜的可能的。

果然内容改变之后，大多数问题都被解决了，剩下的就是一些不影响大局的瑕疵。

人很容易落入"只要有用"的陷阱。

如果你认为一件事情只要有用，不管是能提升生活质量还是工作效率，就值得去做，你会很容易陷入努力的沼泽。

无论怎样投入，都得不到想要的收获。

有用不等于值得。

我在《非你莫属》上遇见过这样一个选手，考研、考公务员、考事业编，考了两年结果都没有考上，当主持人问他浪费了这两年是什么感受时，他说："这段时光也是很有意义的，并没有浪费，在这个过程中自己也收获了很多，所以觉得值得。"

可是不能有一点收获就觉得值得，不管多么错误的事情，人类都能从中思考出意义来，但如果没有做这样错误的选择，我们本来可以收获更多。

所以值不值得，要把机会成本考虑进去。

我也曾经落入过这样的陷阱。

大学期间比较迷茫，觉得自己处处不够好，处处是问题，所以总是盲目地要求自己去关注很多信息，我的电脑里收藏了许多新闻网页，从政治到娱乐，从经济到军事，仿佛每天看这些就可以打开所谓的格局，拓宽所谓的眼界。

我还要求自己学许多东西，寝室的墙上贴着"要学英语"，但其实也不知道学英语的目的是什么；

要求自己读书，可是读书的范围也不确定，在图书馆只要看到好书，就觉得对自己有用，借回来之后乱看，并未形成什么知识系统。

毕业以后才发现，那个时候最重要的事情反而没有做，能够改善未来命运最关键的 20% 的事情没有做。

那就是去寻找未来的职业方向。

我应该多去尝试、了解和探索自己的兴趣和特长；选定未来的职业道路；为自己的选择做充分的准备。

这个问题遗留到大学解决其实已经很晚了，然而大多数人仍然没有意识去做最重要的事情。

我邀请过一位成功的职场人来做讲座，她是一家世界 TOP 20 的跨国公司的高管，说到自己的大学生涯，她说从大二就开始搜集各种求职信息，去接触学长学姐，了解到了一些行业和职位的情况，最终结合自己的英语特长和专业锁定了几家外企，充分地研究这些企业的招聘要求。大四一毕业，轻轻松松地就从上千名应聘者里脱颖而出。

为何你的努力和别人的努力总是有差别？

因为任何事情都有它重要的 20%，二八原则告诉我们：80% 的成果都是由 20% 的努力产生的。

如果能够抓住关键的环节，就可以以更少的投入，收获更大的回报。

这并不是教大家怎么投机取巧，我们只是在追求有效。

人的专注力、时间、精力都是有限的，这件事我会在本书当中反复提及，一直到它成为你全身每个细胞都记住的事情。

所以我们必须选择一种有节制的、更专注的努力方式，去追求更高的效率，追求有用功。

带着这个思路去做事情，就能排除那些不重要的事，甚至排除很多根本就不必要的事。

我来举个具体操作的例子。

昨天我的公众号后台有粉丝提问。

他说，自己的性格很懦弱，总是被别人欺负，就连刚来的新人也看不起他，人际关系让他很苦恼。雪上加霜的是他的业务做得也不够好，加上不大会说话，导致领导也不喜欢他。这一切导致他很自卑，他问我应该怎么改变自己的性格，是不是应该去学习一下沟通和表达？

我说，不要轻举妄动。你先分析一下，在这些问题当中，性格懦弱，跟同事处不好，不会说话，业务不好，领导不喜欢，自卑苦恼，哪个部分是关键的20%，解决哪个部分就能解决大部分问题？

我认为关键的20%是把自己的业务能力提高，只要把业务能力提高，就能解决所有问题当中的80%，就可以增强自信，得到同事跟领导的尊重。

如果天天去讨好同事，那就南辕北辙了。

所以在不知道什么问题是关键问题的时候，要把通往目标遇到的所有问题全部列举出来。

问自己：

是哪些问题，导致你对现在的生活不满意？

其中的哪些问题是你认为的主要问题？

这些问题的解决，是否可以促进其他问题的解决？

通过自问自答，圈定其中关键的部分，然后在这20%的领域，投入专注的卓绝努力，去得到80%的收获。

改掉只要有用就去做的思维，也可以反过来思考这个问题：如果我只做三件事，我应该做哪三件？

如果只做一件呢？

这一件对促进解决其他问题是不是有用的？

我们这辈子都在和问题打交道，一堆问题向你涌来的时候，你必须识别出关键的问题；一堆事情要做的时候，必须确定最重要的事情是什么。

拥有这种思维的人，才能赢得更快。

二十几岁的你，
一定要想明白这三个问题

一开始我对去大学做讲座充满热情，因为我是从这个阶段走过来的，我太知道他们的困惑了，对于如何度过这段时光，我太有心得了。

但是逐渐地我开始觉得，其实我说再多也没有用。

我有答疑解惑的耐心，可是他们未必有解决问题的耐心，即便得到了答案，他们还是会翻来覆去地问。

只问，也不行动。

二十几岁的时候，我们困惑的问题大概有三个：
第一个问题，不知道自己将来干什么。

人活着要做什么，这个问题我也想了好久好久。

小时候躺在妈妈身边，睡不着，会想着和妈妈的相处时间在一分一秒地减少。

她每呼吸一次，就过去了两秒钟，那么她的余生和我的余生就减少了两秒钟。

我们离彼此的死亡，又接近了两秒钟。

顿时就变得焦虑起来。

那时候才10岁出头,在外地求学,轻易不回家,我和妈妈一个月只见面两天,所以与她相处的时间真的太珍贵了。

我有时候会愤恨,老天爷派我们人类来到世界上到底是为了什么,难道让人活着,就是为了让人遇见爱,然后再遭受离别吗?

我大学四年都像个幽魂一样,不知道自己的将来在哪里,只知道自己不要什么。

偶尔看到一个优秀的人,一个名人,或者成功的人,就会把他们的样子当成我的梦想,直到真正去实践,才发现不现实和不合适。

好在我知道自己为什么会这样,所以虽然焦虑,但是不至于惊慌。

我们大部分人,20岁之前的人生只学会了一件事情,就是考试。

学习根本不是学习,读书也不能称为读书,在学校的全部生涯就是考试、考试和考试。老师不会带你去看大自然,不会给你讲原理,他们只会告诉你知识,以及正确的答案。

在上学期间,我们拼的是谁能快速解题,谁能快速地找到那个唯一的、正确的答案。

没有人问过你喜欢什么,可能你学习成绩不好,但是除此之外你也一无所长,你被安排着学习一切,又被训练着去模仿老师找答案,所以当你突然从那一道门迈出来,看到选择,看到大千世界,一下就迷茫了。

迷茫是正常的。

考上大学,选个专业,并不是人生定向,一切只是刚刚开始,要花很长时间去自己探索和寻找答案。我,到底要做些什么?

而许多人之所以浮躁,就是因为他们在刚刚拿到这道题目的时候,就想要一个答案。就好比上学的时候，他们只要看到一道不会做的题目，就想着往后翻几页。

可人生已经没有标准答案了，甚至有些人连题目是什么都没搞清楚。
只能自己耐心地去想，去看。

我找到的答案是这样的：
在我活着的时候，我有三件事情需要做。
首先，承担责任。例如赡养父母，给他们更好的生活。
其次，实现自我。人有实现自己能力的需求，我们必须感受到自我价值，才能幸福。我有许多梦，也有一些闪光的才华，更有许多不着边际的想法，所以我要找到属于我的麦田，挥洒我的汗水，彻彻底底完成自我实现。
再次，余力造福于人。一定要学会给予更多，给认识的、不认识的人。奉献是会让人感到快乐的。

这三条就是我人生的秩序，它不是绝对正确，但是符合我的性情和价值观，所以当我做选择的时候，会按照这三个标准从上到下去考量。知道自己要做什么，一切就有了答案。

如何实现自我？未来找到的那件能够让你充分绽放的事情，无非就这三种：
你喜欢的。
你擅长的。
你眼下拥有的。

听起来很简单，但是喜欢什么？擅长什么？能接触到的机会是什么？这够一个年轻人去想好几年了。

所以，一定要有耐心。

二十几岁的时候，我们困惑的第二个问题是，不知道怎么做自己。

朋友跟我闹矛盾了，我该怎么办？去道歉，回头又嫌弃自己怂。刚到底，又觉得自己很没有气度。

类似这样的问题出现，都是自我比较模糊的一种表现。

我们不知道自己应该是什么样子，我们被社会的观念绑架，被父母的看法干扰，被朋友和周围人的目光挟持。

对自我的不确定性，让我们又不够欣赏和喜欢自己，于是这一切犹豫都变成了自我嫌弃。

记得上学时候朋友很喜欢聚餐，每每这个时候我总是来回摇摆。

其实我不想去，一方面我不喜欢在社交上花费时间，另一方面每个月生活费就一千多块，吃一顿饭可能就要花去十分之一。不过，我不好意思拒绝。一方面，我莫名其妙地认为社交是有必要的；另一方面，我又不想扫兴。后来我问自己的内心：你是不是真的很需要社交？

我读了很多书，确定了一个答案，那就是需要。不是因为功利，而是因为和周围人的联系，是你确定自己存在感的方式，和幸福本身有关系。所以不要盲目地被朋友圈鸡汤文煽动，放弃所有的社交。但是这个社交需求是不是只有通过聚餐才能满足？

并不是。我有其他的途径可以和朋友亲近。

没有谁会认同这句话：一个人只要不经常和朋友聚餐，就不配拥有朋友。对吗？

一旦解决了这个内心冲突，我立刻变得舒服了起来，当接到聚餐邀请的时候，我会盘算一下自己手头的任务和当月剩余的生活费，条件允许的话我就开开心心地答应，条件不允许时就果断地拒绝并坦然地祝大家玩得开心。

认识自己是个漫长的过程。你要看很多书，从书中去寻找自己的影子，解释自己解释不了的事情，认识自己没有认识到的那一面。你还要细心地观察自己的情绪，了解自己需要什么，应该怎么做。

这太难太难了。

《非暴力沟通》的书里讲，在与人的交往中，人起码分为三个阶段：
第一个阶段是讨好期；
第二个阶段是独立期；
第三个阶段是平衡期。

任何事情，只要分为三个阶段，就会显得很有道理，当然确实也有道理。

我们的成长期总体也可以分为类似的三个阶段：
第一个阶段是听话期；
第二个阶段是挣脱期；
第三个阶段是自由期。

二十几岁的时候，我们大多数人处于第二个阶段，即寻找自我的挣脱期。我们想要听从内心的声音，然而这个声音又不够明朗。

好孩子有一个重要的标准就是听话，听谁的话呢？听爸妈的话，听社会标准怎么说。而当你不想听话的时候，你就走到了第二个阶段，这个时候的你矛盾、困惑、较劲，这些都是必然会经历的过程。

走过这一程，就能达到真正的自由状态。

一切选择都是我的选择，我做的所有的事情都感觉舒服，对自己全部接纳。

二十几岁的时候，我们困惑的第三个问题是，不知道怎么实现自己的梦。

我有个朋友，是理工科的学生，并且在985院校就读。

他的专业，抱歉，到现在我还是没有搞懂，叫作信息技术与工程，好像是计算机相关的专业，但是听上去范围很广，我确实不知道是学什么的。

我这个学信息技术与工程的朋友，他的梦想是做音乐。但是第一，他在音乐方面并没有展露出什么天分。第二，他确实毫无经验，并且现在学习的专业和音乐相差甚远。

毕业的时候他去了一家互联网公司工作，跟我诉说了内心的不情愿，一直到那个时候我才知道他喜欢音乐。我才发现，他的歌单里有许多我连名字都不知道的歌，并且他能够详细地说出每一首歌的风格。

我问他："你为什么不追求你的梦想呢？"

他说："你为什么忽然变得这么幼稚，现实一点好不好？怎么可能，音乐这条路很难走，成功率太低了。"

我说："我不是这个意思，我只是想问你，在校期间你参加过学校的音乐节吗？你尝试过写歌吗？你学习了一些音乐的相关知识吗？"

对于这些问题的答案，他的回答是：没有、没有和没有。

我叹气，然后说了很重的话，我说："你不配把音乐称为你的梦想。"

从我参加完《超级演说家》这个节目以后，就一直有人在问我，如何才能去参加这个节目。

我一般会问对方：你去《超级演说家》的官方微博留言了吗？发私信了吗？你关注它的公众号，看招募信息吗？甚至，你从地图上就可以查到这个节目组的办公地址，你去过那里试试看，问一下吗？

通通没有。

人已经懒惰到这种程度,他有一个梦想,却连实现的方法都要问别人,连动动手指都不肯。

我告诉我那个有音乐梦想的朋友,我上大学时的一个师兄是怎么做的。

他是一个法律系的学生,喜欢音乐,所以努力成为学校合唱团的指挥,自己写歌,自己去找录音棚录制,然后上传到音乐网站,到现在已经有了二十多首自己的作品。

读研究生的时候也有一个师兄,同样是法律系的,喜欢音乐,他写出了我们法学院的毕业必唱曲子,现在在北大做音乐老师。

他们才是把音乐当梦想。

将来未必会成为歌星,但是他们用自己的努力证明了自己到底可以做到哪一步,以及自己是否适合。

即便那个答案是根本不适合,他们也是拥有答案的人,而不是拥有遗憾的人。

更何况,每条路上都有许多人,每一条路都很长,我们大众看到的仅仅是最前面的几个人,比如说到唱歌,你首先想到的是谁?然后伸出手指数一数,有超过十个人吗?

以前我一直都觉得做音乐、当演员、做主持人这种道路不靠谱,因为那些道路上的成功好像和运气、资源的相关性很大。

但其实每一行都差不多,站在金字塔尖的人,就那么些。

学法律的从大学毕业以后,成为普通律师的人也很多,所以学了唱歌的人没有成为明星,只是成为一个普通的音乐从业者,也很正常。

没人知道他们的名字,他们可能只是在婚礼和丧礼上唱歌,但他们可以养活自己,以唱歌为生,这也是音乐从业者。

我们下意识地把追求音乐梦想等同于追求当明星，所以我们认为成功率很低。

在《非你莫属》上面试过一个想做歌手的农村小伙子，唱歌一般，也不会跳舞，更没有创作才华，只是长相还算好看而已。

现场的所有老师都劝他放弃自己的梦想吧，不会成功的，老了会很悲惨的。

这时候我给他算了一笔账。

大多数农村小孩出去打工，一年下来可以赚到五万块钱算不错了。

但是在酒吧唱歌，他可以月入一万，也就是说，即便他人到中年就唱不动了，没有人为他的歌买单了，他也可以赚到一个普通农民一辈子才赚到的钱。

他并没有选错。

所以好多梦想本来就没有你想的那么凶险。

你大可以放下忧虑，放心追求。

不用辞职，也不用做那种悲壮的放弃，就像我说的，从尝试开始，用自己的方式去接近和坚持，就可以。

但是有太多人，过于着急。

他们想的是现在的自己和最后成功那一刻的距离，因为觉得这中间的路途遥远，所以懒到连上路都不肯。

等他们老了，大概还要嘲笑当年的自己幼稚，做了一个虚无缥缈的梦。

到底如何去实现一个年轻的梦？

如果你想修建一座城池，就从搬一块砖开始；

如果你想挖掘一片大海，就从捡一粒沙开始；

如果你想搬动一座大山，就像愚公那样，从劈开一块石头开始。

弯下你的腰，在走一条花路之前，走你的水路、泥路、坎坷不平的土路。别在 40 多岁的时候，去吃 20 岁的苦。

目标制定：
为什么你制定的目标，从来完不成

每个新年来临的时候，都会有一堆新年目标发布在朋友圈里。

要考研，要减肥，要学习英语，要每天读一本书，要看一百部电影……

这些目标最后一个都不会实现，于是明年重复。

为何你的目标经常实现不了？

首先被怀疑的就是自己的执行能力，是我太懒了，我不坚持，我不努力。

但实际上出问题的是制定目标的能力。

我也是最近两年才发现，大多数人对于时间没有概念，没有人不会看表，但是很少有人对时间有感知力。

之前遇到过这样的一位求职者，说自己两年内换了一百份工作，稍微计算一下就知道，几乎三天就要换一份工作才能做到两年一百份。

更让人生疑的是，他的简历上明明白白地写着，其中有一份工作超过了半年，这意味着他一天或半天就要换一份工作，才能达到他说的数字。

然而，这不可能。

一天半天的，面个试还差不多。

到最后求职者也没有解释明白这个数字。

我还见过一个求职者,说自己一年读三百本书。

说出这个数字的时候,他是真的觉得读三百本书是很正常的,否则他不会这样明目张胆地撒谎。

面试官让他说说最近读的一本书是什么,他又说不出来,很明显没有读过。

如果对时间有正确的感觉,就会知道,真正用心读书的话,一天读一本书几乎是不可能的,除非你只是随便翻翻,除非你看的是一本很薄的小说,并且只看书,不做任何笔记。

之前就有一个著名作家闹过这样的笑话,在微博上吹牛说自己大学四年看了两万本书。

这就意味着他一年要读五千本书,一周要看一百本,一天要看十四本。

真是说谎不打草稿的典范。

后来我想,可能是他做过读两万本书的计划吧。

之所以有那么多离谱的计划,是因为:

首先,对自己要执行的事情根本不了解。

那些做读书计划的人都不怎么读书,他们不知道读一本书的时间大概是多长,就好像好些人立志一周减重二十斤,因为他们不懂得减肥的原理,所以不知道掉一斤肉到底需要多长时间。

其次,对时间也没有概念。

一年的时间并不长,起码没有你想象的那么长,一年真的干不了那么多事情。我每次想要定一个年度计划的时候,都逼自己把年度任务分配到周,发现一周根本不可能做完那么多事情,所以在做计划的时候就会放弃不合理的任务。

再次,对自己的执行能力更不了解。

一般情况下,我们预设的时间都是极高效情况下所花费的时间,根本不会算上自己拖延以及不专注所浪费的时间。

以上这些因素便共同造成了目标完不成的悲剧。

所以每年，别人都在定目标的时候，我一直在收缩目标。

我在定目标上最大的经验就是，少定点目标。

首先，你的目标真的不能太多，而且目标之间需要保持统一。

很多人定的目标之间是冲突的，又要减肥，又要读书，又要学习英语，又要考研，又要保持一些生活乐趣，等等。

这些都是互相冲突的目标。

人生已经有许多平衡的命题，可能花费一生也无法掌握其中的诀窍，比如如何平衡家庭和事业。

你还要再增加许多矛盾的目标，造成的结果就是越多冲突，越多迷茫。

要减肥就不要考研，要考研就不要减肥。

否则你会变得一点行动力也没有，做这个不行，做那个也发慌，勉强把所有事情都往前推进，但是通通做不好。还是那句话，毕竟你的时间、精力、意志力都是有限的。

很多成功人士真的不像大家想的那样天生就自制力强，干什么都成功。

奥巴马能够成功当选美国总统，但他总是戒烟失败。

成功的人懂得去选择目标，集中精力。

一段时间内，我们只要集中完成一个目标即可，千万不要把目标捆绑在一起。

其次，把你的目标分解为关键结果，就可以看出是否有可能实现。

在定目标的时候，不要总盯着自己的目标看，要盯住实现目标的步骤。

比如有些人减肥，特别喜欢把模特的照片打印出来贴在墙上，或者放在电脑的桌面上。

激励大师都喜欢跟人说，你要把你想买的车贴在你家的墙上，这样有朝一日，你真的能实现梦想。

我本人就是这种励志型高手。

高考的时候，我的抽屉里面塞满了励志书；

打工的时候，我会天天上看房软件看房，选出一套喜欢的，我甚至连如何装修都想好了。

这样盯着目标看确实是有效的，它会让人充满热情，充满动力，让人行动起来更积极。

但是也会带来一种恶果，就是减弱你的行动力。

你会把看到目标时候的激动，偷偷代替自己的行动。

你什么都没干，但是看到目标就可以获得一种满足感。

这就是你常充满动力，却无行动的原因。

因为励志本身就已经让你爽了。

更好的做法是这样的：

以前我经常看着房子，想着自己一定要努力，我要给我妈买这套房。

现在我不这么干了。

现在我会把买这套房需要做的事情，总结成几个步骤，然后我在看这套房的时候，就会想起来自己列出的步骤："如果我要在两年内买到这套房子，那么我必须在各个阶段达成的关键结果是什么？"

什么是关键结果？就是这些结果实现了，目标就实现了。

比如要买套房子，就必须当上主管，当上主管，我就需要把手头这个项目做好，让老板对我满意。

所以看到房子的时候，被提醒的不只是目标，还有必须达成的关键结果，这样就会增强行动力，而不是减弱。

因为你看到目标不只是激动，目标还在一遍一遍地提醒你，必须做到哪些事情。

把结果分解为关键结果，还可以看出目标到底是否可能实现。

我前两年定目标，说自己想在一年内把公司收入做到一千万。

当时还暗暗想，一千万也不多，去年做了五六百万，今年起码要翻一番吧。

只要还有时间，就有人类的想象空间。在想一件事的时候，常常觉得不难，所以特别敢想。但是真的分解一下，就会发现达到这个目标的关键结果，都不是你在预期的时间内可能完成的。

如果想要一年内做到一千万，一季度起码要做到二百五十万，一个月要八十多万。

而三个月过去了，我只做到了一百多万。

凭什么觉得自己能在未来的九个月内做到九百万呢？

不分解不知道自己的目标定得有多离谱。

再次，目标要艰巨，但是千万不要太遥远，越遥远的目标越完不成。

把五年之后公司上市作为目标，就不如把三个月赚一千万作为目标好，你可以有长期的计划，但是如果只有长期的计划，会很容易完不成这个计划。

因为计划越遥远，出现偏差的概率越大。

心理学有个实验，大概是这样的：心理学家布置了一个任务，让一组实验对象从下周就开始进行，这个组给任务规划了八十二小时来完成它。

心理学家告诉另外一组人，你们一年之后再做这个任务。然后这个组给他们的任务只规划了六十小时。

眼下在做这个任务的时候，我们还能够比较理性地去评估它的艰巨程度，给一个比较合理的时间。但越是未来的事情，我们规划的时间越少。好像对于未来的时间有一种错觉，总觉得事情在未来会更容易完成。

这就是离你的目标越遥远，你的计划就可能越离谱的原因。

但是同样，目标太近也不好，没有任何想象空间，也会让人没有动力。反复尝试之后，我发现最好的时间长度是以季度进行。

季度计划，既不遥远，也不短暂。一年四个季度，清清楚楚，让你觉得有希望马上完成，但还是要等待和期待。

对了，还有一个小技巧。

制定目标的时候仪式感越强，对目标的忠诚度越高。仪式感和忠诚度的关系很微妙。

入党宣誓、公司年会，都会提升你对组织的忠诚度。

这个也是我自己开公司以后发现的，以前我不是很明白，公司耗费大量的金钱开年会，难道只是为了让员工开心一下？

其实这些会提升员工对公司的依恋和忠诚度。

意识到这点以后，我每次制定目标任务，都会认认真真开个季度会议，虽然我自己本身不是什么有仪式感的人。

有仪式感的目标，你会看得更重要，对这些目标，你也会更忠诚。

以上就是我制定目标的经验。

掌握这三个技巧，就足够制定出合理的目标了。别让你的目标从开始制定时就失败。想错比做错更可怕，因为事情一旦想错了，就不会实现了。

你拥有的那些，
正在毁掉你

说个我看过的故事。

一位富有智慧的老师想向自己的学生解释，为什么有些人会过着平庸又普通的生活。

他们来到一个村庄，拜访了这个村庄里最穷的一家人。这户人家有多穷呢？一共八口人，每个人都面黄肌瘦、头发蓬乱，他们住在全村最破的房子里，屋子的墙角处堆满垃圾，屋顶渗着水。全家赖以生存的唯一财产是一头奶牛。

老师带着学生在这户人家借宿了一晚，第二天离开的时候，他带着学生走到奶牛身边，把牛杀了，没有给任何解释。

对于学生们的质问，他也不予回应，于是学生们就愧疚难安地回到了城里。

刚开始，学生们都担心这家人会饿死，但是慢慢地就淡忘了这件事，老师也不再提起。

直到一年后，老师带着学生故地重游，又来到了这户人家。

令人惊讶的是，这户人家已经摆脱贫穷，过上了富裕的日子。

他们穿着整齐，笑容洋溢，昔日的破房子变成了新房子。

原来在牛被杀死之后,他们先经历了绝望。

那头牛毕竟是他们生存的全部希望,也是他们赢得邻居尊重的原因,奶牛被杀死以后,他们走到了绝路。他们意识到必须去做点别的事情,否则处境会越来越糟糕。于是他们在房子后开辟新地种菜,甚至出去售卖,慢慢地,日子就过得越来越好了。

有没有被戳中的感觉?这正是许多人仍过着平庸生活的原因。

可能很多人会觉得,失去了奶牛,搞不好全家都会饿死。但更现实的是:除非破釜沉舟、置之死地,否则我们的生活不会有任何改变,我们被偏见、恐惧和借口绑架着行走,过着自欺欺人的生活。

许多人之所以选择创业,都是因为无路可走。

湾仔码头的创始人,名叫臧健和。她原本是青岛人,22岁时,在青岛一家医院认识了后来的丈夫。男人是泰国华侨,因家里贫穷,打算长期留在青岛发展,于是两人欢欢喜喜地结了婚,并且生了两个女儿。

没料想几年后,丈夫抛弃了臧健和回到泰国,并且在那边也有了妻儿,臧健和寻亲不成,又没脸回到青岛,便带着女儿留在了香港。

之后的故事就顺理成章了,为了求生存,臧健和从一个推着手推车卖水饺的女人,成为湾仔码头的创始人,完成了从零到六十亿的过程。

董明珠在接受采访时也说到过类似的经历。

她自曝人生最大的转折点是丈夫去世,并且表示,如果丈夫还在世,绝不会同意自己来珠海打拼,自己也不会走上现在这条路。

1984年,丈夫去世后,骨子里不愿依赖别人的董明珠没有选择再婚,而是选择独自抚养孩子。

六年后,她辞去以前的工作,孤身一人来到珠海,加入格力电器的前身——珠海海利空调器厂，成为一名业务销售员，彼时她 36 岁。

加入格力电器这一决定，彻底改变了董明珠的人生轨迹。

这些人并非天生会成功。

他们能够打拼成功，都是因为生活中的"奶牛"被杀死了。

我有个朋友，想从公务员系统里跳出来，却迟迟不敢。

他已经 36 岁了，留在系统内没有什么发展，收入也不高，所以经常和我抱怨。就这样足足抱怨了五年，仍然没有做出决定。他害怕不稳定，害怕生活质量下降，也害怕失去公职人员这个身份，被人看不起。前段时间又跟我说，作为一个法学院的毕业生，很后悔当时没有努把力考到司法证书，如果当时去做律师，可能过得都比现在好。

我鼓励他去考一个。

他说："算了吧，年龄大了，冒不起风险了。"

我说："不辞职也可以考的。"

他答应了，回头就忘掉这件事了。

有一次我们一起吃饭的时候，我让他计算一下，到退休之前他到手的收入是多少。最终得出结论，再辛苦工作三十年，就可以拿到三百万。

我说："这就是你的余生，你在这个世界上剩下的时间，还可以变现出三百万。"

他很惊讶，说："从没想过只有这么少。"

总觉得自己还有机会挣很多钱，总觉得自己还能暴富，总觉得自己还能再买一套房，总觉得自己还买得起自己想买的东西。但是真的计算一下，原来自己的余生，原来自己所谓的稳定，只值这么点钱而已。

可就是这么点东西，让他不敢动，让他不愿意动，也让他一动不动。

奶牛死了，人还活着，新的选择带来新的人生，新的人生中有新的希望。只要头脑和双手还在，你会过上比一动不动更好的人生。

这个换算，起码在我的人生中是值得的。

回想自己创业的原因：

其实我没毕业就开始做公众号，后来接到广告以后，可以保证每月十几万的收入，家人跟我说已经足够了，接下来找一份稳定的工作，工资不用太高，就很完美了。

向上走是一条很艰难的路，你要克服地心引力往上攀爬，这过程中要付出诸多代价，原地不动却很简单，向下走则更迅速。

我要忘掉自己已经有的，不管是那一个月十几万的钱，还是自己考到的司法证书，我跟自己说，你需要从头开始，你需要去做一点更厉害的事。

所以，我就去创业了。

我妈一直给我打电话讲："为什么女孩子要这么折腾呢？以前你说你什么都没有，你要折腾，我能懂。现在你有的已经比人家都多了，你还要折腾。"

家里亲戚也跟着一起劝，说："你把你的司法考试证书找个律师事务所挂上，这样你还有一条后路，将来还能当律师。"

这个操作流程，我到现在都没能明白。

所以我当时就拒绝了。

如果有了那头"奶牛"，我不知道自己还有没有勇气往前走。

而没有那头奶牛的人，只能无惧风雨地去拼命。

人哪，放不下的那些，无非就是虚假的安全感和虚荣心而已。

一份不死不活的工作养着你，让你既无法实现自己的理想，也不会买不起当季的流行品；

一个体面的学历包装着你，允许你还信用卡和维持生计，甚至还能给你一些小小的愉悦感。

虽然你并不满意现状，却渐渐开始学着接受，虽然没有什么成就感，但是不至于到痛苦的境地。所以你就忍耐着活过了这样的一生。

这就是一个人逐步变平庸的过程。

你拥有的那些，正在毁掉你。

我们需要把"奶牛"找到，然后杀掉。

甜蜜点和能力圈：
不懂的事情，一定不要做

前段时间跟一个上市公司的老板吃饭。

他本来是一个普普通通的农村小子，小时候家里穷，初中辍学后在矿上找了一份工作，不知道是什么原因，他突然和别人一起去新疆做了矿产生意。

其他一起去的人因为各种原因回到了家乡，只有他一个人坚持在新疆做了二十多年，直到公司上市，才携家带口返回北京。

好多人请教他生意经，他常说："我这辈子什么都不会，就懂看矿。我对什么都不感兴趣，只喜欢看矿。所以，我就只看矿。"

饭局结束后回来的路上，我一直在想，太多人不懂得，自己到底懂什么。

李小龙在文章中写过这样一句话：要改变我们现在的状况，我们必须意识到我们是什么样的人。

所谓的有前途的事情，我们不一定要做。

我妹妹毕业于名牌大学中文系，从出校门就一直待在出版行业，做了五六年，很多朋友都劝她从出版行业跳出来，说这一行"日落西山"，利润薄。

但是没有谁能劝得动她，她说自己就懂做书。

现在她成为一个很厉害的编辑，在"日落西山"的出版行业，做得风生水起。

所以你看，在制定目标的时候，除了客观因素之外，我们会受到主观因素的影响。

我们会想：我喜欢吗？我擅长吗？我适合吗？

球类术语中，有一个名词叫作甜蜜点，意思是，每一个球杆的杆头上，都有一个用于击球的最佳落点。

如果你挥杆很正，击球的时候正中这个甜蜜点，你的球就会飞得很直，而且球速很快；如果接触的区域离这个点很远，那么越远，能量损失就越大。

类比到人身上，我们每个人都有自己的甜蜜点，离这个点越近，球就能打得越远，花费的力气就越小，效果就会更好。而离这个点近的区域，就可以形成一个甜蜜圈。

巴菲特曾说过一个概念叫作"能力圈"，和这个是一样的意思，这是一个对他而言很重要的投资理念。

巴菲特说："若干年后你会开发出一种过滤器，我明白我所谓的能力圈，所以我就待在那个圈子里面，我不担心那个圈子以外的东西。明确你玩的是什么、你在哪里有优势非常重要。"

这个圈子就是他的过滤器，他不会管这个圈子之外的事情，他自己定义自己的游戏，自己定义自己的优势。

所以他和他的朋友查理·芒格就以不频繁交易作为自己的投资特色。

查理·芒格甚至还说："我能有今天，靠的是不去追逐平庸的机会。"

没有必要对着成千上万的公司去考虑要不要投资，只需要正确评估几家公司就可以。总有一定比例的公司，是自己了解的。

我后来看关于巴菲特的纪录片时，对于他为什么会秉持这样的投资理念更有体会。

纪录片中有一个镜头，可以看到在巴菲特办公室的墙上，贴着一位美国棒球手的海报，这位棒球手是波士顿红袜队的击球手泰德·威廉斯。

棒球之神泰德的击球理念是这样的，他只打进入高分区的球，其他的球不打。

每个人都有自己的高分区。这个社会上确实有一些区域，投入产出比更高。如果你能找到自己能力圈里那些投入产出比高的机会，让这两个区域重合，你的人生就会爆发出巨大的成功。

举个例子，一个人特别擅长写作，但是传统媒体行业显然不是投入产出比高的区域，相对来讲，新媒体是一个很好的机会。新媒体和写作二者重合，就是一个很好的选择，可以给你带来收入的 N 倍递增。

不懂的事千万不要做，这个已经成为我现在做事的守则。

其实我也走过许多弯路：

做过视频节目，浪费过几十万，这几十万是我人生当中的第一笔积蓄；

做过网站，因为完全不懂技术，无法管理团队，浪费过一百多万，后来幸好及时止损。

从此以后每每想要做不懂的事情，我都要求自己，弄懂再开始。

如果你想着通过合作来解决，找懂的人替你做，那就等于把成功赌在别人身上，风险很大。

如果找不到靠谱的人，那就是逢赌必输的命运。

千万不要迷迷糊糊地去碰运气，因为你这辈子挥起球杆的机会本身就不多。

能够合理地避免错误，离成功才更近，错误本身不是问题，错误带来的时间和资源的浪费，才最致命。

以前我们总是鼓励别人，要多尝试、多看看，其实这些话都忽略了一个重要的前提，那就是精力跟时间都有限。

"我还年轻"就是浪费年轻的最佳理由。

多少人以年轻之名，做一些漫无目的的糊涂事，以追求之名，犯一些自以为是的错误。不怕你任性，就怕你内心不够明白。

我们每个人都要有这种意识，寻找和建设自己的能力圈，对于这个圈内的东西，你必须非常了解、擅长、精通，这个圈子越大，你的世界就越大。

这个圈子可以是基于能力方面的，假设你特别擅长经销，你可以做产品，也可以去做游戏。当然，它也可以是一个行业，假设你特别懂游戏，你就可以在这个行业里做选择。

当然，道理大家可能都懂，但最严重的一个问题是：大多数人根本就不知道自己的能力圈在哪儿。

不知道自己能干什么，不能干什么。

我们好像真的就是这样长大的，学习了很多年，学英语、学数学、学物理，然后别人问你擅长什么——"对不起，我好像什么都不会。"

这个问题的解决方式，有下面几种：

第一，记录自己的成就感瞬间。

我们很习惯反思错误，可从小到大也没有人提醒过你，要去留意自己的成功，去记录自己的成就。通过记录，我们可能会发现自己的能力圈，我就是从多次记录中觉察到我在沟通方面是有特长的。

每次老师派我去沟通一件事情，我总能讲得比同学更清楚。虽然那时候，我觉得自己是个内向的人，不会说话，但是想象是主观的，记录是客观的。你记录的痕迹，会清清楚楚地告诉你，你的优势在哪里。

第二，记录周围人的评价。

有时候，我们会自以为自己某一个方面特别好，但可能并非事实；

有时候，可能我们自己都没有发现自己身上的一些优点，结果被别人发现了。

所以我都会很仔细地记录下别人对我的评价。

听到不好的，也不羞恼，只是记下来。听到好的，会说谢谢，然后记下来。有时候觉得这个人足够诚恳，我还会追问一些细节，明确一下自己到底是哪一方面做得比较好。

我有个朋友做得更极致，他设计了一个匿名问卷发给我们，让我们评价他。

看到这个表格的时候，我在心里倒抽一口凉气，一方面佩服他内心强大。

要知道，大多数人是很害怕被评价的，仅仅听到别人马上要评价他，都会心跳加速。

"有人在背后说你坏话"，这句话是很多人的噩梦。敢于直面大多数人的评价，确实需要勇气。

另一方面，我朋友的问卷设计得非常认真，并不单纯是评价社会交往这一方面，也让大家说说他其他的长处和短处。

这种评价的可参考性就很强。

除此之外，确认自己的能力圈还有一个方法，就是基于现在已有的背景知识和相对熟练的领域，继续去深挖、去研究，刻意地发展出一个能力圈，并且努力地扩大它。

知道自己能做什么很重要，但知道自己不能做什么，有时候更重要。

你必须知道自己能力圈的边界在哪里。这样你就能知道你面临的这个机会到底在不在你的圈子里面，进而你才能决定要不要抓住这个机会，要不要挥杆。

我们必须克制住随意挥杆的冲动。

记得自己刚创业那会儿，好多人都来找我，告诉我应该做这个。每一个建议都有理有据。

有时候你会被眼前的短期利益吸引，丢掉自己本来的优势，去各种不同的区域努力，干干这个，干干那个。最后只是积累了一些蝇头微利，没有在任何一点上有长足的发展和成长。我们还给自己冠一个理所当然的理由，说"我这是多见识、多学习"。

其实是人为地把自己的成长线，从上升调成了上下浮动的模式，把自己未来的道路变得既阻且长。

钻进去，遇到困难，克服困难，才能学习。

最后，除了明确自己的能力圈以外，还要敏锐地观察好机会的来临，否则你也会错失高分球。

看好了一个行业机会，就从自己的能力圈出发，去找到一个切入点开始努力。不要吝啬自己的努力，全情投入最好。

这时候，犹豫是愚蠢的，不肯付出是愚蠢的，害怕失败也是愚蠢的。

找到自己的能力圈，是一种什么感受？

相比周围的人来说，我的学习能力、记忆能力和表达能力是比较强的。有些技能我不会，但是我的能力可以转移，这些能力在许多领域都帮助过我，最终我把能力转移到了在线教育事业，去帮助他人学习。大概率是我终生都围绕这一甜蜜点，不断地挥出自己的球杆。

正好，在线学习逐渐形成了一种潮流，于是我的事业获得了爆发式的增长，确实也获得了甜蜜的感受。

在帮助更多人的时候，不仅得到了丰厚的物质回报，更让我摸索出"使命感"这三个字的秘密。

记得那次饭局结束的时候,我跟那位上市公司的老板说,我们不是一样有钱,但是有一点我和你一样成功——

我们都甜蜜地活在自己的能力圈内。

为什么我说，
喜欢的事情不要选

年少时听过的最大谎言之一，就是选择做自己喜欢做的事情。

错误不是出在"选择"两个字上，而是出在"喜欢"上。

我们经常说"要做什么，取决于你想要什么"，或者说"我不知道我想要什么，所以我不知道怎么做"。

其实是把顺序弄反了。

大多数人根本不知道自己想做什么，如果以这个作为行动的前提，就什么都不用做了。

我又要啰唆一遍这件事情了：中国式教育里缺乏"兴趣发现"这一环，所有业余活动都以不耽误学习为准则，因此导致业余活动成了负担。

在学校里所学的常规内容，大多数人都没有兴趣，谁会对被迫学习的东西感兴趣呢？更何况还要不停地接受"正确答案很标准"的考试。于是就导致了高中毕业后没有能力去选择专业，选了不够喜欢的专业就彻底迷茫了，对于未来找工作完全没谱儿，最后找了一份不怎么喜欢的工作，浑浑噩噩过一生。

当然，也不是每一个人都不知道自己想做什么。

每年我做线下分享的时候，现场观众里都会有一个小朋友，说自己的梦想是当作家。

然而当我问他"你对作家的工作了解吗？"的时候，具体的他也说不出来，只说会坚持自己的梦想。

一个不了解的事情，凭什么谈喜欢呢？

但这就是存在于年轻人中的怪现象，实际上我们并不了解理想职业的日常工作，我们喜欢的只是这份工作带来的财富和光环。

为什么很多人说当作家、出道做明星是自己喜欢的事情？

因为这些职业的曝光率很高，尤其是明星。每天光鲜亮丽地出现在新闻里，并且被人追捧。而我们会把自己稍微了解的职业，当作喜欢的职业。

我以前也以为自己喜欢当作家，原因很简单，我喜欢看书，我接触得最多的就是作家，其他的我并不了解。

后来我发现，其实我更喜欢教育行业。

学习是我的兴趣所在，对于怎么学习、如何快速成长，我一直有着浓烈的热爱，表达分享和影响他人又是我的特长，最重要的是这份工作可以帮助更多的人，让我拥有很强的价值感。

能把兴趣、特长和成就感结合在一起的工作，对我来说就是天选之路。

而发现这条路，是我用了将近五年的时间才做到的。高中毕业的时候我选择了经济专业，因为彼时家境贫困，最想解决的是经济问题，这个专业出来之后能够确定的是薪水不错。但整个大学期间我却非常迷茫，像一只没头苍蝇一样乱撞，什么都尝试，什么都敢做，一直到真的给我撞出一条路。

从高中开始，我身上就闪现过类似的才能，我不仅喜欢自己努力，而且非常擅长激励他人，周围的朋友一旦失去斗志，就会选择和我聊天充电。

这个才能一直到我找到了适合自己的舞台，才开始绽放出来。

到现在，我对我的工作不只是喜爱，可以说是有些敬畏，它不是"兴趣"

这两个字可以概括的。

而喜欢，在我看来反而是需要警惕的。

为什么这么说？

在我看来，谈及喜欢的时候，一定要确认下面这几件事情。

首先，喜欢绝对不是一时兴起。

想学舞蹈，想学钢琴，想学书法，或者是我看了一个节目，看别人比赛唱歌，觉得自己也想学唱歌。这种一时兴起想做的事，在遇到挫折的时候，很容易放弃，更何况我们随时可能有别的一时兴起。

所以在制定目标的时候，应该从更长远的角度去审视自己的兴趣。你应该学哪个专业，不是取决于你此时心里所想，而是取决于你最后想要做的职业。

我们当下所做的每一个想或不想的选择，其实都取决于最终想要过的生活。

举个例子，比如我没有兴趣学英语，但是我非常希望成为一个外交官，可是英语又是外交官必会的语言，所以我要为我的梦想去克服和忍耐一些东西，这跟自己随心所欲是完全不一样的。

其次，不要把兴趣当成即时满足。

看小说、看电视剧、吃，这些都是能够让人即时满足的，能够带来即时快乐的。所以有人问起，你的兴趣是什么，很多人就会回答"我的兴趣是吃"。吃确实能够让你马上快乐，但能够让你马上快乐的东西，也会让你非常容易厌倦。

《游戏改变世界》这本书里说到，实际上人是喜欢艰难的工作的，如果一件事情太过容易，会让人很快就感觉无聊，无法长期投入其中。

游戏就是这样一个艰难的工作，你会自愿去游戏里寻找任务，对抗敌人，也正是因为这样，游戏才有了长久的吸引力。

不然一下就通关了，也没什么好玩的了。

最后，不要在开始的时候，就对兴趣下定论。

开始做一件事的时候，不要随便放弃，不要轻易说没兴趣，大多数真正有意思的事情都不能像吃一个冰激凌那样，马上产生快乐感。

你一定要坚持到成就感发生的时刻，再去判断自己是不是真的有兴趣。

我们对于一件事情的热情，是可以源于成就感和自信的。相比物理、化学这样的学科，大多数人都觉得自己对电视、文学、音乐感兴趣，为什么？因为这些东西是我们平时最容易接触到、最先了解到的，人在听歌这件事情上，是没有门槛的。

实际上，你的兴趣有可能根本就不在音乐上，而是在物理、化学或者编程上，但是由于后面这些学科门槛太高，所以一开始学习的时候你就觉得难，便放弃了，那么你的兴趣就被忽略了，你的天分被埋没了，可是你从头到尾都不知道。

喜欢和不喜欢这两个词说的是自我感觉，所以我们总觉得自己最有资格说出口，我们可以不用害怕否定。

因为每次有人想和我们争论，我们就会说：喜欢是我的个人感受，我就是喜欢。

但是"喜欢"这个词，真的很不靠谱。

每次我想要说不喜欢而放弃的时候，我都问自己，是真的不喜欢，还是只是暂时遇到了困难？

我允许自己放弃，但是不允许自己躲避。

创业初期，时时刻刻都觉得自己可能真的没有那么感兴趣。

我不喜欢社交，连和员工打交道都觉得费劲，HR 跟我说："媛姐，我觉得公司的人有点怕你。"

我说："我也很怕你们。"

我每天最享受的事情就是工作，有一阵子我想，可能我更喜欢成为一个作家、漫画家，或者其他什么家，这种独立工作才是最适合我的，我可以一个人在房间里一直工作到死。

但是其实我觉得创业才更有意思，带着一群人，去实现更大的可能，制定更大的目标，从无到有，从渺小到伟大，这样的工作方式能让我活着的时候完成更多更宏大的事。

即便是喜欢的事情里，也藏着不喜欢的部分。

等我离开这个世界的时候，我应该不会用喜欢或者不喜欢这种词来形容此生。

我会说，那就是我的命运。

这比有些人挂在嘴上的喜欢可靠谱多了。

真正的喜欢，并不容易被发现。

应试教育不会给你答案，大学也不会给你答案，只有你自己主动去寻找，慢慢地去了解这个世界，然后结合自己的特长，去摸索出一个自己愿意奉献终生的领域。

这种稳定的喜欢，才是终生奋斗的力量源泉。

位置选择：
你所在的位置，决定你的价值

上中学的时候，看到过这样一幅图。

一个小孩扛着铲子要挖井，挖了很多次，每次都是快要挖到水的时候就放弃了，于是他始终挖不到水。

这幅图告诉大家不要半途而废，否则什么都得不到。

类似这样的励志小故事还有很多，都是鼓励人坚持不懈的。小时候读起来觉得很受鼓舞，长大之后发现不是那么回事。

原因在于，这样的故事都是从执行层面说问题，没有考虑到策划和规划层面的问题。

我们做成一件事情，首先要有一个目标。

制定目标本身就需要很强的策略性，这个世界上并非所有目标都可以实现，更准确地说，目标与目标之间是有差别的，实现起来的难易程度并不相同，再加上我们每个人的优势并不相同。

其次你需要去思考通往目标的途径。做事的方法有笨的，有巧的；你选择的路径有通的，有不通的，所以并非只要坚持就能成功。

最后才是执行层面的事情。当你确定好目标和路径之后，一定要及时开始，并且彻底执行，这样才能够取得最终的胜利。

我们先来说一下目标层面的问题。

失败的原因，除了不够坚持之外，有可能坚持的方向本身就是错的。

还是拿这幅图来说，你看，各处井水的深浅其实并不相同。

如果真的去做金钱投资的话，大家肯定不会相信这样的鬼话：往哪儿投资都一样，投哪个项目都行，只要坚持投资就可以。

可是为什么在投资自己的时间跟精力的时候，就会相信只要坚持，在哪儿努力都一样呢？

每一个人的时间和精力都是有限的，所以必须去思考怎么分配这些时间跟精力，往哪个方向去投资这些时间跟精力。

我们再看一下中国的矿产分布图。

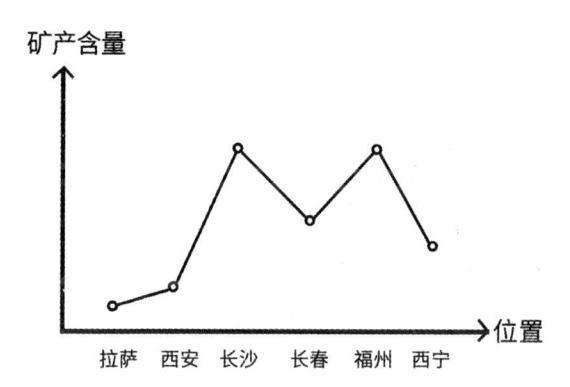

```
矿产含量
  ↑
  |         ○       ○
  |        / \     / \
  |       /   \   /   \
  |      /     \ /     \
  |     /       ○       ○
  |    /
  |   ○—○
  |——————————————————————→ 位置
     拉萨 西安 长沙 长春 福州 西宁
```

有些地方矿多，有些地方矿少，有些地方矿产藏得深，有些地方藏得浅，有些地方根本就没有。

在不同的位置挖掘，收获肯定是不一样的。

当我们作为一个个体生存在这个社会上的时候，很容易受自己所在的这个位置局限，不去看周围，也不去看趋势，更不会拿这种地图的思维方式来看待自己。

我们做事很容易只着眼于自己所在的那个点。但其实每个人所在的点并不相同。

你投入一个月，跟别人投入一个月的产出是不一样的。

一个月都不一样，那么十年之后呢？

人和人之间的发展，会出现更大的差别，那个时候就只能感叹是命不一样了。

我们再来看一幅图——房价分布图。

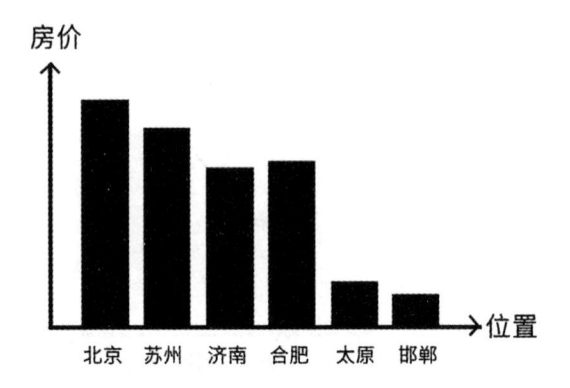

房价（纵轴） 位置（横轴）：北京、苏州、济南、合肥、太原、邯郸

东南沿海的房子，跟西北地区的房价是不一样的；

北京的房价也跟东北的不一样；

市区的房价跟郊区的也不一样；

城市的跟农村的就更不一样了。

是房子本身有什么差别吗？我觉得未必有。

比如我在农村建一栋二层小楼，可能比城市一百平方米的房子还舒服、高档、豪华，但是我盖房子花的钱，在城市只能买十平方米。

为什么城市的房子贵？

因为城市的房子享受了时代福利跟位置福利。中国是一个发展很不平衡的国家，城市交通方便，集中了更好的教育资源、医疗资源，所以大家往城市跑，以离开农村为终生奋斗目标，所以城市的房子就贵。

对一套房子来说，决定它价值的除了盖房子的物料之外，最重要的因素反而是它的站位。

换成人也是一样的道理，同样能力、同样学历的人，他们最后的发展不同，也跟位置有很大的关系。

我之前查过阿里巴巴著名的"十八罗汉"的来历，随便找出一位来举例吧。

比如有一位叫蒋芳，这个人是在 2000 年的时候加入阿里的，那时候的她是一个普通的大学生，因为上过马云的英语课，所以相识了。她的能力未必比那些留学回来的名牌大学生要强，但是如今的蒋芳已经成为新闻标题里那个马云手下著名的亿万女富豪了。

这样的人，职业发展是叠加在企业、行业的发展上的。

下面有幅图给大家展示，很清晰、很直观。

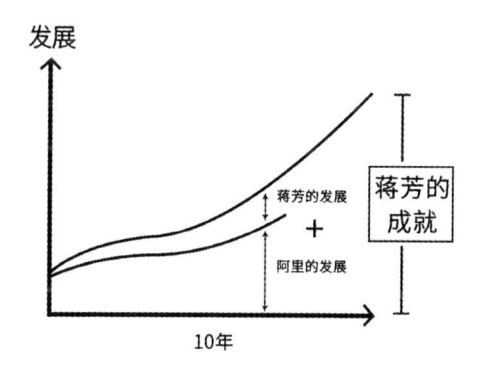

所以我们在努力的时候，除了修炼好自身的能力和技能之外，还要选好自己所在的位置。

让你的努力，跟你所在位置的发展趋势叠加在一起，就可以加速你的成长。

所以我们绝对不可以只想眼前，或者单纯考虑一个因素——比如到手的薪资。

很多人喜欢说那种所谓的"爽话"，比如：

别跟我谈理想，你就告诉我给多少钱；

除了钱，其他的都是虚的。

所以他们就会把钱当成唯一的标准，实际上这是一种懒惰且愚蠢的做法。

从心理学来讲，人会有"决策疲劳"，意思是当一个人做了太多次选择或者经历了过于复杂的决策之后，就会懒于权衡，他们就会拿一个简单粗暴的标准作为最后选择的依据。比如两件衣服的质量和款式各有千秋，比较来比较去都没有头绪，最后就拍板：买那件价格低的。以此来降低选择的难度。

那些不喜欢想太多、只看钱的人，大概是同类心理。

薪水高低，是最简单的、不费脑的标准。

可是目前能够拿到的薪水，相比长达十年、二十年的发展来说，有时候真的没那么重要。

在制定目标和选择道路的时候，只看眼前和只看眼下就是典型的点状思维。

点状思维将来是不是能够成功，只能看运气，或者他的努力已经夸张到不管他在哪儿都可以成功。

怎么克服这种点状思维呢？

第一，学会纵向思考。分析一下自己所在的区域、行业、企业跟职位，在历史上是什么样子，现在是什么样子，未来有可能发展成什么样子，有没有发展更好的对标对象。

由此我们可以得出一个结论，自己现在所处的这个位置，是不是符合趋势，是不是处在一个投入产出比较高的位置上。

我之前读书的时候就看到过这样一个分析，说是在1900年左右，企业的领导者一般都有制造或者生产的背景，因为那时候企业面临的最重要的问题是解决生产和工程的问题。

到了20世纪20年代到30年代之间，CEO大多来自营销和销售部门，那时候对企业来说，最大的问题就是如何卖出更多的产品。

从20世纪60年代起，CEO开始具有财务背景，原因是资本市场的力量在不断地增长，股东利益很重要，公司需要跟金融界建立一个牢固的关系。公司需要融资、借债、上市、并购等等。

由此可见，某个部门的重要程度，在不同历史时期是有变化的，如果你想当 CEO，除了要具备相应的能力之外，还要选对部门，这样成功的概率就会更高。

第二，可以横向思考。我能选择的其他行业公司的职位，跟我现在所处的行业公司职位相比，有没有收入差距，为什么会有这个差距。

第三，就是立体思考。先定一个时间点，比如过去十年，我所在这个位置的发展，跟我能够选择的其他位置的发展有什么区别。既考虑了自己所在点上的时间变化，也考虑了同一个时间点上不同位置的区别。

从横向、纵向、立体方向思考，就可以破除那种点状思考的局限，让你在选择方向的时候不再局限于某个点，而是看到薪水后面的职位，职位后面的企业，企业后面的行业，行业后面的城市，城市后面的国家。

当然可能想破脑袋，以我们目前的见识和智慧，都没有办法在 2000 年的时候，想到阿里巴巴未来会发展得这么好。

可是拥有这种思考的意识，有两个好处：

第一，就是对于变化和新机会更敏感。因为你不会孤立地只看自己现在的这个点，你会抬头看，还会左右看。

第二，就是可以抵挡短期快速收益带来的诱惑，选择会更加理性。当我们懂得长线跟立体的思考之后，就不会对当前的短暂变化恐慌，或者因为急功近利，做出一些盲目的选择。

工作干得好好的，发现微商很挣钱，立马辞职干微商。过了一段时间，又觉得微商好像不行了，马上去追更热的区块链。

最后一无所获。

我很喜欢在笔记里写未来十年我的工作会变成什么样子，平时遇到相关的信息，我还会补充到相关的笔记中。并且我还建议我的朋友们这样做。

有个朋友做了以后跟我说："媛媛，如果你不提醒我，我都没有发现，我自己原来一直都在自己都不看好的行业里发展。"

行业在衰落，水越来越深了，而我还在勤奋地挥舞着自己的铲子。

有时候怎么努力都没有结果，或许稍微挪动一下位置，事情就对了。

你所在的位置，也能决定你的价值。

Chapter

Two
策略篇

这个世界上,
没有成功的人或者失败的人,
衡量一个人成功或失败的标准并不相同。
但是对每个人来说,
都有成功的事和失败的事。

财富系统：
从今天开始，想想赚钱这回事

1

2012 年大学毕业到现在，整整七个年头过去了。

刚毕业那会儿每个人都带着希望和忧愁离开了校园，觉得前途模糊而光明，大家都因为选择或者被选择走向了一份工作。

离开学校三年以内，还看不出来什么，无非就是谁在公司表现好多领了一份奖金，谁马上研究生毕业了正在写论文。

但是再过几年，人与人的差距就拉大了。

我周围的朋友分为三类：

第一类是在企业里做到小中层的，薪资大概是刚毕业时的三到五倍，生活比较滋润，今天看电影吃西餐，明天出国旅行，偶尔也会买大牌包包作为对自己的奖励。

但是这样的生活不买房还好，一买房就崩溃。

买房以后再发生点意外，无异于雪上加霜。

我有个同学在银行工作，月薪不到两万，加上老公的收入，每个月有三万多。养娃，再还贷，日子虽然不宽裕，但是还算过得去。

直到有一天，她忧心忡忡地给我打电话，说婆婆疑似患癌，接下来可能要来北京检查和治疗，手头有点紧张，找我借钱救急。

那时候我才发现，她的经济基础是很脆弱的。

婆婆是农村人，没有社保，也没有商保，如果患大病，全家就要一起"吃土"。

第二类同学比第一类还要差点，也混了几年，觉得不喜欢自己的工作，或者是没耐心，30岁之前换了好几份工作，现在仍然在公司金字塔结构的最底层。为了多赚钱，有些干脆放弃了原本看似体面的职位，一直尝试往新行业里钻，有些甚至换到了销售类岗位等。

第三类是实现了财务自由的。我有个同行，也是我同学，创业三年多，目前公司估值十个亿，月流水五千万，实现了年少暴富的理想。

创业不是唯一的出路，也有朋友通过合理的职业规划，从行业小白做到了副总裁，毕业五年，年入百万。

在和他们聊天的时候，我直观的感受是前两种人根本就不懂钱，他们一生为钱所困，不仅打工，有时候还打两份工，从没想过自己赚钱的方式有什么不对。

越发愁赚钱的人，越赚不到钱，不是他们不努力，而是不懂。

可气的是，人越有钱，就越懂，就越容易有钱。

《富爸爸穷爸爸》的作者罗伯特·清崎说过这样一段话：

"学校体系实际上是在教导人们做个穷人，学校永远不会教你关于钱的问题，学校是教你如何做一个打工的人，或者是医生、律师、专家，但是从来不谈钱。"

所有关于钱的问题，都要留到毕业后自己去主动思考和摸索。

这段话不是批评学校，只是说明了一个事实：学校并不以教会学生赚钱为目的，所以读了十多年书，对于钱仍然没有概念。

当然，赚钱不是我们的目的，但是赚钱确实是必备的本领。

所以可以不为了它努力，但是不能不懂。

微博、朋友圈里每天都有人在喊着"何以解忧？唯有暴富"，暴富当然是个玩笑,但是创造和积累财富是我们必须习得的事情。谈钱并不肤浅,我在创业的第一天就明白。对于一个企业,盈利就是它的目的,如果不盈利,证明你公司做的产品不好,证明你无法给你的员工好的生活。

2

30岁以前,一定要规划你的财富路线。

我之前带领读书会的同学读过一本关于财富的书,叫作《百万富翁快车道》,书名非常俗气,作品开头讲述的是作者自己的财富故事,听起来也很土。

作者MJ·德马科曾和很多刚毕业的年轻人一样,没背景没工作,住父母家的地下室,想发财,不想给别人打工,折腾各种项目。做过直销、代理产品、加盟品牌,没一样赚到钱的。

后来女朋友离开了他,连母亲都嫌弃他。

德马科的人生转机源于他做租车司机的经历,在做司机的过程中他洞悉了租车平台的空缺与需求,及时抓住了这个机会,从代码零基础到自学创建租车网站,获得第一桶金,从此开启财富快车道之旅。

德马科住上了山间别墅,开上了少年时期梦寐以求的兰博基尼,即便不工作,公司也像一棵摇钱树一样为他赚钱。

这个人后来有没有破产,我倒是没有追踪,但是他确实给我们提了一个醒。

德马科在总结财富心得的时候,把人的财富之路分为三种:人行道、慢车道、快车道。

人行道通往贫穷;慢车道通往平庸;只有快车道,才通往财富。

大多数人都走在慢车道上,但是自己却不知道。

作者称之为"伟大的欺骗"。

所谓的缓慢致富,听起来像这样:上学,毕业,取得好成绩,找个好工作,在股票市场投资,按时缴纳社保,少刷信用卡,尽量使用优惠券。然后终究有一天，或许在 65 岁的时候，你就会很有钱。

实际上这条路意味着牺牲你的今天、你的梦想、你的人生，当你的生命接近尾声时，你将得到支付的股息。

慢车道的财富公式是这样的：财富 = 工作薪水 + 理财收益，而工作薪水和理财收益的特点是：受限于时间，且无法控制。

一旦你赚钱的速度严格地受到时间的限制，由于每个人的时间都是一天二十四小时，这就是你赚钱的上限了。

而无法控制这个特点，更让人头疼，你的薪资是老板决定的，你的公司做的业务以及你做什么业务也由不得你做主，如此一来，你的财富道路就等于碰运气。

这样的人生是不是你想要的？

按照你现在选择的道路和行为，十年以后你是什么样子？

如果你能想象的最好的情况，都不是你理想的样子，可能此刻你要做的不是埋头努力，而是停下来，抬头看路。

创业这两年，我把自己经历过的赚钱阶段也分为三个：

一、一分时间一分钱。

比较直接的例子就是我的保洁阿姨，保洁阿姨每周来我家做一次打扫，一次四小时，一小时三十五元。

她每天能做多少小时呢？不吃饭少睡觉，撑死了也就十六小时，这就是她的时间上限。

二、一分时间 N 倍钱。

好比微博问答，一个答主回答一个问题，可能被无数人观看，他就可以向无数人收费，一个直播可以有无数人打赏，这种模式下就容易出现暴富奇迹，我们经常听说某个网红三个月赚上千万的事情，就是财富积累出现了指数型增长的结果。

还有我以前用的上课软件也是类似的情况,软件公司开发了一套在微信上上课的软件,只要开发一个,就可以卖给无数个像我这样需要在微信里上课的老师用。

在这个领域你只要做到足够好,你的财富上限就会打开。

这条路径的精髓就是可复制,你创造了一个价值,必须让它在边际成本很低的情况下变成 N 倍财富。

三、不花时间 N 倍钱。

这种模式的精髓在于设计一个赚钱的系统,实现自动化赚钱。

我哥非常羡慕一个洗脚店的创始人,他最羡慕的不是对方有钱,而是对方有闲又有钱。今天去沙漠跑越野,明天去海边搭帐篷,每年还收入上亿。

打工族最致命的问题不是赚钱少,而是只能在时间和钱之间选一个,选了钱,就忽略了生活,忽略了亲人;选了时间,就只能放弃许多发展机会。

而这个洗脚店的老板是如何过上人人羡慕的自由生活的?

首先,他设计了一个商业系统。

之前他自己开洗脚店,开出心得以后,把所有服务标准化,然后一个一个去复制。

然后,他设计了一个人力系统。

他培训员工来执行这些标准,外聘 CEO 来管理这些员工,每年定好任务来让这些人为他完成,他只需要监督和玩耍就可以。

当然,以上只是粗略和简单的描述,不过那些会赚钱的人都有这样的思维习惯,他们经常思考如何跳脱时间的束缚,去让一切自动化运转。

这个自动化,就是我一直在追求的事情。

倒不是为了躺着赚钱,而是我必须通过这个系统,去解放最宝贵的资源,也就是我的头脑和时间。

我不想活成一头追着胡萝卜跑的驴。

以赚钱为目的，以工作为手段，从未考虑过工作和赚钱之间的关系，所以一生被赚钱所累。

从今天开始，好好想想赚钱这回事吧。

成功三角形：
逆袭必备的三种技能

我偶尔会觉得，自己没有拿到好牌。

在我出生的那个村子里，几乎没有人读书和上大学。

六年级的时候班上差不多有120人，其中考上大学的，不超过3个人。剩余的人基本上就是初中辍学，打工，结婚，生孩子。

上学期间，我也没有接受过什么像样的教育。

小学的大部分老师都是初高中毕业，直接从一年级带到六年级。五年级的时候，校长在周会上宣布国家要让农村小孩也能够学习英语，于是聘请了我邻居家的姐姐来教，而她那时候不过是个十多岁的初中生，辍学在家，居然还执起教鞭来教我们"ABC"。

终于到了初中，进城读书。

误打误撞居然进了一所艺术中学，周围的同学基本上都不怎么学习，在一起除了攀比还是攀比。我刚开始说话还因为口音被嘲笑过，以致后来就变得自卑起来。去超市里买香皂，还被服务员取笑："我们这边洗澡都是用沐浴露的。"

我跟我妈说起这件事，我妈说："沐浴露是什么？"

是的，我如此窘迫地度过了自己的青春期，那敏感的、自尊心强的青春期。

后来好歹在初中毕业之际，我争了一口气，考入了当地的重点高中，结果进了高中以后成绩直接垫底，那时候每天都憋着一口闷气，满心都是不平。

但是现实就是现实，没有超级英雄，也没有奇迹发生。

我长相普通，是那种拍照的时候需要从头发丝修图修到脚后跟的人；

没有任何其他才能，吹拉弹唱一窍不通，华山只有一条路，除了通过读书出人头地，人生基本上没有其他可能。

家境连普通都算不上，父母倾尽全力拼命赚钱，不过是让我们兄妹三个不至于辍学和满足基本温饱。

如此拼了三年熬到了高考。

高考前的某天晚上，室友忽然离校去了天津，原来父母通过异地买房给她置办了天津户口，所以她可以轻松考入南开大学。

要知道，我拼命学习，最后的分数也不过是上南开大学和南京大学。

再后来大学毕业，一切从零开始。机会寥寥，缺乏资源，没有人脉，没有资金，就这样出发。有多少穷人家的小孩奋斗十年，连拥有房贷的资格都没有。更可怕的是，你回头看下自己的行囊，没有米就算了，居然也没有箭。

从小到大除了应试教育之外，没受过什么像样的教育，从思维眼界、为人处世，到策略习惯，都落后于人。

未来怎么做，没人可以教你。

有多少人跟我一样，拿了一手不好的牌，却要用它打出一把花，打出无怨无悔，打出惊天动地？

我改变不了拿到的牌面，但是我擅长改变自己。

十几岁时认识的初中同学，不敢相信我在高中的成绩可以蝉联年级第一名。

大学时期一起玩的朋友，在得知我报考北大后，觉得惊讶，毕竟我们曾手挽手一起堕落，不像是有宏图大志的人。

我的北大同学也不相信我能拿下《超级演说家》的冠军，他们都觉得，我们毕业后最多只能找到一份好工作。

然而这就是我成长的特点。我会挑战超出能力范围的事情，抓住别人看不到的机会，然后倒逼自己去凶猛成长，最后完成脱胎换骨式的转变，实现所谓的逆袭过程。

一次一次完成以后，我发现自己身上亦有天赋。

我管这个天赋叫作积极竞争力。

不是美貌，不是聪明，就是积极。

积极竞争力的第一个体现，就是擅长抓住机会。

但凡一个值得被称为机会的事情，就一定存在风险。

人在同一件事情中看到的内容并不相同，即便这两个人实力相同，甚至际遇相同。

因此，可以把人分为积极型和防御型。

积极型的人，看到一个机会，会觉得跟自己有关系。看到厉害的人，会认为自己也会成为那样的人。看到一项伟大的事业，会觉得自己将来有一天也能参与其中。

但是防御型的人看到一个属于自己的机会，未必觉得跟自己有关，因为他在追求成功之前，最敏感的是风险问题。

人的视角可以不一样到什么地步？

前两天我的两个妹妹在一起看《中国成语大会》。

其中一个妹妹说："姐，我也想去这个节目。"

另外一个妹妹说："真好看。"

其实这就是视角的不同。

一个是参与者视角,一个是旁观者视角。

我曾经是参与者视角。

23岁那年我刷微博看到《超级演说家》在招募选手,想都没想就决定报名。我并不觉得自己是个看客和观众,而是野心勃勃地打算参与这个世界上所有好玩的事情。

但现在我的视角又变了。

我已经很习惯用创造者的视角去看问题了,所以每次看到一个好看的节目,我都会想:是怎么做出来的?我能不能做出来?

这就是为什么积极思维的人更容易抓到机会。因为他们经常会问自己:为什么没有我?为什么不是我?

此外,积极型的人看到目标时,会把目光集中在命中的概率上,能一眼看到成功的可能性。

防御型的人就比较谨慎,他们厌恶出错,希望可以保持在一个完全完美的状态。

过年全家在家打斗地主的时候,我抓到了一手烂牌,看到后我的第一个想法是:如果我能唬着对手把大小王先打出来,那么我还是有可能赢的。

于是我的大脑中闪过好几个可以唬着他们打出大小王的方法。

恰好,我爸在后面点评了一句,说:"你这个牌面太烂,连个大小王都没有,怎么打怎么输。"

如果这件事情的成功概率是30%,我看到的是这30%的成功率,而我爸看到的则是70%的失败率。我会觉得还有机会成功,所以想办法把30%变成现实,我爸则会因为失败率太高直接放弃。

所以,积极型的人做出的尝试更多。

你看到的是失败的重点,我看到的是成功的画面;你看到的是无能为力的自己,我看到的是可能被解决的问题;所以你决定放弃,而我决定闯下去。这是积极思维的人更容易抓住机会的第二个原因。

经常问自己：问题有没有解决的可能？有，就不要放弃。

我的人生也类似一场不具备优势的斗地主。一个普通的寒门小孩，向上的路又窄又陡，翻越命运的可能性小而又小，但是你说，爬还是不爬？我看到的是剩余的可能性，所以地主要抢，高山也要爬。

问题不是不能解决的。

确实因为金钱而窘迫过，但是我从来没有觉得赚钱是个难题。即便最穷的时候，我也没有为钱发过愁。

上大学的时候我和同学暑期兼职卖保险，去到北京一个豪华高档的小区，同学惊呼："天哪，我一辈子都买不起这里的房。"

而我的脑海中盘算：我怎么样才能买得起？

在所有方法都尝试穷尽之前，我绝对不会跟自己说"做不到"三个字。

我把这个做事的方法命名为：穷尽方案法则。

懂得这个法则，你就能在坏事发生的时候保持镇定。

有一次要坐飞机飞往国外的头一晚，助理把我的护照弄丢了。

她慌慌张张的，吓得快要哭出来了，因为我们出国是有很重要的事情要办。

我说："你不要慌，我们现在还没有把所有的方法都试过，还没有把所有的地方都找过。"

我让她把护照可能出现的地方列举出来，从公司到家，沿途的路上，我们把需要寻找的地方分为几个区域，然后一寸一寸地翻过去。

我叮嘱她不要放过任何一个角落，即便你认为不可能在这里。

最后我们在她家里的一个不常用的背包侧袋里找到了，而这个包她也翻过，但是觉得不可能放在里面就草草略过了。

我用穷尽方案法则找过许多东西，大部分还真的都找到了，朋友都说我是找东西高手，心态稳定，寻找仔细。

心态当然会稳定了。

我明明知道，还有许多方法没有尝试，你让我坐在那里大哭或者抱怨，那不纯粹是浪费时间吗？

不管发生了多坏的事情，不管面对的困难是什么，当我进入到穷尽方案法则这个思路时，整个人的状态都是积极的，我很习惯把遇到的问题写下来，然后在后面写上这个问题的所有解决方法，一个不行，就去换另外一个，试着试着，这些问题就都被解决了。

这也是我们能抓住更多机会的原因，因为我们常常问自己：怎样才能做到，是不是所有的方法都试过了？为什么没有我？为什么不是我？问题是不是可以解决的？是不是每一个方法都试过？

常自问，就会很积极，就更擅长抓住机会，拥有积极竞争力。

积极竞争力的第二个体现，就是擅长吸收失败。

太积极的人，更容易失败。

俗话说"没有期待，就没有失望"。

消极的人必然是更安全的，因为他不会把自己暴露在可能失败的风险当中，他每次都选择不尝试，所以很少有机会失败。

相反，积极的人总是认为问题是可以解决的，机会都是属于自己的，但有的时候问题确实没有解决好，机会没有抓住，所以就失败了。

可这时候，如果你一蹶不振，就不会有下一步的行动，也不可能有什么成功可言。

有些积极是虚伪的积极，被打击的次数多了，负能量会加倍地反弹，怨天尤人，萎靡不振。

能不能消化失败，就是积极竞争力的第二个关键步骤。

关于失败这件事情，我早就看开了。

每有十个尝试，有七八件事都被我搞砸了，抱着满腔热情扑上去，然后伤痕累累地退下来。

但是人们看不到十之七八，他们只是看到了一二，就觉得你很厉害。

有人在我公众号后台留言问：为什么你的人生好像开了挂？

他只能看到我身上开的挂，看不到我身上挂的彩。

实际上我的人生只是偶遇了那么几次所谓的成功，我最熟悉的朋友，反而都是失败。

每次遭遇挫折，我都会问自己，最坏的结果，你能不能承受？

失败带来的后果，一般有四个方面：首先是物质的，可能会赔钱；然后是精神的，失败之后自信受损，周围的人也可能对自己有看法，所以精神压力很大；然后是人际的，可能会失去一些朋友；最后是机会的，失败之后，可能会失去一些后续的机会。

一般人面临挑战的时候，他只要想到"失败了别人会怎么看我"，仅仅这一点，就足够他恐惧到退却了。

这种恐惧其实是夸张的，远远超过失败真实发生后给我们带来的痛苦。

举个例子，打针的时候，看着针头会很恐惧。

每次去抽血，护士拿起针头的那一刻，我会怕到极点。但实际上针头真的扎进去之后，那种疼并非不可忍受，打针带来的后果，实际上配不上我们之前的恐惧。

失败亦如是。

如果要打破恐惧的话，可以先把失败带来的后果一一列明，物质的、精神的、人际的、机会的，最好为每一个后果标注上对应的办法。

我当时选择考研的时候，就是列了一下后果，觉得是可以承担的，然后就报了名。

其实考研失败没有那么严重，最严重的反而是心理遭受的打击。

人生很长，现在80岁都不算长寿，比别人晚一年开始工作，也不是什么特别严重的事情。

这是列明后果带来的第一个好处，就是降低恐惧程度。

这样做的第二个好处，就是当我可能又要面临失败的时候，翻开以前自己做的记录，发现自己原来可以承受许多本以为无法承受的东西。

我会好好的，我会更勇敢。

当然，也有一种情况是列完了之后，发现自己接受不了。

我养过一只小狗，病重的时候需要决定是否接受治疗。

那时候是真的无法接受它的死亡，也无法接受它受苦，这对年幼的我来说是一件根本不能想象的事情：一个生命，就此消失。

后来经历了痛苦的治疗之后，小狗还是死了。

我抱着断气的它从医院回来，那一刻觉得全世界都空了，不只是它的离开让我伤心，不只是因为我对它的感情，还因为我被死亡狠狠地教育了一顿。

没有来生，没有天堂，没了就是没了，它受过的所有痛苦，我们之间的所有遗憾，无法被弥补。

没有经历过的人可能无法理解。

但我没有想到的是，时过境迁，对死亡的思考竟然成了消化现实的力量。

每次觉得自己无法接受某种失败的时候，我就会想，人都是会死的。

一切都会结束，现在正在倒计时，所以没有那么多值得计较的，你的灰头土脸，除了自己，不会有人记得。

无论是否能够承受，分析一下，总有结论。

提高失败承受力的第二个方法，是从根源上改变自己的认知。我管它叫

"允许失败法则"。

败而不倒确实是一种能力。

在我们成长的过程当中,由于缺乏失败教育,导致我们根本就没有失败的能力。本质上,许多父母给的教育本身就不允许失败。

小时候没有考好,妈妈会说:"没有关系,下一次一定会考好的。"她看似宽容开明,但实际上这句话背后的意思是:我可以暂时接受你的失败,却不能接受你永远失败。这次考不好可以被原谅的前提,是你以后一定能考好。妈妈从未告诉我们,她可以接受一个一直失败的孩子。

结果下一次你还是没有考好。

在你的挫败感慢慢增加的时候,妈妈又温柔地走了过来,她说:"我相信你,这次只是失误。"

这些话仍然是不允许失败的思维模式,它背后的意思是:如果没有失误的话,你本应该成功的。

有些人,到老,到死,都没有学会和失败相处。

人有两个思维,荒谬到可笑。

要求自己一开始就成功。

要求自己永远都成功,一次失败都不行。

很多人不承认自己有这样的思维。

反思一下:为什么第一次创业失败,就觉得痛苦难耐,就开始否定自己。为什么第一次追求异性不成功,就想自杀?

再反思一下:为什么优等生小测验没有考好,排名靠后,就接受不了?

被这两种荒谬的思维控制,就会把正常的事情当成值得恐惧的事情。

孩子刚学走路的时候,你不能要求他不摔跤,在人生中做任何一件以前没有做过的事情,你也不能要求自己不可以跌倒。

即便跌倒,也不要产生恐惧,没有哪个孩子摔跤了以后不敢站起来继续走的。

对待失败正确的思维应该是这样的：

我们的人生当中，面临失败的次数，远远比成功的次数要多。

所以当你经历失败的时候，必须以一种长线思维，来看待自己所处的失败点，你得允许自己的人生有起伏。

乔丹曾在一个广告当中这样说过：我有超过 9000 次投篮不中，输了将近 300 场比赛，我还有 26 次错失了绝杀的机会。当你每次投篮不中的时候，你要想这是 9000 次当中的一次就可以了，这样的话失败就更容易接受了。

所以我就跟自己约定：在同一件事情上，一般允许自己失败三次。

就连恋爱和结婚，也要允许自己失败。

如果将来错判了恋爱对象，导致婚后不幸，也要宽容自己，毕竟我们之前又没有结过婚。

婚姻失败，其实也挺正常的。

我不仅允许自己失败，还允许自己比别人失败得多。

原因也很简单，因为我是超强积极型的人，所以我挑战的次数比别人多，我遭遇的超出自己能力范围的情境也比别人多。

我们可以给防御型和积极型的人画一个能力圈。

防御型的人只在圈内做事，当然面临失败的可能性要小。但是积极型的人总往外闯，自然会面临更多挫折。

所有的失败，对我来说都是练习。

高考失败了你会难过，但平时做练习失败了，就没什么。

因为练习是学习的过程。

这就是我总结的另外一种对抗失败的思维，叫作"练习法则"。

我们把自己做的每一件事情，都当作人生中的一次练习。

事实上整个人生都是一个漫长的练习过程，我们在这个过程当中优化自己的各项技能，这个过程就犹如日常测验，考得不好，才知道自己哪里做得不好，才有优化的可能。

有了这种思维之后，你会发现自己的反弹力会变得非常好。

触底不见得会有反弹，因为反弹力不是来自你跌得多惨，落得多低，而是源于分析和消化失败的能力。

接受失败是第一步，怎么分析这个失败比接受失败更重要。

就像乔丹，失败了之后他必须要回到球场寻找原因，不是说对着失败坦然一笑而过就可以。

分析不到位，他就会一直重复错误的练习。

我见过许多演讲差劲的人，他们一直用打鸡血的方式在坚持，告诉自己应该去地铁上演讲，去广场上演讲，去人群中演讲，但是始终在用同一种方法。

这样坚持下去，除了脸皮越来越厚，进益其实很少。

原因诊断是一个很厉害的技能，找到失败的原因，然后消灭它，这个失败才是有效失败。

怎么去分析错误和失败呢？

我在面试的时候，特别喜欢问求职者这样的问题：你对当时高考的成绩满意吗？你当时为什么没有考得更好？你有没有想过怎么做，才能考得更好？

这样的问题可以让我知道这个人的思路清不清楚，反思的能力强不强，可成长性好不好。

我很惊讶地发现，大多数人没有思考过这个问题。

那些曾经高考失败要考研翻身的人，高考不如意，学历低受歧视的人，并没有分析过自己失败的原因，居然就这么往前走了。

所以在我问到这个问题的时候，大多数人首先一愣。

然后他们告诉我"因为我当时不够努力"，或者说"因为我没有好好复习"。还有一次，有一个男生给我的答案是"因为我高三的时候谈恋爱了"……

我想，如果再多给这些人一次机会，他们仍然会失败。

到底什么叫好好复习，到底什么是足够努力，估计他们自己也不知道。

在我分析失败的时候，我不会上来就问为什么，我会分析根本原因是什么。

没有考好，因为没有好好复习。

不好好复习当然是没有考好的原因，复习时间不够，不专心，方向不对，这些都可以叫作不好好复习。

可是这个原因分析出来也没有用。

什么是好好复习，接下来应该怎么做，你还是没有答案。

换句话说，我们找到的失败原因，必须给我们清楚的行动指示。

到底做到什么程度，就不会再失败了，这样的分析才是有效的。

所以有效的失败分析用一句话就可以形容——如果我这么做了，一定能避免失败吗？

问自己"为什么"并不能避免失败，问"是什么"，却能够避免。

这次失败，是因为最后一道大题做错了，这道题的解法我没有见过，只要学会这个解法，我下次遇到这道题，一定可以避免再次失败，这就是"是什么"的魔力。

然后可以在"是什么"之后，再问"为什么"。

为什么最后一道大题做错了？

是因为我没有见过这道题。

为什么没有见过？

因为我选择的练习册不对，那就需要换一本练习册。

换一本练习册就能避免更多的错误发生。

以上就是我分析失败的方法，从"是什么"到"为什么"。

有效的失败原因分析，必须给一个行动的脚本，按照这个行动脚本去做，一定可以避免失败。

如果你分析完了之后，给自己的指示是模糊的，或者按照行动脚本去做并不能避免失败的话，那么你这个分析就是无效的。

再换一个案例，比如最近我的学员群里，有人在问："怎么办？我最近对接的一个客户不搭理我了。"

也就是说这次销售失败了，然后我们就问他："为什么失败？"

他给的原因是：因为我这个人不太会说话，下一次要好好说话。

分析出来的这种原因，压根儿就没有指导意义，所以他下一次还会犯错。

你要找出这个失败是什么，先不要问为什么。

你到底跟客户说了一句什么话，导致客户不再买你的东西了。把这句话找出来之后，告诉自己不应该这么说，应该换成什么话。

下一次你碰到同样情况的时候，你就知道如果用一句对的话去回应，就可以避免诸如此类的失败。

这就是分析失败的第一个要求：具体归因。

还有两个要求就是：短暂归因和内归因。

有一段时间，我跟室友的相处出了问题。

我们确实太不一样了，我是典型的内向型，在外面与人打交道，看上去也自信大方，但是必须要靠独处来恢复自己的能量。

回到家以后，我并不想进行任何社交活动。

而她过于活跃，一会儿要跟你推荐她追的CP（即Coupling，配对），一会儿要跟你一起打游戏。

最极端的一次，是夜里两点她回来后，看我没有睡，跑来要和我谈谈心。

我无力应付这种热情，自然就显得比较冷淡，慢慢地她开始故意对我排斥，主动对我冷漠。

这类似一种自卫手段，一旦发现你不喜欢我，我就先不喜欢你。

这让我挫败感很强。

不是因为她不喜欢我——我并不把他人的喜欢作为成功的标准，而是如果我们的关系这么僵硬，会带来许多生活上的不便，并且会把家里的氛围弄得很尴尬，非常不利于休息。

挫败感来自我对于这个问题解决的不力。

我朋友说，这就是你的性格，你没办法改变自己的性格，所以只能这样。

而我做事失败时，不喜欢把原因归结到这种长期因素上，比如性格、环境，因为这些因素很难做出调整，所以一旦归因于此，你就会放弃努力。

我把这个问题最终归因到沟通方法上。

沟通方法是很快就可以调整的，自那之后我读了二十多本关于人际关系的书，手机里存了数十种沟通方法，只要多试几次，总能改善我们之间的状态。

果然，我找机会跟她重新沟通了几次，最终我们终于接受了，对方跟自己是不一样的人，但是遇到问题的时候，其实都非常善良热心。

还有，我很少做外归因，除非外因是我可以控制的。

上大学的时候有个朋友想出国读书，但是一直考不过雅思，跟我抱怨家里人不支持，没有给她报辅导班。

她父母只不过是县城的普通公务员，月收入加起来七八千，不支持出国读书，不是很正常吗？

从此我就有些看轻她。

我也想出国读书来着，但是就连托福报名的钱，我父母也出不起，都要我自己打工去赚。

可是父母是你无法选择的，甚至有时候父母的态度也不是你能影响的。

在他们身上找原因，不如多看看自己，每天的有效学习时间够不够长？学习的方法对还是不对？自己到底是不是适合做这件事？

就连长得丑，都不能怪父母的基因。

你控制不了脸形，但能控制体重，对吗？

用正确的方法去分析失败，这样失败才是礼物，才是所谓的成功之母，它们是生活里的练习题，正是它们检查出了我们的薄弱之处，让我们成长为更强劲的人。

而在这个过程中，我始终冷静地旁观自己：我在做什么？我是怎么做的？到底是哪里出了错？怎么做才能行？

所做的事情就好比一项实验，甚至我自己都是一项实验，另一个我在清楚地做着自我分析。

如此一来，你就拥有了对失败的"吸星大法"，失败就是你吸收能量的对象。

这是拥有积极竞争力的第二个步骤。

第三个体现，拥有积极竞争力的人，认为自己是可以学习和改变的。

以前我一直觉得自己是一个特别不会说话的人，一开口就说错，尤其在人多的时候。这种情形着实让我苦恼了一阵子，每次跟朋友聚会，回到家后都要自责。

后来我想，无非有两个选择。

第一种选择，少说少错。干脆闭嘴，当一个"壁花"，这样就不会出错了。

第二种选择，越错越要多说。这样才能知道哪里说错了，才有改进的可能。

当时我选择了第二种做法，因为我认为自己的可塑性是很强的。

所以我要勇敢地说，勇敢地面对自己的缺点，然后勇敢地去做自我矫正。

不过这样还不算积极，更积极的做法是，在开口之前，研究好说话的方法，然后把每次的说话当作一项实验和练习。

当遭遇到否定的时候，例如别人跟你讲："你怎么这么不会说话？"

这时候你一点都不难过，你只是觉得暂时不行，目前这个方法不行，你脑海当中只有一个念头：回去之后再调整，下次我试试另外一种方式。

积极者相信自己可以努力变得更好。

他们的自我监测能力和自控力很强。

自我监测能力，是指知道自己在做什么，能监测自我并且教育和指导自我。

所谓自控力，是可以控制自己的行为。

我可以控制我自己，绝不懒惰而是立即行动；

我可以控制我自己，绝不丧气而是积极学习；

我可以控制我自己，绝不害怕而是去适应各种环境。

怎么能拥有这种积极的心态？

首先，需要积累一点习得的经验。

很多人在学习上其实是很无力的，因为从来没有真正学会过什么东西，也没有拿学会的这些东西去解决过什么问题，更没有因为学习而成功过。

所以体会不到这种习得的过程，体会不到这种变化和自我改造的过程。

而有些人就比较幸运。

我上高中的时候花了一个多月的时间，从一个差生冲刺到了年级前十几名。

这个经历对我影响特别大，就好比普通人忽然有了超能力，我忽然感受到了自己对自己的控制力。

我能感受到自己做出积极改变的时候，能力增强的过程。

在以后的人生当中，哪怕落后，哪怕失败，也不要紧，因为我可以学习，我可以变化。

除了习得的经验之外，掌握学习的技术和方法，也会让人对自己的改变更有信心。

当一个人知道怎么学习，就不必惧怕问题。

我从学校一毕业就创业了，没有融资，也没有合伙人，刚开始公司只有三个人，可是就连三个人我也管理不好。我没有被人带过，也没有带人的经验，管理问题对我来说，比做事本身要难得多。但是我知道怎么学习，应该向谁学习，所以也从未害怕。

就连马云，从英语教师转行创业，从十几个人的小公司到中国最赚钱的互联网公司之一，难道一开始就具备了所有技能？

每个人都是一步一步学过来的。会学习，则无敌。

这就是积极竞争力的第三个体现。

为什么我说积极竞争力能提高一个人的成功概率？

你看它的三个作用：

首先，能让你发现和抓住更多的机会；

其次，能让你承受和消化失败；

最后，你始终具备学习和改变自我的信心。

这三点，形成了一个成功的闭环。

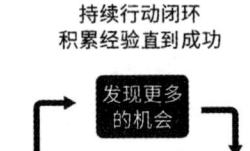

持续行动闭环
积累经验直到成功

发现更多的机会 → 接受和消化失败 → 学习和自我改变 →（循环）

能发现并抓住更多的机会，其中有些尝试后成功了，由此信心加强，便能做更多尝试。

我去《超级演说家》，就是幸运的成功，从此我在演讲这个领域更敢于尝试，于是更多说话的机会纷至沓来。

即便不成，你也能承受失败，并且在失败中再学习，积极地自我改变。

高考一战无缘北大，差12分，这口气一直憋了四年。四年后重来的时候，考试这件事情已经被我参得透透的了，再战的我，已经不是当日的我。

改变后再尝试，成功的概率会提升，一直这样循环往复直到做成为止。你再次确认了，自己是可以改变的，便大可自信面对人生。

这就是我称之为"成功闭环"的原因：从抓住机会，到消化失败再行动，再到学习和积累经验，本身就是一个正向循环。

无论如何，总能走向属于自己的成功。

每个人都应该去追求成功。

在这个过程中，无论是靠天分、靠勤奋，还是靠机遇，都靠不住。

最可靠的是属于自己的方法论。

方法论带来的成功是必然的，只不过来得早或晚而已。

我对成功的态度，犹如我对待失败，坦然到不能再坦然。

它们都提升了我对人生的掌控能力。

这个世界上，没有成功的人或者失败的人，衡量一个人成功或失败的标准并不相同。但是对每个人来说，都有成功的事和失败的事。

拥有积极竞争力的人，更容易做成事，这是不可否认的事实。

加入杠杆：
让你的努力，带来翻倍的收获

还记得我在前面提到的矿产分布图吗？

如果你找到了一个矿产丰富的区域，你会选择用什么方式来开采？

大概想一下的话，会有三个选择：

第一，可以用手挖；第二，用铲子挖；第三，你可以去买一台挖掘机。

聪明人肯定要用挖掘机，挖掘机使用杠杆原理，让你付出更少的辛苦劳动，挖到更多的宝藏。

还有一些人，根本不会思考这个问题。他们会徒手挖掘，并且被自己的辛苦感动。

我经常会思考这样一个问题，人生当中有没有这样的杠杆，让我除了自己的能力和努力之外，去撬动更多的机会和资源？

这并不是鼓励大家投机取巧，而是要习惯用这样的思维去想事情，如何"搞定一个，撬动更多"？

以前我们总是说"一分耕耘，一分收获"，这句话是鼓励每个人都要勤奋，本身意图没有错，但是按照"一分耕耘，一分收获"这个方式去努力的话，存在两个问题。

第一个问题，如果我们纯靠一分一分地出卖自己的脑力、体力去获得价值，那么，如果想要收获更多，就只能付出更多的劳动时间。

我可以做到"一个人顶两个"，或者"我二十四小时不睡觉，能顶别人三个"。

然而时间是有上限的。

时间的上限，决定了我们收获的上限，这是"一分耕耘，一分收获"这种模式的缺点。在这种模式下努力的话，你每天都很累，但是收获的东西很少，最重要的是，你看不到出现变化的可能。

这个模式存在的第二个问题，就是增长的速度很慢。

我们正常人的增长曲线一般是这样的，横轴是时间，从 22 岁开始工作，到 65 岁退休，纵轴是我们的收获，我们的增长曲线是一条斜向上的曲线。

一开始的时候，月薪五千，年薪六万，这条线的角度就会平缓一点，增长缓慢一点，到了后来，年薪一百万，这个角度就大一点。

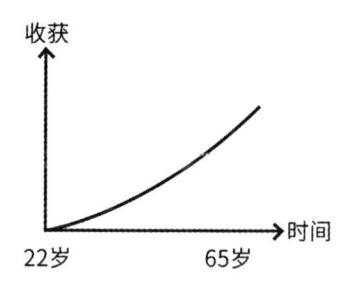

对一个低起点的普通人来说，这样的增长方式是不够的。我们需要的是爆发式增长，才能完成低起点的逆袭。

怎么实现爆发式增长？

就是把我们"投入一，得到一"的模式，变成"投入一，得到无穷"的模式，加入杠杆。还是那句话：搞定一个，撬动更多。

阿基米德的杠杆原理告诉我们，只要给我们一个支点，给我们一根足够长的杠杆，连地球都是可以撬动的。

如果把杠杆运用在人生当中的话，就可以让我们付出同样的努力，但是得到数倍的收益跟影响力。

怎么给自己的人生加杠杆？

先拿我自己来举例，我在自己的人生当中，加了很多次杠杆。

在读高中的时候，我的理想就是成为投资银行的经理，出入高大上的CBD，因为我那时候没见过世面，所以能想到的最好工作就是那样的。

但是以我当时的成绩跟当时的身份，不可能接触到这种机会，尤其是有一些著名的投资银行，在学历方面要求非常严格。

所以我就给自己加上一个杠杆——"北京大学"。

只要搞定北大，就能在我身上附加北大的名气和资源。

对我这样一个普通人来说，这个世界上认可北大的人比认可我的人要多得多。实际上，上不上北大，我的能力变化没有那么大，我还是我。即便在北京大学，能跟老师学习到的也有限，更大程度的开悟，要靠自己学习。

但是加不加"北大"杠杆，差别就大很多了，北大帮我撬动了更多的工作机会，这些机会可能是那些不读北大的人得不到的，或者很难获得的。

那我当时要做的事情就很明确了：集中全部的力量，去冲击考北大这一个点。

最后通过搞定北大，完成了第一次爆发式成长。

后来我发现，加上这个杠杆还不够，小时候真的很天真，认为一路拼命，逆袭一个名牌大学，就能前途无量。

等我大学毕业之后才发现，从一个教育落后的农村地区考到北大，确实是完成了一个跨越式增长，但是这时候你的终点，可能只是到达城市小孩的起点而已，这也是那么多寒门学子后来会面临悲剧的原因。

许多年轻人都会经历这样的成长阵痛，发现自己不是盖世英雄，只是普通人。因此到社会上面临的第一个问题不是实现梦想,而是赚钱养家。

我看到过许多努力的农村孩子,终生奋斗在城市里终于安家立命,把自己的全部青春都奉献给了房贷和车贷。

这太让人难过了,要知道,这些对某些人来说,只是人生的标配而已。

我不想这样,我不想在我最好的二十几岁,被钱绑死。

毕业了一次我就明白了。

其实我们绕了一个很大的圈子,把所谓的好工作作为最终的奋斗目标,然而好多问题也不是好工作就能解决的。

当我意识到这一点之后,就开始拼命寻找其他出路,读研期间,就遇到了《超级演说家》这个节目。

如果我不参加《超级演说家》,我的演讲能力就不会有太大的变化,《超级演说家》给了我一个上台训练的机会,给了我一个集中思考的机会。但实际上这些能力在以后的人生当中,我也会慢慢获得。

《超级演说家》厉害的地方并非"演说"二字,而是它电视节目的形式,同时还有网络传播,能让更多的人看到这档节目。

加上《超级演说家》的杠杆,也会事半功倍。

在这之后得到的合作机会,可能几倍、几十倍于之前我没有参加这个比赛的时候。

如果没有《超级演说家》这个舞台,我的演讲能力可能最多用在给领导做汇报工作的时候了,虽然这个能力肯定有利于我的升职加薪,但是跟《超级演说家》带来的能量却没有可比性。

参加完节目的我打算开始做课程。

这个是我在校期间就一直在做的事情,我的第一门课并非在所谓的知识付费元年做出来的,而是在校期间做的。

那时候我就对学习这件事情无比感兴趣，在北大期间我很喜欢采访我的同学，问他们的学习方法、学习习惯，甚至会为此请他们吃饭。

收集了许多学习方面的经验，结合自己的学习心得，最终，我做出了一门关于学习方法的课程。

那个时候，我模糊地意识到，这门课程必须加上互联网杠杆。

如果做线下课程，一套课需要讲三天到五天，然后一年内不休息，最多可以讲个几十次，就达到上限了。

打开上限的方法在于，必须要给这套课程定很高的定价。

可是在互联网时代，获取知识或者获取经验越来越方便和便宜了，知识和经验没有那么值钱。

小时候我去听李阳的讲座，现场他会用高亢的声音营造热烈的气氛，也会使用一些心理战术，让大家花几千块去买一套英语书。

但是英语书本身的定价只有几十块而已。

与其说人们为了知识付费，不如说是冲动消费。

而且李阳真的很辛苦，他每年在全国各地来回跑，全靠自己这样一场一场去卖课。

互联网技术则可以让你一对多授课，多到几万、十几万都可以。

然后再通过合作，加入渠道杠杆，放到别人的平台上，用别人的流量来扩散，这样的话，我们的一套课程就可以撬动更多的人来听，这个课程只要放在那儿，只要还有人愿意来听，它就可以自动地为更多人提供价值。

在上课形式上，其实线上跟线下内容方面不会有太大的区别，而加入杠杆就可以让一份付出被无限放大，回报也会大大地增加。

听众只要付出百元以内的价格就可以买到课程，而我只要讲一次就可以完成授课，不用一年365天在全国各地奔波演讲，只要集中精力去研究更好的课程就可以。

如果内容做得足够好，在线上就会出现赢家通吃的局面，反正作为听众，接触到任何一个课程都很容易，不管老师人在中国还是外国，都不会影响到他们的选择，所以到了最后，所有人都会去选择那个最好的。

如果你能集中精力成为这个赢家，那么你的人生就会出现可怕的倍速变化。

以上就是不同的人生阶段，曾让我做出巨大改变的三个杠杆。

我自己能搞定的其实很少，但是北大可以搞定很多；我自己认识的人很少，但是知道《超级演说家》这个节目的人很多；我能上的课有限，但是互联网可以让我上一次课，就传授给无数人。

杠杆的精髓就在于：搞定一个，撬动更多。

一个普通人怎样给自己加杠杆，加哪些杠杆？

在这之前，我们得先知道一个普通人都有哪些资源。说到资源，永远绕不过的就是人脉，人脉资源上怎么加杠杆？

第一次看到人脉上的杠杆智慧，是在我一个高中女同学身上。

这个女同学非常聪明，但说实话，长得一般，学习也不好，没有人会想跟她一起玩，但是她很想加入学校里最活跃的那个小团体。

怎么办？

她就集中精力搞定了班上的一个很漂亮的女生，那个女生是校花，搞定那个女生之后，这个学校里面就没有她交不了的朋友了，她再也不用一个一个去讨好，一个一个去打交道了。

再后来，她也不搭理校花了，因为她有一堆朋友，这些人都觉得认识她，可以认识很多人。

这个人际交往的妙招被我发现之后，我就在自己本子上写下了这样一句话：搞定一个人，就等于搞定很多人，不要一个一个去搞定。

第一次使这个妙招，是我在大学做销售的时候，那时候我就很喜欢重点搞定一些圈子里面的意见领袖。

比如广场舞的领舞大妈，这些人朋友很多，威望很高，你好好地为她服务，搞定这个人，就等于搞定她背后的一大帮阿姨。

当然，人脉的杠杆未必是一个人。

可以确定的是，结交人脉的方法并非一个一个去认识，永远有以少撬多的方法。

除了人脉之外，还有一个重要的杠杆就是资本杠杆，加不加资本杠杆，最后给人的命运带来的影响，是完全不同的。

二十年前，我们老家特别穷。

那时候人人都很穷，没有什么贫富差距。

后来过了二十年，你就会发现其中的一批人富起来了，而且巨富，家里有很多辆豪车，奔驰、宝马换着开。

他们是怎么富起来的？

其中有我一个同村的叔叔，他抓住了这样一个机会：城市化飞速发展的阶段，需要盖很多很多大楼，这位叔叔就想办法去银行搞到了一批贷款。

那个年代贷款条件不严格，他拿了贷款后去政府拿地，再雇用民工来盖楼，最后楼卖出去，他就发财了。

他从一个很普通的工地工人，变成了我们那边最早的一批地产开发商。

都是盖房子，加不加资金的杠杆，却是完全不一样的命运。

肯定有人看到了这个机会，但是没有启动资金，所以到现在还在替别人盖房子。

那么什么时候适合加这个杠杆？

当你发现利用资金赚到的钱，比使用这笔资金的成本高就可以了。

最后，我们每个人拥有的最宝贵的资源就是时间。

时间上如何加入杠杆？

作为一个人最重要的资源，偏偏时间还是极其有限的，我们用脑力赚钱、用体力赚钱，最终体现的方式都是用时间来赚钱。

如果你的财富增长方式，对时间的依赖很重的话，是不可能出现倍增的。

什么叫作"对时间的依赖重"？

我纯粹地把脑力跟体力卖给一个人，比如程序员为公司写程序，工人在工地上为包工头干活，就等于把自己的工作时间卖给了老板，这样的赚钱方式就很慢。

如果想要快起来，可以这样做。

其中一个方法就是成为凡·高，凡·高在一定的时间内，创造一个作品，然后只卖给了一个人，但这个作品是天价的。

还有一个方法，就是在一定的工作时间内，创造出一个产品，但这个产品可以卖给很多人。

比如我写了一个软件，卖给无数人使用，我弄了一个游戏，给无数人玩。这时候就需要加入渠道杠杆，想办法扩展分销商，研究一个分销模式就可以达到快速赚钱的目的。

还有一种加杠杆的方式，就是去购买别人的时间，用别人的时间来创造价值。

雇用别人来为你干活，这样的话，你一天工作时间本来是八小时，可以创造八个价值，那么当你雇用了八十个人的时候，等于说就可以创造八十个价值了。

俞敏洪跟李阳都是做英语教学的，早些年，在我们那边一样知名，但是这么多年过去了，他们的差距逐步拉大，到现在已经没有了可比性。

李阳的团队并不大。

去年还有学生跟我说，李阳老师去他们学校办讲座，居然还在卖书卖课。

我想，如果到现在他的营收方式还是靠出卖自己的这一份时间，那么必然是有上限的。

但是俞敏洪老师就不一样了，加了资本的杠杆，又扩展了很多分销商，而且他的团队巨大无比，有成千上万的人为他做事。

三重杠杆叠加在一起，所以到现在，他这样的一个百亿公司的掌舵者，每天居然还能有大把的时间看书。

人生赢家不过如此，用别人的时间、别人的智慧、别人的体力去挣钱。

类似俞敏洪这样的企业家，作为跟我们一样会呼吸的人类，一样的八小时，却可以在这八小时之内，创造几倍、几十倍，甚至几千倍、几万倍高于我们的价值。

这就是杠杆的魔力。

创造一个杠杆系统，只需要用我们的创意、知识跟智慧，去按一下这个杠杆，然后一连串的杠杆起作用，会帮你撬动巨大的，可能别人几辈子都不能拥有的资源或者财富。

找到了以后，就要集中精力，全力以赴。

或许，你还是不懂得如何去运作。

没关系，只需要牢牢记住"**杠杆思维**"这四个字就可以了。

常常问自己这样一个问题：除了我自己的努力之外，我还能够加持的其他杠杆是什么？

如何撬动一个，就能搞定更多？

有这个思维不一定能找到。没有这个思维的话，永远找不到。

因为人永远都找不到一个自己根本就没有在找的东西。

六步循环：
让你没有做不成的事

问你一个问题：

一个二本院校毕业的学生，有没有可能在三个月内考上北京大学？

可能你会想"我不想考北大""这件事跟我没有关系"，或者觉得"太难了""我连二本院校的学生都不是"。

先把这些想法通通放下，我们就把这个当作一个问题去思考。

如果让你去考的话，你会先做什么，后做什么？怎么做？你的策略是什么？你认为做这件事情的步骤分为哪几步？

我经常说，要把考试当成项目来做。创业以前，我做过的最大的项目，就是高考和考研。

就是从考试这件事情上，我完整地经历了做事的各个环节：

自我定位—瞄准目标—制定策略—执行反馈—调整行动—最终完成。

拿考研来举例。

我是在毕业之后才开始准备考研的。

毕业后再考研意味着什么？

本来你就因为落后同龄人一步而觉得难受，周围还有许多声音告诉你，如果考不上的话你就会失去应届生的身份,没办法拿到户口,不好找工作,等等。

在校考研,是从大三开始便准备小半年,如果没有考上的话,大四毕业去找工作一点也不受影响。

在职考研也不怕,本身就有工作,考不上就假装没有发生过,继续上班。

唯独辞职考研,就像一场没有退路的战斗,你不属于任何学校,也不属于任何公司,你就像一粒飘零的种子,不会有人管你往哪里去。

决定考研以后,我就搬到了北大东南门对面的一个筒子楼里面。

那个小区叫科源社区,我住在16号楼。

描述一个细节大家就知道那个楼有多破了。冬天的时候老式窗户根本就关不上,所以我就买胶带把所有的窗户缝都封死。

夏天的时候,楼道里面飘的都是厕所散发出来的臭味。

这也导致了我的勤奋,白天我就去北京大学第三教学楼510自习室上自习,晚上十一点才回到筒子楼。

我相信你肯定听过很多这样的考研故事。

风雨无阻地上自习;

书都被翻烂了好几本;

晚上在路灯下看书,早上去小树林里朗读等等。

相信每一个故事都是真的,但是我们不能光听,更不要认为,是因为自己不如故事里的人勤奋,所以才没有成功。

最后能让目标达成的,不是这些细节,如果你拿故事里的标准来要求自己,你会发现,你做不到。

你没有办法像故事里的人那样勤奋和专注。

最后你会觉得自己很无能,你会开始厌恶自己,骂自己没救了。

这就是励志故事有毒的地方。

我也是被励志故事激励过来的，从小我就很喜欢看名人传记，各种人的各种故事充斥在我的脑海中，鼓励我超越平凡走向更多可能。

但如果不够理性，只是片面地看到故事，而没有想到更为深刻的做事逻辑，就会成为励志下的牺牲品。

勤奋是一部分人的天赋，却是另一部分人的策略。

我从不鼓励人瞎勤奋，每一分努力都要有目的，早起有早起的意义，读书有读书的效果，绝对不要无目的和无策略地学习和工作。

做事的正确顺序应该是这样的：策略，勤奋地执行策略，然后成功。

如果没有策略的话，你坚持不下去，就算坚持了也没有用。

每个人都有自己的策略，但是这个策略，成功人士一般不会说，因为成功人士很喜欢把自己包装成勤奋的人。

当然，也有些人误打误撞做对了，但是根本总结不出来什么策略。

我来分享下我的考研策略，起码在这件事情上，我是成功的。

回顾整个过程，并没有想象中的那么苦大仇深。

我一天的有效学习时间只有三到四个小时，一年全程的有效学习时间加起来也不会超过三个月。

但我知道自己一定能考上。

因为在复习之前，我就去找了可以保证 99.99% 考上的策略。

首先，研究了历年真题跟北京大学的录取分数线。

北大法硕真的很好考，它历年的录取分数线一直都在 360 分左右浮动，没有超过 370 分。也就是说要保证自己可以考上，你至少得考到 370 分。

这 370 分应该由什么组成？

不考数学，只考英语、政治和两门专业课。

我英语很一般，就考个及格 60 分；政治按说是强项，9 月份以后跟着大家去复习，考个 70 分。

如果这样算的话，我的两门专业课加在一起要考 240 分，每一门平均要上120分，才能稳上北大。

听起来好像挺难，下面我们研究第二步，就是怎么达到240分。

满分是300分，要考到240分的话，就是要考到80%的分数，也就是说那张试卷上80%的题目，你必须会做。

我报考的是2013年的研究生考试，所以要往2013年之前的真题研究。

研究完以后，我发现一件很有意思的事情：

当我对着真题，把每道题目考察的知识点标注出处后，发现99.99%的知识点都在教材上。

后来我去网上查询过往的成功考研经验，有许多高分选手也提到了确实如此，所以我就更加放心了。

只要把五百多页的教材搞定80%，就可以稳稳地考上北大了。

问题思考到这里，已经有了非做不可的决心。

如果你随便问一个人："考上北大难不难？"

我觉得大多数人的答案都是难。

如果问他："你只要搞定这本书的80%，就可以上北大。难不难？"

会有一部分人觉得，不再难了。

因为即便再笨的人，给他足够多的时间，就算把书吃了，也能搞定。

所以你看，如果路径清晰，就会降低对难度的想象。

接下来第三个步骤，我知道要搞定这本书，但是具体怎么搞定呢？

文科考试有三个特点：

第一，考记忆。纯记忆，比如简答题。

第二，考辨析。比如一些选择题，A、B、C、D四个选项很相近，或者它们之间有容易混淆的地方，错误选项就会夹杂在正确选项中迷惑你。

第三，考分析。给你一个案例，用你学过的知识点去分析，你需要准确地判断会用到哪一个知识点，还得知道怎么用。

所以总结来看，一共是考三个东西。

1. 记忆 2. 辨析 3. 分析。

纯记忆的题目很简单，就是要背下来，复述下来整本书，就可以搞定；

辨析题要做对，不仅要把知识点背下来，而且还不能背混，背混了不会得分；

分析类的题目，要求把知识点结合到具体的题目上，你得知道这个案例对应的知识点，从案例反射到书上，给出判断和具体方案。

根据整个考试的要求，我就知道怎么搞定这本书了。

接下来，我就一步一步执行自己设计的方案。

首先，开始复述这本书。

我应该从头到尾认认真真背了三遍，一共五百多页吧，每天复述几页，一边复述新内容，一边复习老内容。

背得差不多了，就开始做测验题。做题的时候，肯定会出现错题和不会做的题目，我就把这些题相关的知识点标注出来，作为重点复习对象，因为这些题目可能就会导致我达不到那 80% 的分数目标，所以我必须把它们干掉。

平时自己在背的时候，也会发现一些很容易混淆的和不好记的知识点，会特别留意，做出标记。

除此之外，选择题本身也会考察到这些容易混淆的知识点，题目里永远有错误选项试图迷惑你，于是我就对着题目的选项，把它们背后的知识点一点一点地找出来，对比记忆，这样就不会出错了。

按照上面的办法，复述，做题，一遍一遍地筛选哪里是没记住的，哪里是搞错了的。直到考前，做题的准确率基本上已经达到 100% 了。

剩下的只有分析题目了，分析题解决的是在具体案例里应用知识点的问题，所以当你把所有的知识点都记熟了，就好像你已经掌握了开车的方法，接下来只需要多开几次就好了。

几套应用题做下来，圈出来题目中的一些暗示词，对它们形成一定的敏感度，顺着线索找到书中对应的知识点，给出结论，这个过程会变得越来越简单。

以上就是我复习的整个过程。

你可能觉得"我已经不考试了，我现在是一个家庭主妇，或者职场新人，我看你写这么多考试的方法有什么用"。

当然有用，我们可以从上面的过程当中，提炼出一个逆袭的办法。

人生，就是一场考试接着一场考试。

表面上看每一件事情都不一样，但是做事的方法和逻辑共通。

整个复习过程提炼出来有六个步骤。

第一个步骤，定位。

定位你的目标。

什么是目标？"我想考北大"这不是目标，说得好听点，叫想法、愿望。

你立下新年的目标"我想减肥，我想变美，我想赚钱"，后来通通没有完成，为什么？

根本原因就在于这些顶多只算想法，目标要有可执行性和衡量标准，比如"我要考到 240 分"，这算是一个目标。

在目标这部分，我已经谈过一些经验了。

这里再强调两点：第一，要学会解释你的目标；第二，只有这个才是你的目标。

什么叫作学会解释目标？

比如要考北大，意味着两门专业课都必须要考 120 分；意味着这张卷子当中 80% 的考点我都要知道；意味着考试范围内的 80% 我必须得知道。如果我只知道 10% 的话，那么还要搞定 70%，那么整个复习的过程就会变成这样：找到不会的地方，变成会的，直到这个百分比达到 80%。

这就是目标被解释的过程，从"我想考北大"到"我要考到240分"，到"我要搞定那些不会做的题目直到百分比达到80%"，到"我今天已经做了50%，还有30%"。

再比如"我要减肥"，我刚刚说了，这只是个想法，意味着我将来的体重要比现在轻，意味着我每天的热量摄入必须低于我的消耗。

如果有一台仪器可以帮我测量我的热量摄入跟消耗的话，我需要保证每天的摄入减去消耗后是负数，我还得知道每天的负数是多少，才能保证能够达到我想要的体重目标。

模糊的目标，要不断地去解释它们，把它们转化成一个更具体的内容，这样我们才能够找到途径。

这个能力是大多数人都没有的，他们没有办法把自己的目标解释出可行性，所以只能跟自己的目标大眼瞪小眼。

关于第二点"只有这个才是你的目标"，是什么意思？

很多时候，目标之所以没有达成，就是因为目标太多了。

这一点我一直在反复说，还请见谅。

现代人一事无成的原因之一，就是太贪心。

你觉得读书重要，你觉得人脉重要，你觉得学英语也很重要，健身也很重要，方方面面都很重要。

但是你不可能每件事情都做到的。

于是就有人提出，一定要达到平衡。

平衡本身就是个梦，平衡本身就是在消耗你，你看那些站在跷跷板中间保持平衡的人，是不是屏住呼吸累得要命。

所以最理想的状况是，一个阶段之内只考虑一个目标。

所以在你定好自己的目标之后，要告诉自己"我只有这一个目标，其他的都不是，所有的事情都要为这个目标服务"。

接下来就是第二个步骤，为这个目标想一个策略。

有两句话，大家一定要记得。

这两句话可以说是我过去奋斗过程中血淋淋的教训了。

第一句话：千万不要把目标当策略。

第二句话：千万不要把计划当行动。

一般我们想好目标就立马行动了。

我们很容易把目标本身当成一种策略，比如我想语文考100分，其实这是你的目标，但大多数人完全不去想怎么达到这个目标，就直接开始做题，开始写作文。

我们习惯于把策略部分给忽略掉，直接从目标跳到行动，导致很多行动对目标是无效的。

在想好目标以后，行动以前，一定要有意识地去想，自己定的策略是什么样的。

把计划当行动就更好理解了，很多人只做了一个计划，就当自己已经做到了。

具体怎么定策略呢？

定策略有几个步骤。

第一，找出通往目标的障碍和问题；

第二，找出解决这些问题和障碍的方法；

第三，方法之间成为系统；

第四，集中冲刺直到成功。

很多同学喜欢问我怎么提高成绩。我会让他把教材打开，然后问："是不是每个章节的知识点你都熟悉？"他说："不是。"

我说："你再把你的练习册打开，是不是每一道题目你都会做？"他说：

"不是。"

我说:"你再把上一次考试的卷子给我拿出来,是不是考了满分?"并没有。

那很简单,你把那些不会的、做错的题目找出来解决掉,你离想去的大学就近了 0.0001%,通往理想大学最大的障碍和问题,就是那些你不会做的题目,所以你要想办法把这些题给搞定。

可以去问老师,可以找家教,甚至可以看答案,等等。总之,你要想办法搞定它,一点一点地搞定,你就会离想去的大学越来越近。

当你搞定的题目足够多的时候,比如达到了 90%,很有可能你就可以上清华、北大了。

如果你不知道通往你目标的问题和障碍是什么,会造成什么结果呢?——瞎使劲。

比如这次考试没考好,特别痛苦。好多人就把"没考好"当成一个障碍,劝自己别把这次考试当回事,平复心态什么的。但你真正的障碍是那张卷子上面的错题。

如果没有认清障碍,我们还会把自己大部分精力放在一些会的东西上反复学,反复验证自己很厉害,很牛。

没有用,这些都是无用功。

只有把真正的障碍和问题准确地找出来,并且想出克服方案的人,才能够快速逆袭。这就是别人复习四个月,顶你复习十个月的原因。所以制定策略的第一个步骤,就是找出真正的障碍和问题。

不说考试,我换一个案例,告诉大家什么是真正的障碍。

我有个朋友在做童星节目,他的目标是做中国最好的童星选秀节目。你已经知道怎么定目标了,所以应该很敏锐地发现,"最好的"这种东西,根本就不是目标,是愿望,因此很难达到。

所以你要的到底是什么?

你要的是收视率第一,还是捧出几个大红大紫的小朋友发展IP?

然后他说,我的目标是捧出几个小童星,火遍全国就可以。

他之前做少儿培训方面的工作,所以跟全国三十多家少儿培训机构都很熟,他让这些培训机构推荐一些小朋友过来参加选秀,然后跟每个小朋友收成千上万的费用。

就这样,他收到了一些钱,然后把学员放到景区,雇用了一个摄影团队给他们拍摄,最后放到一个几乎没人看的电视台播出。

他觉得这么做很聪明,又可以赚到钱,因为小朋友是交了学费的嘛,另一方面他又可以完成自己包装童星IP的愿望,一举两得。

但是最后,这个项目失败赔钱了,他也没有完成他捧童星的既定目标。

为什么?

有很多原因,其中一个是我在听他讲方案的时候就发现的。

首先,他没有根据目标找出真正的障碍和问题,想培养童星IP,需要找到那些多才多艺的,或者很有个性的小朋友,需要给他们进行包装,需要给他们一些流量曝光,等等。

好多人做事都凭感觉,认定了自己就应该这么做,也不考虑行为是否背离目标,以及到底有没有在解决真正的问题。

而当你从目标出发,去想真正的障碍和问题的时候,就会推翻许多无理的既定做法。

要做几个爆款的童星IP,是不是一定得做综艺节目?

不一定。

我经常和我的员工展开这样的对话。

前两天,运营的同事来找我,跟我说:"媛姐,我想招一个编辑,每天在公众号上发文章。"我问她:"你的目的是什么?"她说:"这样可以给付费的用户更好的体验,他们每天在打卡学习的同时,还能看到一些不错的文章。"我说:"如果你的目的是为了让付费学员的体验更好,难道一定要每天推送免费文章吗?"

在花费同样费用的前提下,有没有其他更好的做法,比如在群里多做一些服务,比如提供一些课程之外的扩展知识?

我给出的只是建议,未必是标准答案,但是每次帮助员工从目标出发,厘清问题时,就会发现好多人只是觉得应该这么做,并没有思考这是不是真正的问题和障碍。

打开思路,才能找到最佳做法。

说回我这个朋友,他的第二个错误就是,既然没有找出问题,就谈不上什么解决问题的方案。

他本来可以在网络上搞个投票,比如给每个小童星都申请一个微博,比如可以花点钱把录制节目当中的那些经典片段推广一下,在微博、朋友圈里让他们红起来,等等。

可能这些方法不是最有效的,但最起码和目标是在同一个方向上的。努力的方向和目标都不一样,肯定是不能成功的。

我把我的想法解释给他听,他很同意,但是到了下次,他还是犯了同样的错误。

我仔细分析了下原因,还是因为太贪心了。

放不下学员的学费,想赚眼前的小钱,同时又想赚以后的大钱,所以最后白忙活了一场又一场。

为什么人一定要有目标,其实本身就是为了催促人去取舍。

没有舍,就没有得。

在目标上做了取舍以后,还要在路径上做选择。

你有一百个方法通向目标,你希望自己每个环节都做好,但最终因为资源和时间有限,你只能选择其中的几个,甚至一个。

"我想变好,怎么办呢?我要美,我要有钱,我要感情很顺。"各个方面都提一遍，这不叫策略，这只能说是一个完美的想法吧。

具体要从哪个方向去突破，必须做出选择。这个过程也非常考验人。因为有风险，所以不敢选。

我在考研的时候经常感受这种煎熬，希望自己每一科都能充分学习的同时，精力却有限，最终还是要做出取舍，于是我把重点放在了专业课上。

第三，他的做法不够系统和连续。

什么是系统？

一辆自行车就是系统。各个零件之间是相互配合的，组成了一个整体，让自行车动起来，这叫系统。

你收学生的钱，就势必没有办法选出最好的选手，这两个做法根本是冲突的。

所以我说的系统，意味着什么？

意味着——

第一，每一个行动的目标是统一的；

第二，每个环节之间是相互促进和连续的。

比如我特别想通过节目捧红几个素人小朋友，那我是不是可以先去撬一个大明星导师，用他来撬动更好的资源位，包括一些好的电视台平台，还有网站首页，等等。

明星还可以帮我拿到融资，有钱了之后，我就可以不向那些小朋友收费了，因为不收费，我就可以不受影响，把那些最好、最棒、最厉害的小朋友给选出来。选出来以后，再说赚钱的事情。

这是一个系统的想法，每个环节都是相互促进而不冲突的。未必完全正确，但是比不成系统的胡思乱想靠谱得多。

以上就是关于策略，我分享给大家的一些经验。

策略意味着：第一，找到通往目标的真正问题和障碍；第二，为这些问题和障碍去设计方案；第三，方案应该是一个互相促进和统一的系统。第四，集中精力去执行自己的方案，放弃其他的事情。

在为问题寻找解决方案的时候，需要注意的一点是：做记录。

要非常清楚自己的思考过程是什么，你可以把它写下来，你也可以说给别人听。

有些问题可能是你没想到的，你的思路可能会有漏洞，你的策略可能是不系统的。写下来，说出来，才能发现。

而且我们的大脑在想问题的时候，一般都是瞬间工作模式，类似天空中的星星闪啊闪，所以最好还是写下来，不然一会儿就闪没了。

写下来还不行，你要把你的策略完整地讲给朋友听，当你说出来的时候，你会吓一跳，你会发现很多事情很荒谬，但是你真的就这么干了。

你只要尝试做几次，就一定能懂我的意思。

这是我观察到的一个现象，个中原因，我看了许多书，也还没有找到。

刚开始创业的时候，我闷着头做了很久，有一次出席一个活动，主持人问我，我的公司是做什么的，我发现我说不出口。因为我知道其中是有问题的，我的目标和策略都不清晰。

回去之后，我就逼着自己重新去想，直到想清楚。

接下来要往下一个步骤去了，确定了目标，找到了策略之后，就是执行。

执行这方面要注意的是一定得彻底执行，坚决去执行自己找到的途径和方法。

不彻底执行，你根本就不知道自己的策略是对的，还是错的，是好的，还是坏的。

在执行的过程当中，有三个维度的要求：

第一，及时开始，克服拖延症。其实找到方法，会帮助你正确对付拖延症。比如你知道怎么考北大后，就比你不知道的时候更愿意开始学习。

但是拖延仍然是大家行动力上的一个重要问题，有些人这辈子可能到死也什么都没干成，就是因为做事拖延。拖延是梦想的杀手。

第二个，必须要保持专注。

第三个，这个专注度必须是持久的，做任何事情都要坚持，这一点不用怀疑。"坚持"这件事情本身是有方法的，是需要学习的。我们经常犯的一个错误就是认为坚持、毅力这些东西，都是天赋。

基本上，我们做一件事情最后的成果如何，取决于以下几个要素。

效果＝时间×精力×目标×策略×专注度×熟练度。

首先，要投入一定的时间。其次，这些时间里你应该是精力充沛的。如果你每天都是无精打采的，什么都干不了，再长的时间也没有用。再次，必须是专注的。不专注的时间，也是没有质量的。再往下，你的目标要对，策略要对。最后，在目标和策略都对的情况下，每个人执行的方案不一样，就会导致有些人更快，有些人更慢。

在执行这个部分，我还要强调一件事情：做记录。

我让公司的人每天都写工作日报，记录自己当天到底做了什么。

我在复习的时候会做复习记录，记录自己每天学了什么。

而我在笔记里也会详细地记录从公司到个人的季度目标是什么。

为什么要这么费劲地记录？

一家公司的失败，许多都来自目标和行为的偏差。好比一家公司本身打算做女装，但是一看到男装市场火爆就忍不住加入男装的竞争行列，最终，所作所为和本身的目标相悖，就越做越乱。

人也会这样。

很滑稽，但确实是这样。

人大多数情况下的失败，都是因为目标和行为的背离，关键是自己还不知道自己的行为早就背离了目标。

所以对于自己每日的工作，一定要做记录，这样方便以后查看到底是哪里出了问题。

另外，记录还有一个好处，就是观察自己的执行程度。

当面对问题的时候，比如有一段时间，我的公众号阅读量不好，于是我让运营的同事去想调整的策略，我发现，我们能想出很多点子，但是东做一下，西做一下，每个点子的执行都不够彻底，最终导致这个问题一直没有解决。

因为有执行记录，所以你才知道失败是因为执行的力度不够导致的。

如果没有执行记录的话，最后开会的时候人会想出各种"奇葩"的理由去搪塞这件事情。

执行之后的下一个步骤，就是反馈。

开始执行之后，一定会得到反馈。

到底事情有没有按照你想象的发展？

是否达到了我的预期？如果没有达到的话，是因为出现了哪些问题？是有些事情我没有想到，还是我想到了，但解决的方法不对？

你需要把自己当时记录下来的思考过程和执行过程拿出来对照一下，看看导致出现偏差的环节是什么。

反馈这一步实在是太重要了，你一定不要等不及反馈就放弃，也不要在得到第一次反馈之后就放弃。

得到反馈只是开始，不是结束。通常第一次命中的概率是比较低的，而反馈就是我们最终成功最关键的一个步骤。

反馈这个步骤，在上学的时候老师就带我们做讨，高三时候的周周测月月测，就是在做反馈。

但是高中毕业以后，基本上就要靠自己主动反馈了。主动地去设置反馈环节，可以让你的成功更有保障。

工作以后我也经常去核对季度目标的完成情况，看看哪些数据不理想。

反馈之后的第五个步骤，就是调整，当你得到反馈之后，需要重新制定方案，调整自己的行动。

为什么说失败的人那么多呢？

多数人在看到反馈之后就放弃了，考试成绩不理想，销售业绩不好，这些只是反馈，我们才走到第四个步骤而已。

看到反馈之后，有没有能力分析出问题所在，并且保持自己的积极性，反复地调整，循环地执行，一直坚持到真正实现目标为止，这就是牛人和庸人的区别。

我们平时说不要放弃、坚持到底，但是很少思考为什么不要放弃，凭什么坚持到底。

马云刚开始创业的时候，创立了海博翻译和海博网络，皆以失败告终。但是他坚持努力，所以在其他领域他成功了。

伟大的发明家爱迪生经历了多次失败，最终发明了电灯泡。

但实际上他们不只是坚持，他们还做了调整。

关于怎么分析错误和失败，以及调整行动的方法，在这本书的其他部分也会讲到，我就不啰唆了。

调整之后循环执行，就能真正地实现自己的目标。

六步循环的最后一个步骤，就是实现。

当你的目标实现之后，需要把更正确的办法记录下来，然后对照一下生活当中的其他场景，让这个办法得到更广泛的应用。

成功的经验也是需要记录的。

其实我做事的这一套方法，就是从高考复习过程中提取出来的。现在它不但适用于考试，还适用于创业，适用于一切事情。每次我们在做一件事情的时候，可以一步步地按照这六步方法去做。这会让你的人生永远都不迷茫，可以帮你在任何挫折面前都能保持镇定。

因为你知道怎么做,所以你不用慌。只要重复以上六个步骤,这个世界上就没有你做不成的事情了。这也是为什么我说每个人其实都有机会成功。

因为只要确定好目标以后不停止地定策执行,然后做调整就可以了。

其实我写这本书,就是在做调整。

在这之前,我其实已经出版过一本书了,那本书的销量在图书市场已经是很好的成绩了,但是我对内容和销量还是不满意。

于是就来做第二次尝试。

这次,我的策略是走心地分享更多干货:把那些在我的人生当中确实起到作用的、已经被实践过的方法,毫无保留地分享给大家。

如果这次还是不够好的话,你就会看到我的第三本书了。

定位,策略,执行,反馈,调整。只要坚持几次这个循环,我就不信走不到第六步——成功。

人生错题本：
最好用的进步神器你有吗？

在上学的时候，关于学习方法，我听到最多的就是一定要拥有一个错题本。

那些优秀的学长学姐毕业后回校做报告，一定会提到他们有这样一个错题本，在考试中或者做练习题时做错的题目，都会抄到这个本子上，然后定期复习一下，记住这些错误，这样就可以避免再出错。

如果你想学习，想进步，没有错题本是不可能的。

试想一下，学习的时候如果不重点关注自己做错的地方，不记录，也不反思，只是闷头学习，那么错的题目就会忘了，下次遇到还会错，想要提高成绩难上加难。

进步的本质就是纠正每一个错误。

错题本，是我们最重要的纠错工具，也是成绩进步最重要的辅助工具。

比较可惜的是，这个工具在我们上了大学之后就消失了。

终身学习这个观念现在已经被大多数人接受了，人们终于意识到学习这件事情并不是随着大学毕业就结束了，大学毕业只是一个新的开始。一辈子不吃饭，人会饿死；一辈子不学习，人会变蠢。

在终身学习的过程中，做人做事，都有学不完的方法和道理，我们总是不停地犯错，不是说错话，就是做错事。

为什么没有一个错话本和错事本呢？

这个点子是我在上大学的时候想到的。

刚上大学那会儿，发现自己像白纸一样，说好听点是简单，在有些人眼里就是学傻了。高中三年，我就是别人眼中所谓的学霸，不太爱说话也不太会说话，开口就会说错话，不善交际，朋友无几，习惯了独来独往。

为了纠正自己这方面的问题，我花了半年的时间来记录自己说错的话、做错的事。

早期我的本子里记录的都是一些在别人看来非常白痴的问题。

记得有一次，班上有个女孩买了一支口红，拆开快递的时候周围的朋友都凑过去看，大家七嘴八舌地夸口红好看。

"这支口红颜色好正！"

"嗯，对，颜色很适合你！"

"是找谁代购的？介绍给我！"

这时候我在干吗？

我立马掏出自己的本子来，开始记录哪些夸赞让人觉得舒服，并且进行分类。

以后只要是需要夸赞的场合，我都会想到自己本子里记下的内容，然后从里面挑选出一句最适合的说出来。这样就可以表现得像个正常人，而不是那个总是无法融入的怪人。

高速训练了一段时间，很快就有人开始说："你这个人情商挺高的。"

第一次听到这个评价的时候，我还记到了我的错事本上。

这也是我为什么经常说："情商低的人不是笨就是懒，起码'表现出高情商'是完全可以通过学习达到的。"

一个人到了四五十岁，还经常跟别人说："我这个人说话很直，很容易得罪别人，你们都别介意。"

这证明他根本就没有把别人的感受放在心上，根本就没有认真对待过这件事情。

又不是十几岁的小孩子，在地球上生活了这么多年，可以学习一切其他的事情，怎么就不学学如何改掉出口伤人的毛病呢？

可见这对他来说还是没有那么重要，有些人一直拿直爽的性格做掩护，掩护自己的自私，也有人知道自己在工作上有很多问题，但就是不纠正。

我刚开始工作时遇到过这样一个同事，她负责每天登记员工的报销单，在一个表格里详细记录报销人的名字、报销额度，以及提交的票证等等。

票证交到负责财务的同事手里，财务就会打款给报销人。

这份工作听上去简单，但是每天登记几十个人的报销单，是很容易出错的，所以临到周五去财务那里交报销表格和票证，总会发现登记的票证和实际的对不上。

没有票证，就没法报销。

所以她每次都担惊受怕，担心自己是不是需要垫付这些钱，那时候她一个月的薪资也就四千多块而已，老板倒也宽容，没有让她垫钱，但少不了一顿骂。

整个周末，她都在家里难受，哭着给我打电话。

可是这样的事情发生的次数多了，我也不再有耐心。作为一个旁观者，不懂她为什么没有想办法改正，只是反复地跟自己以及周围的人保证，她以后一定会认真的。

这就是有些人看上去一直在努力，却没有进步的原因。

一辈子都在一个坑里摔跟头，摔了无数次，直到有一次头破血流，于是开始相信，是自己的"性格"或者"能力"有问题。

错话本和错事本真的太重要了，我总是能在一个领域进步很快，就是这两个本子在起作用。

为什么一定得有这两个本子呢？

首先，像我上面说的，在生活中说错话、做错事的概率太高，一点都不比上学时做错题的次数少。

没有错事本和错话本的人，就等于在裸奔，你的错误会暴露在人生的各个阶段，暴露在各种人面前。

如果可以避免错误，人生可以少走好多弯路。

错误率低是一个巨大的竞争优势，美团一直被贴着不战而胜的标签，说它之所以能够从团购之战中脱颖而出，是因为竞争对手犯错太多。

想想看，如果你身边有个人从来不说错话、不办错事，即便他的能力、学历没有那么好，我们仍然会喜欢他、相信他，因为他太靠谱了。

靠谱就是最稀罕的品质，靠谱会成为你巨大的竞争优势。

我有个朋友，高考时数学最后一道大题几乎没有做，却稳稳地考上了北大的计算机系。

他的复习策略是这样的，由于是差生逆袭，时间不充裕，所以他在复习时果断地抛弃了最后一道难题，转而要求自己，前面会做的不能出一丁点错误。

他不是班上学习成绩最好的，但他是全班错误率最低的，最后以数学140分的成绩考上了北大，这就是零错误的优势。

必须使用错话本和错事本的第二个原因，是错误本身特别顽固。

我公司里有个做新媒体运营的员工，在发布文章的时候经常出错，今天标题掉个字，明天忘了添加语音等等。

他每次跟我说下次会注意时，我都很想打他。

我觉得这是一种推卸责任、搪塞老板的说法，道歉会掩盖真正的病因。

很多错误不是临时发生的，它是我们的思维和做事习惯导致的。也就是说，根本就不可能通过口头提醒自己"你要认真，你不要犯错"来改正。

必须要去想一个更靠谱的方法。

我让他把所有可能犯的错误都写下来，并且每次有新的错误出现就补充上，以后在文章发布前，对着这个错事清单去检查，确认每一项都没有问题以后再发布。

必须使用错话本和错事本的第三个原因，是相比错误的顽固性，我们的忘性太大了。

由于近因效应，我们都是对最近发生的事情印象深刻，较早的事情很容易忘。

比如最近中国的股市可能涨得很好，很多人就不记得几年前跌得不行的状态，也忘了中国股市本身就是牛短熊长，我们就会把这件事情眼前的状态，当成对这件事的全部记忆。

再比如，明明觉得这个人人品不好，自私自利，但是他最近忽然做了一件对你好的事，或者最近一段时间对你还不错，你就很容易原谅他，会把以前他对你做的那些坏事都忘掉。

不是因为你傻，这就是近因效应，也是我们必须把说错的话跟做错的事记下来的原因。

因为对于眼前发生的错误，你会记得，但是之前发生的错误，你就会忘记。

有人可能会觉得，这样一辈子记录不是很麻烦吗？真的有效吗？

其实按照一个人的性格和习惯，说错的话、做错的事就那么几个类型，通过慢慢记录，你会把这些类型全部找出来的。

记录到最后，你慢慢会觉得这个游戏不好玩了，因为你后来只是偶尔重复其中的某一些错误，直到你开始学习一个新的领域，你又会有新的错事本出现。

如果一个普通人错十次，才能改掉一个错误，那么你通过记录，错个三五次就改掉了，这就是效率。

人生错题本应该怎么做？

上学的时候，我们的错误基本可以分为两类：一类错误是因为你不知道这个知识点，或者不知道某一道题目的解法，所以你不会；还有一类错误是因为你马虎而习惯性地出错。

而解决一个试卷上的错误，整个分析过程可以分为五个步骤：

第一，核对答案；

第二，核对答案之后发现跟自己的答案不一样，就需要去回顾整个做题的过程；

第三，在回顾过程中找到错误的原因。比如，如果因为某个知识点忘记了而导致出错，就需要把这个知识点找到，记住，背会。如果因为马虎出错了，那你必须得把马虎的原因找到，是抄错答案，还是看串题？如果看串题，你就需要在看题的时候，边看边画线，这样就可以防止看串。

针对每一个马虎的原因，都需要找到一个消灭的方法，然后你需要把这个方法记录下来，在以后重复使用，如此一来，这个错误就被干掉了。

等到下一次你再总结新的错题的时候，如果发现是同一个错误原因，比如还是因为抄串了答案，或者还是因为某个知识点不会导致错误的，就没有必要重新记录。

你只要去复习一下以前记录的知识点和马虎的原因就好了，反复几次，就不可能再错了。

以上就是解决一道错题的思路，实际上这个思路完全可以类比到人生错题本上。

我们平时需要记录的错误分为两种：一种可以叫作马虎，是由于坏习惯或者不认真导致的疏忽和错误。这种错误，是一定要记录下来的，不仅要记录自己说错的、做错的，还要记录别人对你做的错事，或者对你说的错话。不小心说出去一句话，你觉得自己伤害了别人，但其实可能并没有，是你敏感了。或者有时候你觉得没事，但实际上别人已经受到伤害了。

别人的感觉，你未必能猜得准。可是一句话有没有伤害到你，你自己最清楚。

我看过王小波的一个采访视频，他说，中国人、外国人都是人，是人就有共通之处。

既然能伤害到你，那么也可能会伤害别人。

推己及人是个能力，也是个可以通过反复训练掌握的技术。

小时候发生过这么一件事，有一次阿姨把我们家里七八个小朋友集合在一起做脑筋急转弯，做对了，阿姨就奖励一个旅行带回来的纪念品。

其实那些题目都是很简单的，但是不知道为什么，其他人都没错，我却做错了一道。

所有的小朋友都拿到了奖励，只有我尴尬地站在那儿，一会儿阿姨走过来逗我，说："怎么回事啊，小才女，难题做多了，简单的都不会了是吗？"

那一刻我的尴尬冲破天际，变成了羞愧。

我知道，她只是想跟我开个玩笑，然后顺便把礼物再给我而已，但我其实并不想在那一刻引起别人的注意。

从此我就记下了这种感受，如果团队中有人出错，不要用玩笑话去缓解他的尴尬，把他一个人拿出来单独对话，或者为他一个人破坏规则，只会让他更尴尬。

还有很多很多这样的时刻。

有一次有人请求我帮忙，顺便给我发了两百块的红包，我觉得很不舒服，因为这种行为让我感觉自己帮的忙只值两百块，所以我记下来，告诉自己，以后遇到这种情况不要着急回报对方，发红包倒不如说大恩不言谢。

有人不跟我打招呼就把我拉到聊天群内，也让我感觉很不好，所以我以后拉人进群，一定提前告知对方每一个具体情况，经他同意再拉入群内。

……………

这样的时刻都记录下来，并且谨记，不要对别人做同样的事，情商就会高很多了。

我的口号是：把每一次不好受，都当成题目做透。

除了记录自己做错的和别人对你做错的之外，还需要记录你不知道的。

不知道的也分两种。

一种是你以前不知道自己错了。比如我最近才学会一个知识点，就是说服别人的时候，不要去否定别人的心理认知。

举个例子，你喜欢的那个人，他不喜欢你，他跟你说："不好意思，我不喜欢你这种泼辣的，我比较喜欢温柔的女朋友。"

你拼命地跟人家说："我们这种泼辣的也挺好，泼辣这样好，那样好……"有用吗？

没有用，因为你等于在否定他的看法。

如果你想让他接受你，这时候不应该马上否定他主观上的一些认知，这些认知一般情况下可以讨论的余地很少，辩来辩去没有意义，倒不如尝试去展现自己温柔的一面，或者幽默回应。

除了记录自己不知道的错误之外，还要记录的是自己不知道的正确。

是不是所有做对的事情都要记录？

并不是。

只要记录之前不知道的或者忽略的就可以,有一次我跟朋友一起旅行,从机场摆渡车下来的时候,她站在我前面先下车,顺手就把我的箱子给提下去了。

我当时就觉得这个人太好了,这个动作太让人觉得温暖了。但是换了我,我会做吗?我肯定不会,我没心没肺的一个人,根本想不到这么多。

于是回到家以后,我把这件事情写到我的本子上。从此以后,只要我先下车,就会帮别人提箱子。

总而言之,我们在人生错题本上需要记录四种类型的问题:
第一种是因为马虎和习惯出错的。
第二种是记录别人说错的和做错的。
第三种是记录自己因为不知道而做错的。
第四种是记录别人做对的事情,但是自己之前不知道的。

具体每一个错误怎么分析,才能够保证自己下次不犯错?
在这里我必须提到"复盘"这个词。
这个词已经被用烂了,但是没办法,学习必须要复盘,这不是新词,但是很重要。

复盘是一个棋类的术语,每一盘棋下完以后,高手都会把棋子摆回去复原棋局,然后重新去思考。

上大学的时候我不善交际,每每同学聚餐都不知道怎么说话,所以成为"壁花小姐",无聊且不自在,大多数人会在这种情况下给自己贴标签。

哦,我是一个内向的人。

于是心安理得。

但是我不会这样做,我会克服自己拒绝邀约的冲动,甚至会主动邀约同学聚会，然后当聚会结束以后，我会复盘整个晚上大家说的话和做的事情，自己都说了哪些话，别人都给了什么反馈。

然后回到寝室以后，就抓紧掏出本子记下来。

下一次聚餐，再去实践自己总结的东西。

很无聊是不是？

这样一件小事情都要花费这么多心思，但这就是学习的过程和自我改造的过程，现在的我极度厌恶聚会，确切地说是某些聚会，但是我知道不是因为我不擅长才觉得讨厌，这对我信心的塑造很重要。

告诉你一件更变态的事情。

有一段时间，由于过于嫌弃自己不会说话这个弱点，我跟别人出去吃饭的时候，都会录音。录下来之后，到家就开始放，一边刷牙洗脸一边听，我要找出来自己说了哪些不好的话。

在聊天的现场，对于别人说的话，一般都是需要及时回应的，你不可能想太久才回答，那么不经思考的脱口而出很可能就会出错。

而那些情商高会说话的人，你可以这么想，由于经常与人打交道，他们的大脑里存储了数千条说话的模型。

"当被人嘲笑的时候，应该怎么回复""和人开玩笑的十种方式"等等。

这些模型被他们练习了无数次，到最后他们就可以做到在对应的场合选择最适合的那个说话模型。

但是对我们这些所谓的内向的、不喜欢和人打交道的人来说，我们的大脑在这个部分空空如也，靠着及时回应的能力去说话，很容易说错。

说错了之后，有些人就会退缩，然后与人的接触变得越来越少，如此下去，可能一辈子也无法把与人对话的数据库建立起来。

要想快速地打破这个恶性循环，有一个关键点很重要，就是手动建立自己的说话数据库,所以当我重新听录音的时候,我会要求自己重新回答别人说的话,刷牙时的我脱离了紧张的社交环境,更加镇定,也有了思考的时间,我完全可以用另外一种更好的说法来应答。

然后,把这个更好的说法记下来。

同时,也要记下来别人说得好的地方,下次我就学他这么说话。

这样训练,很快你就会达到所谓的"高情商"的状态。

所以你知道快速学习的秘诀了吗?

一般人说错了话或者做错了事情,回到家之后会悔恨得睡不着觉——唉,如果我当时这样回答就好了。

然而第二天他就忘记了。

但是我不会,我做错的事情都写在本子上,并且只让自己最多错三次,我会一辈子都警惕这个错误,再也不会走到它的陷阱里去。

在工作中也是如此,如果你是一个有工作目标的人,但目标没完成,你也要回想一下自己的工作流程,哪里做得好,哪里做得不好。

基本上,复盘包括以下几个步骤,跟我们总结错题差不多。

第一个步骤,核对你的目标跟结果。

我们做每一件事情的时候,都有一个最初的目标。

看一下最后的结果是不是你当初的目标。如果出现偏差,这个偏差是好的,还是坏的?为什么会出现这个偏差?

第二个步骤:回顾一下做事和说话的过程。

注意,在回顾的时候,以下三个错误是绝对不能犯的。

第一,你不能只回忆一部分,有些人复盘时,只愿意回忆其中的一些片段,集中在某个点上反复盘旋,这样没有办法看到这个事情的全貌。

我们的大脑里仿佛有一个放大镜,比如我们跟别人吵了一架回来之后,因为什么吵的,过程当中说了什么,全忘了,就记得他骂了我一句话特别难听。然后全部的情绪都集中在这句话上,于是每次想到这个事的时候,都觉得很愤怒。

这不叫复盘,这只是你在回嚼自己的情绪。

第二点要注意的是,不要主观,要客观。

比如他打了我一巴掌,这是客观事实。

我说你这个人太坏了,这叫作判断。

在回忆的时候,如果你一直在做主观判断,就会忽略一些事实,最终影响复盘的结果。

我在录节目的时候遇到过一个很讨厌的嘉宾,由于过于嫌弃对方的人品,导致我难以掩饰自己的厌恶之情,回来以后,助理问我:"为什么总是针对他?"

这时候我才恍然大悟,大家都不知道关于他的事情,只有我知道,所以我显得咄咄逼人、针锋相对。

但我的工作是要让节目好看,是在节目里提供有价值的观点,并非只让自己舒坦。

回来以后复盘这件事情,我大脑当中闪现的全是判断:他这个人太恶心了,我太鲁莽了,太冲动了。

这是不对的,我反复提醒自己,去复盘事实。

都发生了什么、说了什么,才导致出现了我不想要的结果。

第三个不能犯的错误,就是不按照顺序去回忆。

如果你不提醒自己按照顺序去回想,有的时候你就会颠倒黑白。

人的大脑非常不可信,比如它会过于乐意回忆别人做过的对你不利的事情,过于喜欢记忆自己的奉献和付出。

在做家庭调查的时候，丈夫和妻子都会觉得自己承担了大部分家务，丈夫会觉得自己承担了 60%，妻子会觉得自己承担了 90%。

但这两个数值加起来，大大超过了 100%。

所以每个人做的可能都不如想象的那么多。

原因就在于，在回忆时，人会很容易想起来自己擦桌子的画面，给孩子喂奶的动作，但是却不容易想起来对方的付出。

所以在回忆的时候务必按照顺序，不要从中间开始，也不要从自己想记住的部分开始，或许在你施恩之前，其实别人也照顾过你。

第三个步骤，就是把一件事从头到尾回忆完毕以后，圈出来错的环节。

按照我们前面回顾的办法，基本上会避免一个以果为因、黑白颠倒的情况发生。所以回忆完了，你就认真想想，哪个环节其实不太好，导致最后的结果出现偏差。

第四个步骤，分析一下错误的原因是什么。

一定要找到真正的原因，否则的话，你的整个分析就失败了。

什么叫"真正的原因"？

如果我用其他方法来替代那个错误的做法，结果发生了改变，只有这个时候才算找到了真正的原因。

第五个步骤，找到消灭错误的办法。

列举出所有可替代的做法，找出最可行的那个。

第六个步骤，记录下来这个消灭错误的办法。

这个过程是每天都要做的，尤其在睡前做更好，我一般是当天的事情当天解决。在很多年前，我在自己的日记本上用笔写（刚开始日记没有这种记录错误的系统方法，只是下意识地在做这件事），一直到 2008 年的时候，没时间写日记了，就把日记本变成了一个错事本和错话本。

到现在，不算电子笔记，光日记本我就用了一箱。

现在的记录方法是这样的，事情发生的时候顺手记录在手机的备忘录上，或者在微信里给自己发一段语音，回家以后整理到电脑上。

做这个整理其实也就用十分钟，最多二十分钟，但这二十分钟是非常珍贵的。

反思是人类成长最重要的步骤，你的一天有没有进步，可能就取决于这二十分钟。

在整个复盘的过程当中，还要强调四个原则。

第一个原则：后悔无用，成长最重。

很多人在日记里，其实也会反思自己。

我相信一定有人是这么写日记的：我今天真的太差劲了！我怎么这样，我怎么那样……好难过，好伤心。

整个日记记录的全是情绪。

我们在复盘的时候，很容易进入一种后悔的状态，一想到那件事做错了，后悔的情绪就忍不住涌上来，接下来就思考不动了。

所以我们不能把复盘、自省当成对自己的否定。

这其实是成长，因为自省之后，把经验记下来，用更好的做法替代错误的做法，其本质就是进步。

我在自己的人生错题本上写过这样一句话：每一次错误，都是进步的机会。

第二个原则：自查原因的时候，一定要追到细节再停止，凡是不具体的做法，都是没用的。

两个人吵架，你骂了他一句，当你追溯错误原因时，写道因为自己性格暴躁。

但是性格暴躁这个事情是不具体的。

什么是具体？

好比你骂了他一句"你滚"，觉得自己做错了，那你就这样写：

当对方说令我厌恶的话时，我不能说"你滚"，我应该说"你有情绪了，我们停止谈话"。

这种就是用具体做法替代原来的做法，这样才有可操作性，才有可能纠正原来的错误。

第三个原则：坚持成习惯，所有错误无一例外都要记录。

再痛的记忆，你都要记录；再小的错误，你都要记录。因为越小的错误，越容易改正，如果你不记录，这个错就白犯了。

最后一个原则，当你把某个错误分析完毕，你可以总结提炼一句话来概括错误的原因。

这个原因逐渐地就可以成为错误的类别，这样你就可以让自己的人生错题本更有秩序。

其实懂得去记录自己的错误，已经挺好了，能做到这一步的人，已经很厉害了。

但有时候你会发现，记录的东西太多，反而难以致用。更高阶的做法是进一步追问自己，"怎么样才能做到错一次就不再错？""下一次碰到一件事，怎么确保能想起来我曾经错过，我曾经记录过，而且我还记录了正确的做法？"

有一个方法，可以解决难以致用的问题，那就是在记录的时候分类。

我自己的错事本是按照公司、家人、朋友这样的对象身份来分的，公司又可以分为合作伙伴、员工、项目等等。

对象分完了，再按情形分。

比如跟员工之间，在员工辞退的问题上，我曾犯过的错误如下：

拖拖拉拉，其实我早该辞掉他，却一直拖到不能再拖，导致工作本身受到影响；忽然提出，让员工觉得意外，不能接受，跟我要求多赔付；辞退后收尾工作做得不好，没有做到相应的安抚，让离职员工影响到其他员工。

除了辞退上的问题，批评员工的时候，我也犯过很多错误，同样被归类在一起。刚开始记录错事的时候，没有这个意识，那时候错事的条目非常少。当条目很多的时候，就需要仔细分类。

我的错话本做得比较好。首先我按照三个标准来分类：第一，对象。跟恋人怎么说话，跟长辈怎么说话，跟上司怎么说话。第二，情境。比如初次见面应该怎么跟人家说话，同学聚会应该怎么说话。第三，目的。我想赞美他的时候应该怎么说，安慰他的时候怎么说，批评他的时候曾经犯过什么错。

这样就可以在下一次发生同样情境时想到对应的做法，比如初次见面，就能立刻想起来自己记录过这个情景，就可以使用正确的做法，进而避免错误。

跟大家分享两个我最近用到的方法。

我跟别人谈判的时候，特别希望别人答应我一个很苛刻的要求，我会迅速对应到本子上，其中有个类别叫作谈判。

在里面曾经记录过我的一件错事：有一次，我想让对方答应我的要求，所以一直强调自己很难做。这样说确实有好处，但是不能只这么说，因为说到底，我的难和对方没有关系，对方听到可能会同情，但是在商业利益面前，同情又能占比多重？

正确的做法是：我可以提一个比我想要的条件更苛刻一点的条件，当对方把我这个更苛刻的要求拒绝之后,就有可能答应我本来的要求。

这样成功的概率就会提高。

反过来,当别人要求我做一件事情的时候,问我:"你做,还是不做?"

这很让人为难。做,自己会觉得吃亏,不做,担心伤了情面。

这个场景同样是谈判的场景,在谈判这个类别里,我记录过处理这种情形的技巧。

其中有一个技巧是:当别人让我做二选一的决定的时候,其实不一定非要在他的两个选择当中选一个,我可以想想,是否还有第三个选择。

比如员工做这份工作不给力,不见得只有"离职"和"不离职"这两个选择,其实还有第三个选择——帮他调动岗位,或者降薪。

当你去分门别类记清楚的时候,就很容易把当下的情况对应到曾经记录的类别里,从具体的类别中找到对应的条目,就能解决当下的问题。

最后想跟大家说,我们纠正错误的方法,可以一直不断优化。

我曾经说错了这句话,记录了一个对的办法,但这个对的办法不见得是最好的,后来我又学习了更厉害的办法,就可以将原来的办法优化。

慢慢地,你所有的做法、说法,都被反复升级到最好的状态,这样的你去对付生活中那些还在用初级武器的人,轻而易举就能赢。

用了电子笔记以后,我就把错事本和错话本合并,变成了人生错题本。

这个可以说是我最宝贵的成长秘籍之一了。

《穷查理宝典》里说过一种思维,叫作逆向思维。

如果要明白人生如何得到幸福,首先得研究人生如何才能变得痛苦;

要研究企业如何做强做大,首先要研究企业是如何衰败的。

大部分人更关心如何在股市投资上成功,但作为一个成功的投资人,查理·芒格最关心的是为什么在股市投资上,大部分人都失败了。

他这种思考方法的来源，是下面这句农谚：我只想知道将来我会死在什么地方，这样我就不去那儿了。

避免可预知的全部失败，是否就能走向成功，我不确定。

但是成功地绕过那些错误的坑，绝对可以更少地浪费精力和时间，用更小的代价去成长。

而那些没有人生错题本的人，等于带着自己的弱点在裸奔。

真的很危险。

他们终生会被自己的弱点所困。

Chapter

Three
执行篇

♀

不专注的人，三分天分，做出一分。
专注的人，三分天分，做出十分。
专注使人成功。

笔记和 GTD：
消除内心声音，提高专注度

精力有限，限制了普通人的发展。

一来，我们没有那样的天分。

星巴克的 CEO 每天早上六点钟到办公室，在这之前他还会跟他的夫人一起骑车健身。

郭台铭起床的时间据说也是凌晨四五点，起来后游泳或者跑步，七点到办公室，创业三十五年来，每天平均工作十五小时。

新闻报道说，特朗普的成功归功于他每天只睡三四个小时，这样就可以领先竞争对手一步。

成功人士好像都有精力充沛的特点，他们每天睡眠时间少，工作时间长，但是仍可保持高效。

二来，有限的精力得不到有效的利用。

把精力消耗在不重要的事情上是最典型的一种。

上班路上跟早餐店的老板娘拌嘴吵架一通，到公司基本上已经精疲力竭了；边工作边聊天，一天当中一半的时间和精力都耗费在了闲聊上，于是只能加班写东西；消极地抱怨，抱怨完了觉得已经没有心情做任何事情。

除此之外，还有一件事情在不知不觉中消耗你的精力，那就是你的思绪。

这种消耗是隐形的,很难被重视。

但它确实是精力最大的杀手之一。

工作和学习的时候,你是不是经常感觉到内心独白仿佛无法停止,一直有想法不断地冒出来:

昨天忘记了妈妈的生日,她有点难过,我好自责;

马上到"双十一""618"了,我应该买点什么好呢?

哎呀,糟糕,我这个月的信用卡还没有还。

这些想法就像一场永不结束的打地鼠游戏,你刚压制住一个,另外一个又出来了。

这让你永远都无法心如止水地做一件事情,无法全情投入地工作和学习,你的许多宝贵精力都浪费在了类似背景噪声的思绪上,你无法控制它们,也无法摆脱。

之前我写过一篇提高专注度的文章,提供过几个消灭内心对话的方法,都是亲测有效的。

那些干扰你的小念头,就提笔写下来,写到小纸条上集中处理。

如果是比较难处理的烦恼,可以用一张图画一下前因后果,每次纠结的时候就拿出来看一看,以防继续胡思乱想。

这样做为什么有效?难以消灭的内心对话可以分为两种。

一种是待办事项。

当你好不容易专心下来做某一件事的时候,你的大脑一直在提醒你,还有许多事情要做,它担心你忘记,所以你可以把它想象成一个随时报警的监测器。

朋友的生日快到了。

你不是一直想换房子吗?可以先在网站上看看,约一下。

有时候这些念头未必是清晰的,未必是指向某一件事情,你只是隐约觉得自己还有没做完的事情,一团糟,也说不清楚是哪一件,但就是觉得自己有很多事情要做。这些提醒，都是分心的原因，同时也是焦虑和压力的来源。试想一下，每次做一件事，都感觉自己好像有一堆事要做，常年在这种焦虑和压力下生活，会是一个什么样的状态？

另外一种难以消灭的内心对话就是消极情绪。

有时候发生了不好的事情，除了消化它，也没什么别的办法。能够转化为待办事项的，那就立马行动。比如跟朋友吵架了很难受，去道个歉就行。

不能转化的，就只能自己承受，也可以用我推荐的流程图去做自我疏导。

思绪之所以会无法控制，跟我们大脑本身的构造有关系。

大脑中有无数的神经元和突触负责传递消息，所以想法确实是你自己的，但是并不那么好控制。另外，未完成的事情，也让你记忆更深。

这个结论是 20 世纪 20 年代德国心理学家 B.B. 蔡格尼克在一项记忆实验中发现的。

她让受试者做二十二件简单的工作，如写下一首你喜欢的诗，从 55 倒数到 17，把一些颜色和形状不同的珠子按一定的模式用线穿起来，等等。

在这些工作中，只有一半允许做完，另一半在没有做完时就受到阻止。

做完实验后，蔡格尼克让受试者回忆做了二十二件什么工作。结果是受试者对未完成的工作的回忆率可达 68%，而已完成的工作回忆率只有 43%。

未完成的工作比已完成的工作保持得更好，这种现象就叫"蔡格尼克效应"（Zeigamik effect）。

后来又有心理学家不断地证实"蔡格尼克效应"：任务未完成、目标未实现，脑子里就会有个声音不断提醒你去完成任务、实现目标。

然而，一旦任务完成了、目标实现了，脑子里的那个声音就会消失。但是我们不可能把所有事情都做完。好在后来又有研究发现，不必把事情做完，你只需要给待办事项做出计划，就可以清空大脑。

一旦你把做这件事情的时间、地点等细节计划出来，大脑就不会再催促你了。

这就是我说把你的念头写下来会有用的原因。

写下来，集中处理，对大脑来说就是实施计划。只是这个方法不够彻底。有时候即便写下来了，由于没有确定具体的处理时间，你还是会想它。

或者是没有给出具体的处理方法，你也会继续想。对有些人来说，生活当中的待办事项真的太多了，思绪多到写个不停。除此之外，即便你把生活当中的待办事项减少到哪怕只有两三项，你仍然无法专心。

考研学生的生活已经足够简单了，除了复习以外，其他的事情对他们都不重要，但是即便我们假设所有的其他事情都已经被消除，他们仍然会在到底学习哪个科目上纠结，学英语的时候会想政治，学政治的时候会想专业课。

解决这个问题的方法到底是什么呢？

第一步，断舍离。

第二步，GTD[1]。

断舍离这个词，大家已经听过太多次了。

我们可以分人、事、物三个维度去整理自己的人生。

物品方面，保持一个原则，那就是用什么留什么，不要因为可能会用到，就不肯丢。

之前看过一个整理方法很绝，把自己所有的东西都先收纳到箱子里，然后分门别类地摆放整齐。

需要用到哪个物品，就去找出来，用完以后归类到房间里。

那些在一个月内都没有使用过的，就可以丢掉了。

这样一来，你的家居生活会简单清爽很多。

那些堆在桌子上的杂物，衣橱里的过季服装，淘宝买的待退物品，通通是你的待办事项。

---

[1] GTD，即 Getting Things Done，把事情做完，是一种时间管理方法。

人际关系的整理，我会在后面更细致地讲，对你重要的人，没有那么多。好多占据你大脑内存的人，根本不值得。

不重要的事情比不重要的人还多。定期断舍离，生活更清晰。

2017年以后，我对自己提的要求就是生活一定要简单，简单到不能再简单，新房装修买家具，我只买那些功能必要的，但凡不必要的，就不买。

以前一间房子都堆不下的衣服，现在用一个衣柜就能搞定。

桌面上都是今日待办的文件，没有乱七八糟的事情干扰我的视线。

就连手机提醒，在我这里都是关闭的。

断舍离之后我们就可以用简单版本的GTD来管理待办事项。

为何说是简单版本的GTD？

GTD实施本身是一个不小的工程，它要求人们把全部待办事项收集到一起，然后一一处理。不仅仅是待办事项，还包括待处理的信息、待整理的物品等等。

它是一个自下而上的工程，不管是近期的还是远期的，不管是靠谱的还是不靠谱的，你都要把它们先列到待办清单上，收集完了以后再去判断。

如果是垃圾，没用的东西和信息，就可以丢掉。

如果是两分钟内可以做完的事情，就马上去做。

如果是可以交代别人做的事情，就放到等待清单里。

如果是将来可能会去做的事情，就放到愿望清单里。

如果是有用的资料，就放到资料库里。

如果是需要多步骤执行的事情，就放到项目清单里。

每个项目即将进行的下一步行动，就放到执行清单里。

除此之外，有一些定时定点要做的事情，就放到日程表里，定好闹钟提醒。

这个方法的根本宗旨就是解放大脑、节省脑力，这些清单可以视作你的第二个大脑，它们毫无遗漏地保存了你所有的待办事项，每一件事情都是井井有条地待在自己的位置上，所以你再也不用为那些没有做的事情而焦虑。

你只需要盯着你的执行清单就可以了。

可谓一表在手，天下我有。

这个方法里的重点有两个：一、保证毫无遗漏，只要你的大脑认为还有事情遗漏在外，它就无法安宁；二、分门别类，一定要把事情放到正确的清单里。

我没有严格执行 GTD，只是执行了简单版本，比如我会先做断舍离，扔掉一部分东西来减轻自己收集任务的压力，这一点就不符合 GTD 的要求。

我的操作过程是这样的：

先在自己的印象笔记里建几个表单。

包括：项目清单、愿望清单、执行清单、等待清单、日程清单、资料清单。

然后我把自己电脑里已有的所有文件和我脑海当中现存的待办事项先处理一遍，丢到清单里，这之后每次来一个事项，就往清单里添加。

平时在网上看到好的文章，再也不用到处收藏了，点击发送到印象笔记的资料夹里就可以。

要做新项目了，先在项目清单里添加新笔记，给这个项目做好计划，然后把下一步行动放到执行清单里。

想出国旅行，但是不确定什么时候去，既然这只是一个想法，就把这个想法写到愿望清单里。

管理好这几张清单，就可以完全掌控自己的生活，消除大脑的杂念，消灭内心的对诘，做到真正地专注。

我们本身就是精力寻常的人，所以与其去学习那些成功者晚睡早起、延长工作时间，倒不如把自己的生活整理清楚，减少精力的损耗，同时有效地把自己的精力分配到重要的事情上。

如果你能坚持做，就已经赢过大多数人了。

这就是 GTD 整理的妙处。

不过这样做还会有一个问题，就是执行清单里的事情太多。

GTD 消除了你内心的声音，收纳了你全部要做的事情，但是如果要做的事情很多，也会让人焦虑。

在这里，我分享一下做一日计划的经验。以前咱们都是怎么做一日计划的呢？

一天当中，大到要把老板交代的 PPT 做完，小到可能今天晚上回家要喝蜂蜜水，全部都列成待办事项，这样做，你会发现待办事项仿佛永远都完不成似的。

由于计划做得太多，当天你的计划表里面的某一些项目要被移到明天去做，这种感觉让人压力很大、很焦虑。

后来我就想，为什么会这样，是自己做计划的方法有问题，还是自己的行动力有问题？

如果把所有需要做的事情都列举出来，你会发现，一天之内你根本做不完这些事情。

原因有两个：第一个，这些事情本身就很繁杂，因此需要耗费的时间就很长；第二个，自己的行动能力、专注程度，没有想象的那么好。

比如你给数学作业设置了两个小时之内完成，但其实你平时的学习效率决定了你在这个作业上要花四个小时。

很多时候，我们特别容易高估自己的行动能力、专注程度，导致我们的计划永远都完不成。

在使用 GTD 以后，当执行清单把我所有要做的事情都厘清以后，我会把执行清单里的事项复制到桌面便签上，对着列表，删除待办事项，只留下当天计划做的事情。

这就是做一日计划的第一个步骤。

这样做的话，日程表就变得非常清爽，看着这个日程表上的事情，告诉自己只要把这个做完，今天一天的任务就完成了，就胜利了，心里面就会轻松很多。

在做事期间，我的大脑就只需要专注在今天要做的事情上，我的内心声音也只有一个，那就是剩下的 GTD 表单里的待办事情，所有的事情都在那里被收纳得好好的，我并不需要想太多。

第二个步骤，就是要学会估算你完成要事的时间。

我们经常说成功人士都有时间感，时间感包括两个方面：第一个方面，这些成功人士一般对于时间的流逝非常敏感，不喜欢浪费时间；第二个方面，我觉得比第一个方面的时间感更重要，如果一个人想在时间管理上有突破的话，必备的技巧就是必须学会预估做一件事情需要花费多长时间。

准确预估时间的能力不是每个人都有的。

《奇异的一生》里说到柳比歇夫坚持记录自己的时间支出，从 1916 年一直到 1975 年他去世的那一天，五十九年如一日，一天也没有落下。

长期记录的结果就是柳比歇夫肯定形成了一种特殊的时间感，他不用看表，就知道时间过去了多久，他也很清楚，自己做一件事情要用多久。

这种能力太令人羡慕了。

很多时候我们计划没有做完，真的就是因为预估时间方面出了问题，原因我刚刚已经讲过了，有两个。

当我们把自己的要事列好之后，一定要学会预估，预估我在这件事情上要花费多长时间，预估好了之后，给自己一个明确的截止时间，我在这个时间点之前，就需要把这件事情给做完。

如果出现一些意外状况的话，我们也应该预留一点自由时间，不要把时间安排得过于紧密，这样也可以保证自己的计划能够顺利完成。

第三个步骤，预估可能遇到的障碍和问题。

比如我明天给自己的任务是写物理作业，我要预估一下在写物理作业的过程当中，都有可能被哪些因素打断和干扰。

如果有朋友来找我出去玩,我要怎么拒绝他,这些都在做计划的时候想好,想好可能出现的意外情况,并且想好应对的方法,这样就可以保证任务的完成。

不做这些准备的话,你就会发现第二天做决策的时候,第一,你很有可能做错决策,你跟朋友出去玩了;第二,会花费你很长时间。

第四个步骤,把这些要事做完了,需要回顾一下完成情况。

超时了吗?遇到什么意外情况是我没想到的?

如果超时了,要想想自己为什么会超时;如果有意外情况,可以把它列出来,下一次做计划的时候要考虑到。

以上就是做一日计划的方法。

先断舍离,把该扔的扔掉,该删的删掉。

再用 GTD,把所有的事情都毫无遗漏地收纳好。

最后用一日计划,把当下要做的事情计划好。

这样,就可以把自己的人生整理得清清楚楚、明明白白。

根治拖延症：
亲测有效的及时行动方法

有一本很著名的书叫作《拖延心理学》，被视作战胜拖延症的"圣经"。这本书在出版的时候，因为作者的拖延症，面世的时间比约定的时间整整晚了两年。

就在这本书终于完稿之后，作者们如释重负，决定开车出去玩。

然后发现，她们的车被拖走了，因为一直拖着没有交停车费。

这说明什么？

就连拖延心理学的专家，也战胜不了拖延症啊。

它好像一种新型癌症，难以治疗，容易反复，患病之后，耽误终身。

在学生时代，你一定经历过这样的事情：

放假第一天，你下决心一定要先把作业写完，可是当你真正动笔的时候，你并不想写，考虑到假期还有很长，你就去玩了，去打游戏，去看电视，随着假期一天一天地度过，你越玩越焦虑。

不过就算焦虑，也比写作业开心，所以你就一直玩到了假期的最后一天，当你发现截止时间马上来临，拖到无法再拖的时候，就会疯狂地赶作业，你彻夜不睡，终于在最后一刻，连蒙带抄地把作业赶完。

那个时候你的感觉是什么样？

第一个感觉是很爽。因为在那么短的时间内,你就把让你整个假期都在焦虑的作业给做完了。

第二个感觉是不够满意。这种节奏下赶出来的作业,质量是可以想象的,尤其是当你的作业发还回来,上面有一个不满意的分数时,或者有老师给了你一句不佳的评语时,你的上进心"作祟",下定决心以后不再拖延。你坚信,只要早点开始,你一定可以做得更好。

但是下次,你还是会陷入这个怪圈,在这个圈里循环往复:觉得来得及所以不着急——一直恐慌地拖延着——拖到不能再拖就仓促开始——以一个低质量的方式完成。

拖延症有多可怕呢?

它带来的恶果,不只是某一次作业没有写好,被老师批评;不是某一次工作没有按时完成,被老板扣钱;也不是一时屈辱和几句自责。

拖延一次又一次地在你的人生当中发生,最终会带你走向永远都很平庸的人生。

因为仓促之间完成的那个作品——不管是老师让你做的作业,还是老板让你做的PPT,根本代表不了你的真实水平。这个社会竞争非常激烈,天才太多,你把全部的才华、全部的努力都拿出来拼,都未必足够。

然而因为拖延症,每次你发挥出来的实力,根本连真正实力的一半都不到,可是你就把这样一个勉强的结果交给了老师,交给了老板,最终你甚至会很可笑地觉得自己好像挺努力的,因为你通宵工作。

但现实就是这样,在拖延之下你会慢慢越过越平庸,因为你给出的东西永远都不是最好的。

令人难过的其实不是我们的人生多么平庸,而是我们本来可以做得更好。只要能够克服拖延,只要能够早点开始,只要能够充分准备。

我忘了我是什么时候患上拖延症的。上小学的时候,我是班上暑假作业写得最快的那个人,在放假的头几天,我会搬个很大的凳子到院子里当我的书桌，再搬个小椅子坐在书桌前，就这样，一写写到天黑，连续写三五天，就能写完全部的暑假作业。

有时候母亲放假带我走亲戚，我会带着我的暑假作业一起去。写完作业以后，我就可以尽情地享受整个暑假。

拖延症的苗头，是从初中开始的。那时候我成绩一般，不喜欢学习，做题对我来说变成一件难熬的事情，在学习中我无法获得成就感，所以每次打算开始学习，都要磨蹭拖延。那时候我迷恋许多作家，他们写的小说就是我获得即时满足的来源，我用它们来把学习的痛苦延后。

工作以后，也常有拖延。当我一步一步分析拖延的过程，发现其实拖延就是在某一刻发生的。在哪一刻呢？就是你准备去学习和工作的那一刻。

那一刻的你仿佛站在一个分岔口上。你面临两个选择：一个选择是刷手机、看电视剧，这个选择被我称为快乐的小路。这条小路让你通向短暂的快乐，即时的满足。

另外一条小路是去工作和学习，这条小路被我称为痛苦的小路。选择这条路的你，刚开始的几分钟会非常痛苦，忍不住想要放下手头的工作，去看一眼你的手机。

两条小路在入口处的区别就是这样：一条小路让你立刻感受到痛苦，一条小路让你立刻感受到快乐。

可是如果你顺着小路继续走下去，事情就会发生变化：在快乐的小路上，你的快乐会越来越少。随着截止日期的逼近，你看电视剧和玩手机的时候会越来越焦虑，你会越来越不开心，一直到焦虑的程度完全超过眼下的快乐，你就会放下手机和游戏，不再玩乐。

而痛苦的小路则不同，它的入口之处很痛苦，刚开始学习、工作的时候，需要极大的毅力去克服快乐的小路的诱惑。

但是随着学习的时间越来越长，你会获得一种成就感，这种成就感在你把整个工作和作业都完成的时候，会达到顶点，那一刻的快乐是无可比拟的。

如果你的工作得到了他人的肯定和赞美，那就是附加分，你会得到快乐之上的快乐，这是你把痛苦的小路走完后会遇到的事情。

所以经过分析以后就会发现，其实拖延就发生在两条小路入口处，也就是我们准备开始工作的那一刻，真正开始学习和工作以后，痛苦就会减轻。

如果在入口处可以克服快乐的小路的诱惑，就能在痛苦的小路上走下去，最终获得成就感和真正的快乐。

怎么才能在选择的那一刻控制住自己呢？

那就需要分析一下，在每一次站在路口选择时，会被快乐的小路吸引的原因是什么。其实我们内心本身是有责任感的，它会驱使我们去做那件痛苦但是有意义的事情。但是每次，放纵的念头都赢过了坚持的理由，这到底是为什么？

第一个原因，就是你给自己设置的任务太艰巨了，或者任务本身确实是你没有办法胜任的。也就是说，痛苦的小路太痛苦了，获得那个成就感的概率很低。

我大学写论文的时候，总是忍不住拖延。

因为大学四年并没有系统地训练写论文的能力，我对本专业的兴趣也不高，就连题目都是跟着导师稀里糊涂选的，所以写论文的时候真的无从下手。

这件事对我来说太难了。

我觉得不自信，觉得自己挑战成功的概率很低，觉得自己一定写不出什么好东西，所以我下意识地不想面对。

同理，上初中的时候在学习上开始出现拖延，也是因为对一个差生来说，做题真的太难了。

第二个原因，主要是因为完美主义。

完美主义的人拖延，不是由于对任务本身的恐惧，主要是不想面对不完美的自己。

我在写作本书的时候，无数次因为完美主义而不想下笔。

许多作家都有这样的毛病，一下笔就会发现自己写下的东西不够好，起码不如自己想象的好，所以他会不想面对自己的不完美，不想面对一个差劲的作品，于是，就开始拖延。

再往下，拖延的第三个原因，就是对未来的自己过于自信了。

人会低估未来任务的难度。

之前我们说过的那个心理实验，就是让受试者为自己接受的任务去设置完成的时间。研究人员发现，如果让这个受试者今天就行动，他会给这个任务设置五天的时间完成。但你让他一年之后再做这个事情，他就会高估自己未来的能力，低估未来任务的难度，同样的任务，他会设置更短的完成时间，三天或者两天。

所以很多时候，我们之所以拖延，是因为真心觉得自己完全有足够的时间来拖延，不必着急，一个本来需要五天甚至更长时间完成的任务，我们会认为自己未来花三天就可以完成，所以一直拖到只剩下三天的时间，然后勉勉强强地做出一个差劲的东西。

我在"读书会"里每周都要讲一本书，这本书分为五天来讲，每天讲十五分钟左右。

如果我当天做这件事，我会认为十五分钟的讲述至少需要两个小时的看书和录制时间。

但是如果你问我下周的一本书录制需要多长时间，我会认为我只要花三四个小时就可以录完整本书。

显然，这个估算是错误的，所以当我从容地拖到最后，发现三四个小时完全不够，只能深夜加班完成。

这个问题，一直到我明白了发生的机制，才克服掉。

拖延的第四个原因，就是我们的大脑会小看未来的收益，看重现在的收益。

如果我给你两个选择：

这周日给你一百块钱，或者等一年给你一千块钱，你会选哪个，你可能说我会选择一千块，我又不傻，但是生活当中，未来的收益不会这么明确。

努力学习和努力工作会获得一个好的生活，这个好的生活并不像一千块那么明码标价，这种好处和马上去打游戏、看电视的好处对比起来，就没有一百块对比一千块那么明确。

所以长远的不明确的好处，哪怕重要，也会被低估。

我们的大脑在无限地放大眼前的收益——打游戏获得的那点快乐，这也是我们会拖延的原因。

拖延的最后一个原因，就是自我欺骗。

很早以前我就发现了"家务陷阱"的存在，所以后来我不允许自己做家务。家务陷阱是什么意思呢？

当我一天当中有三件事情要做：写一篇文章；出门送狗去洗澡；把卧室收拾干净。这三件事情的难度对我来说是这样的：把卧室收拾干净最简单，出门送狗去洗澡一般，写一篇文章最难。

你说我会先做哪一个？我很可能会抑制不住先做家务。

做家务也是一件应该做的、正确的事情，做起来难度又不大，所以我们心安理得地用这种简单的任务，去替代真实的、重要的、困难的任务。

这也是拖延的一种。

当你终于把家里收拾干净了，时间也已经用得差不多了。

当我们每次想要用简单的任务作为困难任务的拖延理由时，家务陷阱就出现了。

以上就是我根据自己的情况分析的拖延的原因。

找到了自己拖延的原因以后，解决拖延症仿佛变得简单了起来，我可以从原因给出的方向来想办法：

第一个方向，就是让未来的利益足够巨大，或者就在眼前可见。

大多数人都是上学的时候比工作以后要努力。为什么呢？

我读高中的时候，几乎每周一测，每次测试的结果都会被老师做成榜单，贴在整个教学楼入口处，有时候只用大红纸贴出排名前五十名的成绩，我每次学习累了，大脑当中就会浮现出自己去查看榜单的画面，想象自己的名字排在前三，那种激动和自豪的感觉会让你的学习停不下来。

那时候我的努力很快就能看到反馈。但是工作以后就不一样了，大多数人不知道自己每天的努力工作到底能够带来什么好处。

只是有隐约的念头，那就是赚钱、赚钱。更要命的是，这种模糊的好处还不确定能够得到。因为不知道自己做得怎么样，也不知道必须做成什么样，更不确定即便做到了那个样子，是不是一定能得到对等的回报。所以就会拖延。

成年以后，我一直努力让自己走痛苦的小路带来的结果变得清晰可见。

克服拖延，就必须让未来的利益展现在眼前。

首先，我在做事情的时候要给自己谋划正确的路径，不管有没有意外发生，在我心里，坚信只要彻底执行，一定能够成功。

其次，我会缩短反馈的时间。每个进度，我都会核算自己的收入。

最后，我还会把目标打印出来，或者具象化为一张图片，贴在日常可见的地方。

这些都会让我走痛苦的小路带来的未来利益变得更加清晰。

如果快乐的小路会带来坏结果，而不是得到快乐，你就不会每次都选择快乐的小路了。

你需要对这个坏结果十分恐惧和厌恶，或者让坏的结果马上就发生。

我一直在想，为什么小时候我们写作业特别快？

不只是我，班上一些学习一般的小朋友，也没人敢把作业拖到最后一刻，但是随着年龄的增大，我们在写作业这件事情上逐渐开始拖延起来。

后来我知道原因了，童年时期之所以那么快地写完作业，是因为幼小的我们认为写作业是一件天大的事情，我们害怕老师，恐惧被罚。

而成年以后，感觉老师没有那么可怕，或者说即便被罚也不是什么不能忍受的事情，就不再担心写不完的后果，干脆就拖延起来。

如果快乐的小路通往的恶劣结果让我们足够恐惧，类似小时候不写作业害怕被老师批评，那么我们就不会拖延。

我有个朋友总是戒不掉烟，其实也没有那么大瘾，但是工作时总是忍不住抽。

后来我去国外旅行，发现有些国家的烟盒上会有那种十分恶心的图片，黄牙齿和一条畸形的舌头组成的恐怖口腔照，或者是家人在遗像面前痛哭的照片。

我带了两条这样的烟送给朋友，并且叮嘱他，观察下自己的吸烟动作是否会被这样的图片阻拦。他给我的反馈是：真的会。

因为每次拿起烟的时候，恐怖的结果就在眼前了，抽烟这件事情带来的快感大幅度降低了，加上本身就有努力工作的责任感在心里，所以就会放下烟，埋头继续工作。

我在读书时曾做过类似的事情来克服拖延。

暑假期间我总是忍不住看电视，每次告诉自己只看半小时，结果总会不知不觉地看上一下午。

后来我就把北大的照片贴到了电视机上，这个行为把我看电视的快乐大幅度地减少了。

盯着电视看的时候我总是忍不住走神，觉得自己要失去北大，这种焦虑感让我慢慢地不再渴望看电视。

快乐的小路的入口没那么快乐了，所以会降低选择放纵的可能性。

其实我到现在只害怕一件事情，就是死亡。

中国小孩特别缺乏死亡教育，平时我们也非常避讳提到死亡这件事情。

但是我在好小好小的时候，就对死亡这件事情有了认知。

夏日的傍晚睡在妈妈的身旁，我静静地听着她的呼吸声，难过地想，如果今晚过去了，我们活在这个世界上的时间就少了一晚。

有时候我静静待上五分钟，忽然回神，就会意识到我离自己的死期又近了五分钟。

我无法控制死亡，只是不希望自己在死亡之前该完成的未完成，留有遗憾。

生活中的拖延还可以挽救，即便最后一天你没有交上作业，你不过是挨罚一次，然后重新开始。

可是你不能把人生中最重要的梦想，放在去世的头一天去完成，如果完不成的话，你就再也没有机会了。

时间根本没有我们想象的那么多。

理智上我们都知道人是会死的，但是无法确切地感知死亡，潜意识觉得自己好像是不会死的，无非因为死亡的时间不确定罢了。

可能是2025年，也可能是2075年，可能是今天，也可能是明天，由于这个时间不确定，它就会被我们假设成永远不会来。

但是如果你假定一个日期、一个时间点作为离开世界的时间。

比如就是五十年后的今天。

每过一天，你就失去一天，你可以在墙上把余生画成一个表格，每失去一天就划去一格，你会发现，时间真的太少了，我们真的拖延不起。

拖延的后果，比你想象的要恶劣得多，一旦你能够从终点反思自己现在应该做什么，不把死亡想象成一件很遥远的事情的时候，一旦你能感受到终点在哪儿，你就不会等着、消磨着了。

每每想到死亡这件事情，我都会忍不住要做余生规划。

前两天和我哥说到这件事情，我说，我这辈子其实就两件事情要做。第一就是赚钱，我希望赚足够多的钱给家人安全感，去提升他们的生活品质。

第二就是去赢得足够多的成就感，我是个以成就感为乐的人，所以希望自己在死前能够完成几件足以让人议论的事情。

说完的那一瞬间有点难过，我的余生这么短，我能做的事情也就这么多。

这种意识会一直驱动你不要停下来，不要让想做的事情往后延，你会希望更快一点。

快乐的小路会把我带向庸庸碌碌，我会死在庸庸碌碌中。对死亡的恐惧和感知让我停不下自己的脚步。

还有一些让坏结果很快发生的方法可以用，比如允诺他人。

本来应该周五做完的事，我会允诺朋友或者同事说周三做完，那么如果拖延的话，很快就会遭到朋友和同事的催促。

我会想，如果我不在周三之前做完，坏结果马上就要发生了。公司的同事会觉得，连老板都在拖延，连老板都不努力，连老板都有这样的坏习惯。而一直是他们表率的我，并不想这样的结果发生。所以，我就需要在周三之前努力地完成。

你也可以使用这个方法：把承诺结束的时间提前，可以跟小伙伴们约定互相检查对方的进度，等等。

允诺的时候，你会高估自己的能力，看轻任务的难度，你会很轻易地给出诺言，这件事情一点都不难。

当诺言一旦说出口，就会倒逼你开始行动，这样你就不会把任务拖到最后一天了。我们虽然懒惰，但是十分要脸。失信于人是一个不能承担的坏结果。

解决拖延的第三个方向，就是增加通往快乐的小路的障碍。

人如果想放纵真的太容易了。

以前我哥想打一次游戏，要先存足够的零花钱，再骗过我妈出门一个下午，然后到网吧里享受他的游戏，享受的时候还不可以被人发现。但是现在，你只要掏出手机，就可以随时看上小说、玩上游戏。

如果可以增加踏上快乐的小路的阻碍，有一个缓冲的时间，让理性战胜欲望，你和拖延之战就很有可能赢。

之前我跟人分享过很多次这个方法，想要克服玩手机的最好办法就是做物理隔离。

高三时我有个朋友犯了网瘾，总是忍不住刷网页，后来干脆把电脑五花大绑送到她妈妈卧室的柜子里锁起来，然后把钥匙交给了她妈妈。

每次大脑中涌起玩电脑的冲动时，一想到要先觍着脸跟妈妈要钥匙，再给电脑"松绑"，光进行这个思考过程，就能让她的冲动冷却。

我在工作时，也总是忍不住先去处理一些乱七八糟的手机信息，由此造成工作的拖延，而对付这个问题最好的办法，就是把电脑版的微信退出来，然后把手机锁到柜子里。

没有更好的办法了。

然后等你走上痛苦的小路，开始工作之后，就会沉浸其中，看手机的欲望逐渐消退，到最后就彻底消失了。等你完完整整地工作了几个小时，等你的工作取得了一定进展，成就感会驱使你下一次也把手机锁起来。

手机这种东西，不看也就不看了。

解决拖延这个问题的第四个方向——我们可以让痛苦的小路不那么痛苦。

其实我们本身就被一种天生的责任感驱使，让自己去做应该做的事情，但是有些事情实在是太痛苦了，痛苦的小路的入口实在是太令人心生畏惧了，所以我们就会纵容自己去快乐的小路上放纵。

请注意，对付拖延症的黄金五星方法就要来了。

如果你需要做不想做的事情，如果你想迅速地进入状态，这个方法绝对可以助你一臂之力。这可以说是我用过的最好用的方法了。我就是用这个方法，熬出自己的毕业论文的。

我曾经被一个方法误导过，那个方法叫作"吃掉那只青蛙"。

这个方法的精髓在于，你一定要先做最难的事情，当你把这个最难的事情做完以后，你的一天就会变得很开心。

但是我发现，我根本吃不掉那只青蛙。

抱着电脑到了图书馆，没办法开始写论文，我会回信息，会宁愿去看一会儿专业课的书，也不想打开自己的论文。

但是我的大脑又一直告诉自己，必须要先做最难的这件事，所以我别的事也做不下去，最终就导致自己在拖延中什么都做不成。

后来我就把这个方法逆转使用了。逆转以后，我的拖延症得到了立竿见影的治疗效果。

我依然会先吃掉青蛙，但是我会把青蛙解剖了，先去吃好吃的部分。

什么意思呢？

比如写论文的时候特别想拖延，我就会跟自己说，我能理解你不想写，毕竟写论文是很难的。不过你是不是可以先把写论文这件事情给分成几个步骤，做个规划。

比如写论文可以分为以下这些步骤：

先去查找资料；

取一个标题；

列个大纲；

写第一段；

……

然后你可以告诉自己，先去做自己喜欢和能做的部分。

把写论文分成几个步骤以后，我发现我自己是可以先写一个序言的，这个对我来说比较简单，属于我的能力范围内。所以我对这个部分的工作没有那么排斥。于是我就先写序言。写着写着就进入状态了，就有勇气了，我便开始查资料。我用这种方法，完成了一本书的创作。

每次我要写稿的时候很拖延，觉得不想写怎么办？我不会把它推到第二天，我会跟自己说，刘媛媛，你今天先坐在位子上，想一下这个稿子有哪些部分是你现在就有灵感、就可以动笔的。

当然，有时候我写完一部分以后，可能我即便取得了成就感，也不想继续下去。

但是，这也比一直拖着什么都不做强。

同理，你可以把这个方法应用到所有拖延的场景里。家里很乱不想收拾，是不是可以先把所有的衣服收起来？不想写作业，能不能先把会做的题目做了？

我的经验是，一般这种情况下，只要你肯开始，事情就能做完至少一半。只是一定要注意：不可以用其他的事情代替，你必须要吃掉青蛙的一部分，而不是其他的什么东西。

降低难度的第三个方法就是：做微量计划。

许多痛苦都是自己加在自己身上的。

计划做得越满，执行起来越难，开始的时候就越想拖延。

基本上周六、周日我都是要加班的，但是刚开始加班的时候，发现自己计划的任务往往完不成，并不是时间不充足，而是如果在工作日，这个工作量是正常的，但是不知道为什么，在周六、周日就是做不完这么多。

后来经过仔细观察之后确认，就是因为自己把周末计划定得太大了，太难完成了。

要知道，工作日我基本上都是早七晚十一的。

周六、周日的时候我的大脑不自觉地会认为这是休息日，会自动降低工作的积极性，在这个前提下，如果还是把工作从早七安排到晚十一，你会觉得压力很大。

一般情况下，拖延都发生在周六早上。周六早上醒来，一想到自己接下来要完完整整地工作两天，我就忍不住允许自己在周六的早上拖延一会儿，赖床，或者在家吃个很磨叽的早餐。

后来我就转换思路，周六、周日只要求自己工作三小时。后来慢慢加长，规定自己完成工作日的一半工作量。这样我会觉得自己能够轻松完成，根本不想拖延，反正完成了以后就解脱了。

你的计划越小，拖延的概率就越低。这就是微量计划这个方法的精髓之一。

千万不要给自己做一个月看十本书这种计划，在这个计划之下，你一本书都不想看，连开始都不能开始。

你可以告诉自己，我一周就看这一章，睡前翻一翻，就结束了。

大脑会一直催促你去看，因为它想获得奖励，而那个成就感就跟一个在你眼前晃动的苹果一样，你只要伸伸手就够到了。如此一来，你还会拖延吗？

微量计划的第二个要求就是一定要有截止日期。

你的任务不应该是这样的，我从今天开始一定……

"从今天开始……"这种计划，根本就不可能完成，而且一定会拖延。

这本身就是一种虚假的自我假设，假设自己的执行能力非常强大，可以从今天开始，一直坚持到死。

这是不可能的，所以一定要有个截止点。只有当事情有了截止点，才有完成的可能。我把自己做计划的风格称为"懒惰计划"。

我的计划是这样的：今天我只工作到八点，绝对不加班；我今天只写两个钟头，就绝对不写了。

以上就是微量计划的两点要求。一、微量。二、有截止点，可以轻松完成。

除了降低痛苦的小路的痛苦程度以外，我们还要想办法降低进入痛苦的小路的难度，我之前说过，拖延就是在入口那一刻发生的。

我在《哈佛商业评论》上曾看过一篇文章。说在美国一些大公司，会为员工提供免费的水果。

观察发现，在免费水果区，每次最先被吃光的是香蕉，很少有人会去拿橙子。

这个现象并不只是发生在少数几家公司，而是在全美数百家公司都有类似的现象。不是因为美国人不喜欢吃橙子，主要是因为吃橙子太麻烦了，香蕉剥了皮就能吃，橙子剥皮比较麻烦。

所以人到底有多懒惰？

人类社会运行遵循的是最省力法则，当有很多选择的时候，人们会选择最容易、最好走的那条路。哈佛大学心理学家认为，我们在做事的时候，会选择那个在开始之后能节省二十秒时间的行事方式。

剥香蕉皮比剥橙子皮节省二十秒时间，所以人们会选择吃香蕉。

好吧，其实这个理论是我后来看到的。

我很早就发现，如果可以把一件困难的事情开始的难度降低，把开始的时间缩短，那么就会更容易去选择做这件事。

这个方法真的很好用！

我每天早上六点多起床，然后到书房去看书写东西，为了防止自己拖延磨蹭，我每晚睡前都会把书房的桌子收拾好，把第二天要写的文章放在桌面上，打开。

每天只要一睁开眼睛，就感觉那篇待写的文章在呼唤我：快来写呀！快来写呀！

然后我不洗脸，不刷牙，就奔到书房去。

无法用语言表达这个方法的好用程度。

每次当天的工作完毕以后，我都会把第二天早上要做的事情准备好，放到触手可及的地方。

然后在早上意志力最强的时候工作，再加上任务触手可及，便降低了开始任务的难度，让我可以在一天的开始时完成最难的那件事情。

终于，我可以吃掉那只青蛙了。

后来我又在书上看到另外一个心理学家研究的结论，说在做计划的时候，如果设置好执行任务的时间和地点，就能提高完成概率，其中的心理作用原理和我的方法类似。

心理学家做过一个圣诞写作实验，让大学生在圣诞节期间写一篇关于如何过圣诞的短文，这短文必须在圣诞节过后四十八小时之内写完，并且寄出。

其中一半学生被要求在现场就决定好什么时候写这篇文章，要在什么地点写这篇文章，在家写还是在学校；对另外一半学生，则不提这个要求。

研究者发现，没有提前安排时间、地点的学生，只有32%交了作业，但是安排好了时间跟地点的学生，有71%交了作业，是前者的一倍多。除此之外，减少选择也可以减少进入痛苦的小路的难度。

在开始工作的时候，我有好几个选择。

我可以选择看一会儿小说，我也可以选择工作，然而我有四个工作等待完成：一、跟同事开销售会；二、写一篇稿子；三、修改合作的合同；四、回复一封邮件。

在这种情况下，大概率是我会选择去看小说。为什么？因为工作的选择太多了，而选择本身就不是一件容易的事情，在选择的那一刹那，我可能就被快乐的小路带走了。

太多的选择会增加筛选成本，这就是选择的悖论。

在生活中选择越多，可能压力越大。

打开一个购物网站，在搜索框输入"短袖"，网页上可能会跳出上百页的产品列表。然后你就要开始做挑选抉择，纯棉的？棉麻的？挑着挑着你就觉得好麻烦啊，有时候就放弃了。

所以如果想要克服拖延，在痛苦的小路上一定不要有太多选择，提前就确定好，到底是做哪一项工作，然后只想这一项工作。

最后一个解决问题的方向，就是克服完美主义。

我近几年最大的成长之一，就是克服了完美主义。

人活着就要接受不完美。我们必须有穿着新衣服跳到淤泥里的勇气，必须要有回头把破罐子捡起来的勇气，必须要有在事情一团糟的时候，硬着头皮往前走的勇气。

必须要有接纳自己的勇气,哪怕是浑身缺点的自己。

我以前有个坏毛病,新买的笔记本上如果写错字或者写乱了,就不想再用了。于是我扔掉了很多崭新的只写了几页的笔记本。当我决心去杀掉完美主义的时候,我又把那些笔记本都捡回来了,尽量去修正过去的凌乱字迹,然后把本子用完,写到最后一页。

那时候的感觉非常爽,很快乐。

我在考研的时候有个战友,她每天只要没有按照规定的时间起床和到达自习室,干脆就不去了。

以前我也会有这样的问题,后来分析了一下大概是这样的一种心态:如果今天快十一点才起床,即便去上自习也无法获得完整的成就感,还要面对自己的迟到。

于是就告诉自己:从第二天开始吧。但是这样反而更浪费时间,一整天可能都会荒废。

后来我想到的克服方法是这样的——给成就感分级。

我对自己说,如果今天按时起床,七点之前就到达自习室,并且完完整整地学习十小时,这时候我可以获得一级成就感。

我管当天的自己叫作黄金斗士。

如果今天早上起晚了,比如九点才起床,仍然要去自习室,这时候还可以获得二级成就感,还可以成为白银斗士。

如果学习是从下午开始的,那还可以获得三级成就感,成为青铜斗士。

这个方法真的太好用了,我甚至很想拿它去申请专利。

成就感分级的方法可以帮助完美主义者克服两个问题。

第一,克服拖延。没能及时开始的时候,还是有开始的可能;第二,执行中途如果发生了不完美的状况,导致整个计划失控,成就感分级的方法还是会让我们有动力继续执行,而不是直接放弃。

做得差也比不做强。

这个观念一定要深深地植入自己的脑海中。

最蠢的就是因为害怕做得不够完美，而迟迟不敢开始。

不及格和交白卷是有区别的：我允许自己做不好，但是不允许自己连看一眼题目的勇气都没有。

公司的设计师之前没有做过 UI 设计，跟我说有一阵子不敢上班，因为只要开始工作，就要做那些自己觉得不够好的网页设计图。我跟她说："如果你的能力能做到 60 分，你只要做出 60 分的样子就可以。如果你拼一拼，搞不好可以拼到 80 分。"她说："可是媛姐，我觉得我自己现在做的只有 40 分。"我回答："那你就先给我做出 40 分的东西来，然后我们去找能做到 80 分的人提提意见，看看能不能改到 60 分。"

我是这么要求自己的，而且我可以保证，如果你能这么做，最后的结果一定会让你惊讶。

刚开始写文章的时候，总有抵触心理。

即便在写这篇文章时，还是有那种挥之不去的抵触感，觉得自己肯定写不出自己最满意的水平。

一个人的欣赏水平，和他的能力往往有差距。

我们都见过聪明人，但是我们自己就是没那么聪明。

我们用的产品，都是自己喜欢和满意的，但是我们就是做不出来，这些都很正常。

所以我一直勉励自己："任何伟大的作品，都是从一坨大便开始的。"

那些璀璨的文学作品，它们的第一稿也是惨不忍睹的，就连《红楼梦》也增删了不止一次。

可见第一遍也是不满意，否则就不用改了。

如果没有勇气去面对一开始的那个不完美和不满意，就不会有后来的故事，连个修正和提升的机会都没有。

考研时复习第一遍时，好多题都不会做，很想拍案而起，我就跟自己说，哪怕只有三道题会做，也要完成，这样才能进步。

做了就是比不做强。

以上，是我分享的一些关于克服拖延症的具体小方法。

每个方法都很有效，都是我在人生的某个阶段使用过的方法，具体哪个适合你，我并不知道。

所以我建议每次拖延发生的时候，你可以把这些方法挨个儿试用，看看哪一个方法能帮你克服此刻的拖延。哪个方法有用，你就去执行哪一个。

当然，很可能每个方法对你都没用，但是相信我，当你要做出决定的时候，如果你愿意等几分钟，你的决定一定会更理性。

就好像你每次去逛商场，克制不住想买一件贵的衣服，只要告诉自己：我先去逛一下别的地方，或者我先去吃饭，十分钟之后我再回来买。

等十分钟过去以后，你很可能就不想买了。等待十分钟，其实就是增加了通往快乐的小路的障碍。

这个方法，也是对待拖延的黄金方法之一。

战胜拖延，释放自己的潜力，提高生命质量，刻不容缓。

在战胜拖延这件事上，我们不要再拖延。

精力有限理论：
时间花到哪里，哪里就是你的人生

1

这几年，我的生活质量越来越高了。

不是买几个名牌包，或者给自己做了几顿烛光晚餐，而是我整体的生命质量在提高，我几乎没有做什么浪费时间的事情，每一件事情都是自己选择以后决定全情投入的，每一天都是在自己掌控当中度过的。

我的笔记上有个项目清单，里面记录了对我而言活着最重要的事情，除此之外，如果有事情要耗费我的时间，我都会慎重考虑。

人这一辈子太短了，精力有限这个概念最好是深深地植入自己的潜意识里。

精力有限理论，也可以称为时间有限理论。但称作精力更准确，每个人的精力储存值都是不一样的，即便你有时间，但是没了精力，照样什么都做不了。

精力不充沛的时间，是没有意义的。

我们每个人的一天都有二十四小时，但这二十四小时质量不同。有些人在这二十四小时之内无精打采，活着跟死了差不多，只想随时都躺在床上，有些人精力充沛，可以做很多事情。

如何管理和分配自己有限的精力，在精力充沛的时候做什么，精力不充沛的时候做什么，当你的脑海里有了这样的想法，你的状态肯定比现在好很多。

这就好比当你要出门旅行，你会想带很多的东西，对吗？你想带防晒霜，你想带雨伞、带衣服、带鞋子，你想把整个家都搬过去，但是最终你需要做出权衡和取舍。你只能带几样，因为你的旅行箱大小是有限的。

我们的人生也是这样的，我们拥有的时间和精力太有限了，就像那个小小的行李箱，你能带在身上的东西太少了，所以必须要学会取舍，把有限的精力集中在重要的事情上，甚至是最重要的一件事情上。

这个世界上，应该做的事情和想做的事情太多了。

同学结婚，要不要去参加婚礼？收到了朋友的微信，要不要回复？要不要去剪头发？要不要去银行交水费、电费？

这些事都是要做的，都是应该做的，但如果你这样毫无计划地去做所有应该做的事情的话，就会发现你的时间和精力是不够用的。

很有可能你会陷入麻木的忙碌中，把那些本来更重要的事情忽略了。

一个问题就可以测试出你有没有精力有限的意识。

当你被别人指派一些你不喜欢，或者你认为没有价值的事情时，比如有人叫你去做家务，朋友叫你陪她剪头发，你的脑海当中是否会浮现这样的念头——我的时间有限，我应该去做更重要的事情。

你大脑里面是否有一个算法，时时刻刻地在帮你判断、取舍：什么事情我要做，什么事情我不要做？

如果没有这个算法的话，你的生活可能会一团糟。就跟花钱一样，这个世界上有不该买的东西吗？

没有。

一块好看的桌布可以提高生活品质；一双新鞋也该买，因为我没有这个款式。

但是如果你不经计划和取舍地买买买，只要觉得该买就买，最后收获的一定是惨不忍睹的财务状况和一堆待还的信用卡账单。

那些待还的信用卡账单，就好像生活中那些你本来应该做而没有做的重要的事情。

更何况钱是可以再赚的，但是时间和精力是有限的。

花了就是花了，没了就是没了。我们想要的一切，不管是跟家人之间的亲密感情，跟朋友之间的友情，还是工作的成绩，都是需要拿时间和精力去换的。

今天陪朋友多一点，可能陪家人就少一点，陪家人多一点，工作的时间就会少一点。

怎么分配这一点点可怜的时间跟精力，比怎么分配钱还重要。

我今年 27 岁，假设可以活到 80 岁，也就一万多天，这一万多天还得扣除吃饭、睡觉的时间，其实没多长。

所以我时时刻刻都在提醒自己，我的精力有限，我的时间有限。

越穷的人越不在意自己的时间。富人总是斤斤计较自己的时间，不在无用的人身上浪费，不在生活琐事上浪费，电视剧里富人的经典台词就是：你知道我一分钟值多少钱吗？

穷人对待时间很少有这样的精明，庸庸碌碌的人多的是，躺在床上刷手机的人、为了省几块钱等着抢代金券的人多的是。

可是人在没有钱的时候，没有任何其他资源的时候，拥有的最宝贵的资产不就是自己的时间和精力吗？

今天你把它们用到哪里，就决定了明天和未来你到底能收获什么东西。

2

精力管理最重要的原则：比做什么更重要的是决定不做什么。

因为时间和精力有限，所以在使用它们的时候，是需要策略的，而所有策略的核心之一，就是取舍。

大家一定要记得这句话——我们根本不可能完成所有想做的和应该做的事情。

不信的话，大家可以做一个详细的时间统计。

把你所有想做的事情都列出来，然后大概估算一下执行每一件事情所需要的时间，然后真正去执行一下，你就会知道把所有事情都做完是个多么不靠谱的念头。

这也是为什么我们上了那么多的时间管理课，看了那么多时间管理的书，到现在也没有实现那种掌控生活的感觉。

因为你往生活里放的事情太多了，根本不可能完全掌控啊。

所以一定要转换思维。以前都是列一个单子，"我今年想做什么""我今天想做什么"。

现在反过来想这个事情，上来要先问自己三个问题：

第一，什么事是我可以不做的？

第二，什么事是我可以交给别人去做的？

第三，什么事是我可以缩短时间做的？

什么事情是你可以不做的？比如去参加同学聚会，不去的话就节约了至少三小时。

什么事情是你可以交给别人去做的？比如打扫房间，又能节省两个小时。

什么事情是可以缩短时间做的？比如看一个在线课程，就可以加速。

这样一天下来，你可以节省好几个小时，去做那件你认为很重要的，没有办法交给别人，也没有办法不做的事情。如果你不做这个取舍的话，你的大脑会一直帮你偷懒。真的，不要轻易相信自己的大脑。

大脑进化得这么完善，根本就不是为了去处理复杂的工作，而是为了不断地帮人类偷懒，偷懒的目的就是节能，否则每件事情都要去想，会耗费太多脑力。

按照大脑一贯的偷懒德行，当你面前有两件事情，一件很重要，但是比较难——比如写一篇论文；一件不那么重要，但是比较简单——比如朋友生日了，要给他打个电话。你的大脑会不由自主地去选择做不那么重要但是简单的事情。

这就是很多人喜欢在写作业和工作之前收拾房间的原因，因为收拾房间是应该做的，但又比较简单的事。

我们可以把时间的使用方式分为四种：

第一种，投资。学习一项技能、努力工作，这些都是投资，它会让你的未来更值钱。

第二种，不必要消费。比如娱乐一下，让自己开心一下，看看电影等，它是应该做的，但是没有那么必要。

第三种，必要性消费。这些时间是肯定要花的，比如说你得洗澡，生病了得看病，早上起来你得上厕所。

还有最后一种，浪费。做了一件对自己没有任何效用的事情，比如刚刚举的例子，由于不懂得拒绝，陪一个不那么喜欢的朋友去烫头，在这个过程中你什么收获都没有，又或者效用比较低。或是躺着玩手机，带来的是那么一点点即时满足和无尽的焦虑。

人跟人的不同，实际上就是时间使用方式的不同。

这四种使用方式的组合，就决定了你过的是什么样的人生。

根据时间的使用方式，我们可以确定大概的使用策略。

要努力地增加投资时间，控制不必要消费的时间，杜绝浪费，尽量缩短必要性消费。按照这个思考方向，当你大早上坐在电脑前面，脑海中浮现出今天要做的几件事情，可以判断一下，它们属于哪一类。

怎么样才能让时间的价值最大化？

在时间的使用上，我总结了五个原则。

第一个原则：一定要有时间投资意识，重视时间的未来效益。

还是那句话，你把时间投资到哪里，哪里就会有回报，就算每天花很长时间去打游戏，你也可以得到一个很好的排名。

所以我们每个人其实都是投资人，投资人的工作就是找项目，投钱，然后等回报。找到好项目就赚了，项目不好就赔了。

每个人都必须有投资人意识。

必须意识到我们每天拥有的这些时间是有它的价值的，甚至是有它的价格的。

比如我的时间是一小时一百块，我花了一小时打游戏，打游戏还花了一百块，因为还要交网费。实际上我在这件事情上付出的是两百块的成本。

再深入地想一下，只有两百块吗？也不是，因为你的时间不仅可以给你带来一百块的当下收益，有时候还会给你带来未来的收益。

如果你工作一年，薪资上调20%，你可以算一下，你每小时的工作会给你带来工资的增加是多少。哪怕只有一点点，也是你的损失。

所以你打一小时游戏，损失的其实是多于两百块的收益。

第二个原则：多重利用。

什么是多重利用？

比如上班的路上，可以看看书、学学英语，这样的话，总时长不变，但是这段时间发挥了更大的价值，开发自己的碎片时间，就是多重利用的典范。

但是你会发现，自己的碎片时间一般都用不起来，为什么？

这里传授一个非常重要的小招数给大家，就是在利用碎片时间的时候，把握两个原则：首先，不要试图利用所有的碎片时间。

我上高中的时候曾经试图利用所有的碎片时间，去食堂吃饭我要背单词；我把英语课本后面的单词表都做成了单词卡；吃完饭躺在床上午休，我要求自己回想上午老师讲课的内容；起床穿衣服去教室，走路过程中我要求自己做好下午的计划。

这么做的坏处是什么呢？

第一，你会以为自己拥有许多碎片时间，所以你并不特别珍惜其中的哪一段。

第二，你只计算了做某件事情需要的时间，但没有计算它的启动时间。实际上我们做任何事情，都不是一开始就能进入状态的，所以当你利用某些碎片时间的时候，会觉得刚开始就结束了。

当我发现了这些伪碎片时间的无效性以后，就开始判断，到底是哪段碎片时间的质量比较高？

上学的时候，我最常利用的就是上学和放学路上的时间，基本上不用课间时间。

白领也要这么规划。我只在洗漱和洗澡的时候背单词听英语，只在上班路上读书，那么其他的碎片时间就可以构成我紧张生活里的喘气间隙。

总之，你要选出最重要的那一两段，千万不要全部都选。想要利用太多的碎片时间，你做不到，也受不了。

其次，就是在利用碎片时间的时候，一定要记得：只有一个选择，并且准备好。

什么叫作"只有一个选择，并且准备好"？

你不能这么规划——上下班的时间我要听书。

你要设定好什么时间、什么地点、听什么书，听这本书的第几章、第几页。

研究告诉我们，当我们为一个未来的行动设定好时间和地点的时候，完成的概率要提高两倍。

生活经验告诉我们，如果你在做事之前还要选择，那么选择本身就是障碍，你可能犹豫一会儿，这个时间就过去了。

所以如果你想充分利用碎片时间的话，就应该这么安排——我要在上班的路上看媛媛的书，看第三章，而不是我要用我的碎片时间看书。

第三个原则：购买时间和寻求帮助。

如果你自己的时间价值比较高的话，那些不得不做的事情可以交给别人去做。这样你就可以利用你的时间，去做价值更高的事情。

这也是提高时间价值的一个方式，在适当的时候，要寻求帮助，有偿或者无偿都行。尤其当你处于管理岗位的时候，许多管理者之所以失败，就是因为什么事情都想自己做。比如我妈，就处在我们家的管理岗，剥个蒜她都嫌弃我做得慢，结果就是她自己做，所以她每天都陷入无尽的生活琐事中。

她亲力亲为的美德我一点也没有遗传到。

以前我还会纠结是不是应该自己做家务。

我知道很多人都享受那种把家里从一团糟整理得井井有条的快感，认为做家务不只是勤劳的传统，更是一种生活趣味。

但是这种趣味是我始终体会不到的，我对这个世界太好奇了，世界太大，而我的生命太短暂，所以我对于那种"恢复秩序"的事情并不感兴趣，我更喜欢创造新的价值。

当我把这一套理论丢给家里人，以此解释为什么我不做家务的时候，他们纷纷嗤之以鼻，认为这是借口。

我妈很喜欢把家里的表姐表妹拿来跟我对比，用她们的贤良淑德来衬托我的懒惰。一直到后来，我终于寻求到了心理平衡点，我找阿姨来做家务，并且要求自己在这段时间去执行一个之前认为很困难的任务。

我告诉自己，这段时间是你花了一百块买来的，你一定要让它发挥超过一百块的价值。

后来我的时间果然变得越来越值钱。我妈也终于服气了。她现在总是积极主动来给我当跑腿，让我去做更重要的事情。如果可以用更低廉的价格购买时间，或者可以找到比你做得更快更省力的人来帮助你，你一定要把自己的时间省出来。

省出来的时间不是要让你躺着歇着，而是让你去处理跟你的智力和能力更匹配的事情。

这里面的重点就是：省出来的时间，有没有做更值得的事情。

第四个原则：想方设法地缩短必要消费的时间。

什么是必要消费？

前面讲了，上下班的时间肯定要花，洗澡的时间肯定要花，但能不能缩短？比如上班通勤的时间该怎么缩短？

一个年轻人未来会干成什么样子，看他上班的房子租在哪儿就知道了，那些宁愿住得差一点、小一点，掏高价租在公司附近、CBD 旁边的人，他的未来一般都不会太差。

另外从交通工具上也可以缩短通勤时间。比如打车上下班，听起来很奢侈，一个月要花费一千块。

可是你再换算一下。少吃几顿饭，少买几件衣服，是不是就可以把一千块省下来。问题的关键是在你心里，是衣服更贵还是时间更贵。

还有一个很重要的方法，就是利用错峰，提前一小时上班。

提前上班一小时，生活就有大不同。

首先，错峰本来就可以帮你缩短上班的时间，不堵车，不拥挤，另外也避免了你早上起来慌慌张张地冲向公交车站造成的精力浪费。

等你到达公司以后，你会发现提前开始工作，你的效率会更高。

第五个原则：减少不必要的消费和杜绝浪费。

决定要不要做一件事情，需要问自己两个问题：第一，做这件事情会让我快乐吗？第二，这件事情对我有用吗？

如果这两个问题的答案都是"不"，就绝对不要做，做这件事情就是浪费时间。

比如说陪不重要的朋友烫头发。

为什么我对烫头发这件事情这么介意？

因为我真的陪人烫过头发，回来以后我就把这件事情写到我的错事本上，苦练我的拒绝技术，发誓从此以后绝对不做这么无用的事情。

不过有的时候你会发现有些事情看起来好像是有用的。比如某个朋友跟你说，介绍个朋友给你认识，以后可以互相帮助。也经常有人来找我谈合作。这时候你要做的，就是衡量投入产出比。

我就是因为衡量了投入产出比，所以才下决心砍掉了大量价值模糊的社交行为。我并不擅长社交，所以对我来说每次社交不仅耗费时间，而且耗费心力。社交带来的效用不可衡量，但是我做事的逻辑清晰、专注投入，带来的结果是可预期的，所以我选择把时间节省下来做事。

以上就是关于精力有限理论，以及时间的使用方式和时间投资的几个原则。

接下来，我给大家介绍另外一个理论，叫作时间价值理论。

虽然我们每个人每天都有二十四小时，但是它的价值是不一样的。

一个问题就能知道你的时间值不值钱。

如果你要从北京到广州，有以下几个选择：第一，买一张机票，三小时就可以飞到广州；第二，买一张高铁票，八小时可以到达广州；第三，买一张普通的车票，需要二十多个小时才能到广州。

请问你会怎么选？

比如我上大学的时候，暑假就会买很便宜的车票，因为那个时候我的时间不值钱。

但是现在我肯定选坐飞机，我甚至会选商务座、头等舱，因为我不仅要节省我的时间，还要节省我的精力，因为我每小时的价值已经远远超过了机票的价格。

我妈出远门的时候总是叮嘱我，一定要给她买最慢的车票。她说："反正我也没什么事，我不着急，我没有必要去花那个钱。"

其背后的心理，就是我妈认为她的时间已经不值钱，起码没有车票值钱。

通过选择出行的方式，就可以看出这个人的时间到底值不值钱。

这并不绝对，只是一个参照标准。我想说的是，时间价值有高有低，我们人一生的价值，就是所有时间价值的总和。必须要重视每一分钟的价值，而且要让自己的时间在未来越来越值钱。

有的时候你会特别痛心地发现，周围就是有人觉得自己的时间不值钱，他觉得什么都比自己的时间贵，什么都比自己的时间重要。

让朋友舒服比自己的时间重要，所以他会委曲求全陪朋友聊很多无聊的天。

钱比时间重要，所以为了省钱，他可以花一小时在那儿等优惠。他的时间价值非常低，而且他也不懂得去提高时间的未来价值，所以会一直这么低下去。

接着就会陷入一个恶性循环，时间不值钱，所以花费时间一点也不心疼，于是时间更不值钱。

理想的人生是什么样的？是成为时间的主人，让你的时间产生复利。

什么叫复利？

就是你有一万块钱，你投资赚了一万，到你下一次投资的时候，你就有两万块钱了，你就可以赚到四万块。

如果你拿时间去投资，就要想办法提高自己的时间价值，让自己赚钱的能力越来越强。

当你赚到更多的钱，你的这些钱又可以拿来购买别人的时间，别人的时间价值比你的低，所以你等于变相增加了自己的时间价值。

到最后，你的时间价值会越来越大，跟滚雪球一样。

举个例子，老板其实就是购买了秘书的时间去帮他做杂务，老板觉得自己的时间很值钱，所以拿去投资，会产生更多的收益。

然后他会赚到更多的钱，继续购买别人的时间，继续释放自己的时间。但你知道成功人士最值得羡慕的是什么吗？

不是他有很多钱，而是他成为时间的赢家，拥有非常值钱的时间，这就是时间复利的威力。

我们浪费掉哪怕一个钟头，我们失去的就不是这一个钟头，而是这个钟头本身可以给我们带来的更多收益。

如果我们每天比别人多投资一点点时间，多努力一点点，多进步一点点，你会发现不久的将来，你就会把别人甩得不见踪影了。

1.01 比 0.99 就多了 0.02，但是 365 天之后，1.01 可以通过复利变成 37.8，但 0.99 就只能变成 0.03，这就是一点点的威力。

相反的一种人，就是成为时间的奴隶，这种人时间的价值很低，而且也不懂得怎么去提高。

我祝愿你有钱，但是同时也有闲。用最少的时间，撬动最大的价值。

这个公式的前提就是，你的时间，必须非常值钱。

从现在开始投资，而不是浪费，开始给时间增值，而不是让自己的时间贬值。

还记得新闻里说的下岗的收费员吗？

一个 30 多岁的女收费员，在收费站点取消以后，发现自己什么都不会做，陷入了困顿和迷茫。

千万不要成为那种到了 40 多岁，发现自己能干的事情越来越少的人。

热爱：
懒惰不是你人生的死敌，不热爱才是

我曾经研究过许多方法来克服拖延和提高效率，这些方法有些对我有效，有些对我没效。

那时候我隐约有一种感觉：这样的人生是不对的。

我这辈子要面临的外部压力够多了，想要挑战的事情也不少，对付它们已经是一个艰巨的工程。与此同时再和自己做斗争，是严重的内耗。

拖延也好，懒惰也好，或许有时候发生的根本原因不是我们不对，而是事情不对。

上学的时候多爱拖延啊，那是因为真的不喜欢学习。那些题目都是非做不可的，但都是我可以选择的，其实我不喜欢英语，我更喜欢地理，但是喜欢没有用。

上班以后，做的都是一些琐碎的、没意思的工作，从早上九点，熬到下午五点，只有下班那一刻，才感受到自己是活着的。

为着这样的人生去勤奋，太难太难了。或许，还是要回到那句鸡汤：我们必须去寻求内心的热爱。

2005年6月，史蒂夫·乔布斯（Steve Jobs）站在斯坦福体育场的讲台上，准备向斯坦福大学的毕业生发表演讲。

乔布斯穿着牛仔裤和拖鞋，罩着一件毕业袍，面对 23000 人做了一个简短的演讲，主题是自己人生中的经验教训。

演讲进行到大概三分之一时，乔布斯提出了下面这条建议："你需要找到你所爱的东西……成就大事的唯一方法就是热爱自己所做的事。如果你还没有找到，那么继续找，不要停下来。"

演讲结束时，全场起立鼓掌。

看到这个演讲的时候，我 20 岁。我只是觉得他说得对，但跟很多年轻人想的一样，越对的话，越觉得水。但是今天，我却把这句话视为真理：你必须要去寻找你热爱的一切，包括工作和爱人。找不到，就要一直找，一直找。

好像我们都会经历这样的三个阶段。

年少的时候我们觉得世界是自己的，我们声称一定要做喜欢的事；

成年以后发现做喜欢的事多么奢侈，那时候我们开始变得现实，把热爱当成鸡汤去讽刺。

再往后，命运出现了第二次转折。

有人找到了热爱的事情，最终认识到热爱的力量。热爱，让我们珍惜生命，让我们潜力无穷。有人则没有那么幸运，所以他只能告诉自己，我不喜欢，但是我不得已。

现在的我已经不可能拖延了。

因为我选择了自己热爱的事业。分享知识和经验，就是我最热爱的事情。

就在写这篇文章时，我已经连续一个月周末没有休息了，晚上加班到十一点回家。

因为睡眠不足和工作量太大，我考研期间患过的荨麻疹又大规模地爆发。

更悲惨的是，神经性头痛也来了。痒痛交加。

很多人对我都有这样的印象：太拼，太苦，压力太大。包括家人也这么认为。

所以我都不怎么和他们讲这些事情。在他们看来，我每天早上六点多起床,晚上十一点才能回家,这样的人生太苦太累了。

但其实他们不知道,每次生病的时候、加班加点工作的时候,我都觉得很庆幸。

我庆幸自己选择了自己热爱的事业,就好像一个赌徒打麻将一样,因此我们不会觉得辛苦,不会抱怨,我们觉得自己的每一分钟都值得。

真正的苦是什么?是你不得不做不喜欢做的事,是你一直在被人追着赶着管着往前跑,是你每一分钟都觉得自己在浪费生命。

比这更苦的是什么?是你做了一堆自己觉得没意义的、不快乐的事情,但是做得不够好。因为其中发生了拖延和懒惰,所以你还要痛骂自己,否定自己,觉得自己是个没用的人,为什么这点事都做不好。

但做好的前提是你真的热爱这份工作或这件事。

很早以前看过雷军说的一句话,他说:"编程的原因是喜欢,不是为了别的。从摸上电脑的那一刻,我就知道,这才是我的世界。我一心一意地想做个程序员,尽管知道很累。"

你说这样的人,对比那些为了工资计算工时的人,谁能做得更好?

雷军曾经七十二小时不睡觉连续写程序,但他认为这没什么了不起。

他说:"别人也可以三天三夜在麻将桌上不下来,难的是早上八点钟开始打牌,打到十二点,下午一点再继续打到下午五点,这样一直坚持一年。"

日本漫画家浦泽直树 47 岁时,已经连载了二十年的漫画,患有一身职业病,经常住院治疗,但他这么比喻此刻自己对画漫画的热爱:"好像是在给自己单恋的对象写情书一样。"

怎么找到那个热爱的事业呢?

首先,要自己做选择。

我没看过谁一辈子被安排过一生,还愿意去拼搏的。

我们不喜欢为了别人去拼搏。所以，人生的每一个选择，你都要自己做。

其次，除了尝试，还是尝试。只要一直没有放弃尝试，在死之前，大概率是能找到的。

不过这个尝试并不是说一定要辞掉工作，而是通过学习来寻找。

在我们这个时代，学习的方法和途径太多了，你对哪个领域感兴趣，就可以去哪个领域学习，这样可以最低成本地发现自己的兴趣所在。

除此之外，你还需要一点点勇气。

我也曾经怯懦过。

2012年毕业以后，我曾经短暂地工作过一段时间，关于那份工作的无聊程度，我已经说过很多次了。早上九点二十分到了公司，我的一整天就是在等待，等待着有问题的同事来寻求我的帮助。当我想辞掉工作的时候，我甚至还犹豫了一下。那时候觉得一个月的工资好多好多，感觉自己没有这份收入可能会活不下去。现在回想那段时间，觉得当时的犹豫就好像成年的你看到两个孩子因为抢夺玩具而哭一样，很幼稚。

我一个在体制内工作的姐姐，本来打算辞职出来做点喜欢的事情，结果前几天她涨工资了，因为涨工资，原本的逃离计划又搁浅了。我问她涨了多少，她说，一个月的薪资比原来多了两千。

那一刻，我不知道说什么。

两千块钱很重要，可以给孩子多买几件衣服，可以给自己多买几支口红，甚至还可以给老公换一部手机。

如果我说不重要，肯定有人会骂我不现实，不懂得体谅别人的苦楚。

我只能说，对我来说两千块钱没什么，缩减开支，降低消费，然后给自己一点余地，去选择喜欢的事情。

有一段时间去上班的时候我都想，我宁愿去捡破烂，也不愿意做这么无聊的工作了。我朋友也总跟我抱怨，宁愿自杀，也不想继续上班了。

但是很可笑，我们宁愿死，却不愿意放下那两千块钱。

我尊重每个人的选择。

但也请大家看看我，我这样一个人啊，不太优秀，也不优越，居然能幸运地选择自己喜欢的事情。希望这能给你一点勇气去主动选择自己热爱的一切。一辈子跟自己作对的人生，真的太苦了。

拖延，这两个字看起来就很沉重。

懒惰，它不一定是你成功路上的敌人，它可能只是一个结果。

被动的生活，无聊的工作，才是效率的死敌。

深度工作：
专注的时间，才有意义

在我们这个时代，注意力是很稀缺的东西，抖音、微博，甚至我，其实都在争抢你的注意力。谁能够吸引你的注意力，谁就赢了。

抖音就是一个成功的代表，它抢夺了几亿人的注意力。

想到这儿，是不是觉得世界很危险？

我们的注意力接受的挑战太多了，手机里的软件一直呼唤我让我把时间花给它们，电影的热搜一直在提醒我，再不去看就会下线，就连周围那个存在感很强的朋友，也想要霸占我的注意力，让我听她讲笑话或者抱怨。

怎么把注意力保留在自己这里，保留在自己做的事情上？如何让自己成为最大的赢家？

这些命题太过重要，因为那些抢夺和消耗你注意力的人根本不会为你的庸庸碌碌负责。

在我们这个时代，谁能够专注，谁就具备了巨人的竞争优势，谁就有可能出头。我们可以不聪明，可以没有才华，可以没有天分，只要我们足够专注，就等于甩了别人好几条街。

专注可以成为你的天分。好多人早就失去专注的能力了。

现代的办公环境太不利于提高专注度了。

我会默默地观察我的同事们，就仿佛当年班主任盯着自习室里的学生一样，不过我的目的不是监督，我只是很喜欢观察他们，观察他们的行为习惯，对比他们最后的结果输出，由此来分析一些解决方案。

后来我和许多老板交流，大家都表示有过这样的想法，员工上班的八九个小时内，基本上没有能够深度工作的时间，集中注意力工作的最长时间不超过一小时，一天下来的有效工作时间基本上只有三分之一左右。有些岗位还好一些，如程序员等。

有一些与人打交道的岗位，上班时间开个微信，基本上隔十分钟就要聊一次，开放的办公环境里，同事也随时可以来打扰，偶尔再出现点噪声，又或者顺手刷个微博、朋友圈。

这一天下来，需要深度思考的工作基本上都没做。

直到同事都下班走了，公司里安静了，真正的工作好像才能开始。

我有一个在银行工作的姐姐，每天晚上都要加班，总是抱怨自己平衡不好事业和家庭，没有时间陪孩子云云。我让她给自己定一个"下班不加班"计划，强迫自己在白天完成所有工作。后来发现，只要减少闲聊，她完全可以做到。

这就是我觉得现代人可笑的地方，一方面我们抱怨压力大、工作累、梦想未竟、现实残酷，一方面我们浑水摸鱼，假装忙碌。

所以当我看到员工出现这种状态时，首先涌上心头的并不是作为老板的愤怒，而是一种痛心和可惜。他们只是浪费了我一个月万把块钱的工资而已，消耗和荒废的却是自己的年华，等过了30岁，就会成为尴尬的"准中年"。

跟职场的新鲜血液比没有成长性，积习难改，不好改造，薪资还比他们要求得更高。

我在公司经常跟大家强调"深度工作"的概念。我说："我们公司没有一个岗位是不需要用脑的，如果你一天都在做肤浅的工作，或是在做些不需要集中精力的填写表格等机械性工作，这就意味着你这一天只是在应付着输出。"

没有思考和深度专注，就不会有更好的结果。

如何达到这种深度专注？第一招就是排除干扰。

在专注这件事情上，我们的第一个敌人就是外部干扰。

上学期间我们几乎没有训练过排除干扰的能力。

上课是不敢说话的，自习课是有人管的，以至到了大学以后，好多烦恼都源自"我的室友总是打扰到我怎么办"。我跟同事说，在易被打扰的环境里，可以主动为自己设置神圣时间。进入状态是需要时间的，如果总是被干扰，你是无法进入深度思考状态的。

在一长段时间内排除干扰非常必要。所谓神圣时间，就是在这段时间里面不允许别人打扰，不允许任何电话、信息、邮件进来。

在书上曾看过一个作家的故事。别人问他，你是如何在战乱和流亡的环境当中完成一部伟大作品的。他说，他早上的时间是非常神圣的，不允许任何人打扰，不允许信件送进来，利用早上潜心写作，不久就可以完成一部作品。

设置你自己的神圣时间，并且告知他人。形成习惯以后，周围人都会尊重你的这段时间。

我的神圣时间在下午。上午到了公司一般要处理各种琐事，下午我就把自己关在小房间里工作。

第二招，工作的时候戴耳机。

戴耳机意味着你在听东西。而当你在听东西的时候，别人其实不好意思来打断你。除此之外，也确实可以隔离环境中的噪声。

我们大多数人的工作形式都是用脑、用手、用眼，不用耳，所以耳朵有时候会被环境中的噪声影响，戴耳机就可以完美地解决这个问题。

我一般会在自己死沽都无法进入状态的时候戴耳机，听轻音乐、白噪声或者是单曲循环一首已经听了很多遍的歌，以免它们争夺我的注意力。

关于手机的干扰，我已经说过很多次了，物理隔离就是唯一有效的方法。

第三招，学习和工作的时候，要注意采取不容易被干扰的形式，这样更容易集中注意力。

我观察到班上有些同学背书的时候喜欢盯着书看，看着看着就走神了。因为眼睛真的太灵活了，随便一个动静就能让它离开书本。我在背诵的时候，用自己独创的复述记忆法就很难被干扰。这个方法要求肢体跟着动，嘴巴跟着动，几乎全身的器官都要参与到此次背书当中，参与的器官越多，越不容易离开，被干扰的可能性就越低。

最后，注意工作学习区的隔离。

我自己是绝对不会在吃饭的桌子上工作的，后来环境限制放宽了一点，但是仍然很注重工作和娱乐的隔离。等我自己买房以后，最注重的就是书房的装修。

注重的结果就是，我的书房除了一张白色的桌子，一个书架，一盏简单的台灯之外，几乎没有其他东西。一进入这里，我就能开启全速工作状态。

大学生喜欢问我应该在寝室学习还是去图书馆学习。当然要果断选择去图书馆和自习室。

寝室并不是一个学习的环境，有电脑，有床，有零食，这些随时会进入你的大脑当中，占据你思考的空间。

以上这些就是对付外部干扰的方法。

不过深度专注最大的干扰其实不是来自外界，而是我们无法消除的内心的声音。

不知道为什么自己的大脑会那么活跃，有时候想到的是无聊的事情，有时候想到的是待办事项，反正只要一开始工作学习，大脑里的千军万马就奔腾起来，没有一匹马听话。

有一阵子我想买套房，注意，只是想，还没有任何计划的一个念头而已。可当月我做月度总结的时候，发现自己几乎每天都会在工作期间打开一次链家网。

这还不是最难克服的。

如果最近发生了令人沮丧的事情，那接下来的许多天内，只要坐下开始想做点什么，情绪就立刻排山倒海、如影随形，那件令人沮丧的事情在反刍中变得越来越清晰。

什么都不想，只想自己眼下做的事情，这是我们很难达到的一种状态。

如何完美地解决思绪乱飞的问题？

我在本书中说到过一个方法，就是 GTD，GTD 可以有效地消除待办事项带来的内心声音。

之前说过，如果想要消除待办事情带来的压力和吸引，可以给它们做计划，做出计划即可停止思绪，并不是真的要完成它。

GTD 其实就是做事情的计划。

所有的事情都可以化为下一步计划，小到一个杂念，大到一个烦恼。

好比和朋友吵架了，很烦，无法专注，怎么办？这个方法我介绍过好几次了，找一张 A4 纸，把你对这件事情的解决思路记下来。跟朋友吵架了，画个箭头，吵架的原因是什么？怨他还是怨我？怨他的话，会发生哪三种情况？我想跟他和好应该怎么做？我不想跟他和好应该怎么做？怨我的话，想跟他和好那我就去道歉，我道歉的时间跟地点是什么？如果我不想跟他和好，那我可以不搭理他。

在这张 A4 纸上，把你对这件事情所有的想法跟解决思路都写下来，然后把下一步行动放到你的 GTD 表单里。

每当你脑海当中浮现这件事情，每当你觉得你的情绪又被这件事情影响的时候，你就把这张 A4 纸掏出来，告诉自己：关于这件事情所有的想法，我都在 A4 纸上记下来了，我的下一步行动已经计划好了，我并没有其他新的想法，所以没有必要一遍一遍去想它。

除此之外，还有几个方法也有利于我们集中注意力。

第一点，知道自己做事的目的。

之所以不专心，是因为根本就不知道接下来做的事情是为了解决什么问题，以及有什么意义。

所以在每次开始之前，我们都要问自己三个问题：第一，我为什么要做这些？第二，我今天要解决的问题是什么？第三，我预计多久可以学完这些东西,可以做完这项工作?

当你对这三个问题有了答案之后,你会发现接下来的工作和学习会更专注。

原因很简单,如果两个人一起学习,做同样的十道题,一个人知道自己做这十道题的意义是什么(例如因为自己对这个知识点的了解特别薄弱,需要通过这十道题来练习这些知识点),那么他在学的时候,肯定会比那些做十道题却根本不知道为什么的人更专心。

一定要知道自己解决的问题和要达到的目的是什么,不要给自己无意义的量化目标,比如应该工作三小时,应该做十道题,等等。

第二点,明确任务的开始时间和结束时间。

一定要学会预估完成任务的时间,然后在任务开始之前写下结束时间。

有一个明确的截止时间,你在工作跟学习当中会更专注。两个人背相同的一段话,告诉其中一个必须在今天晚上七点之前完成,告诉另外一个今天下午完成就可以,他们两个人的紧迫感是不一样的。

前者知道在七点之前必须完成,所以就会更专注;后者觉得下午完成就可以,然而下午的截止时间可以是五点,也可以是七点,弹性的结束时间会让人不那么着急进入状态。

在你的桌子上放一个便签本,当你每次开始学习和工作的时候,记录一下开始的时间是几点;当你离开这张桌子,或者不再专心的时候,也记录一下结束的时间。

通过这样一个小仪式,你集中注意力的能力就会增强,也会更专心。

第三点,设置难度适中的任务,不要太难,也不要太容易。

心理学家提出过一个名词,叫作心流状态。其实就是一种沉浸状态,沉浸到完全忘我,也忘记时间。

怎样达到这个心流状态?前面我们说过,一定要有明确的目标,这是其中的一个因素。有明确的目标,才可以达到心流状态。还有一个很重要的因素,就是挑战和技巧的平衡。当挑战比较难的时候,你就很容易焦虑,遇难想逃,屡屡出神。

而当挑战简单到你的技能完全可以应付的时候，你就会觉得无聊，更无法专心。

为了能够全身心投入，我们要让自己紧绷一点，挑战一个难度适中的任务，当这个任务稍微超过你的技能，又不会超过太多的时候，便是你最容易专注的时候。

我们总是觉得不够专心是自己的问题，是我们自控力和注意力出了问题。但实际上可能是任务本身就有问题。

学习为什么不能专心？因为学习真的很无聊，尤其在高三的时候，那些知识一遍又一遍地重复，老师才不管你会不会，会不会都得给我做，于是越做越难专心。

所以当我们无法专注的时候，不仅要从自己身上检讨，有时候也需要换一种思路，想象一下是否可以调整学习和工作对象。

这个方法大家应该怎么使用呢？

毕竟很多任务不是我们自己有资格去挑选的。当你想要做的任务太难了，你要学会分解这个任务，让它变得简单一点；当你做的任务太简单了，你要学会给自己设置一些更难的挑战。

比如你马上要做一张很简单的试卷，你就可以给自己设置一个完成时间，比如必须在二十分钟之内完成等等，这样就增加了挑战难度。

只学半小时。这是我当年考研复习时的一个小方法。

我有一阵子中邪了，坐立难安，根本不能凝神，分分钟想出去。但我知道自己只要出去，一整天就会废掉。那段时间我就使用了这个自暴自弃法，不做任何计划，也不对自己抱有任何期待。告诉自己，只学半小时就可以。只要专注地学半小时，就比我自己一天在外面晃要强。

这时候可以使用番茄时间[1]，每个番茄时间设置成半小时，如果半小时内半途

---

[1] 由弗朗西斯科·西里洛创立的一种比 GTD 更微观的时间管理办法。

而废，那么今天的任务就算没有完成，一直到有一个半小时是完全集中注意力的，就赢了。当带着这样的心态去学习、工作的时候，我发现自己就可以静下心来了。

这个方法是我在极度难以集中注意力的时候使用的，且最常用在身体不舒服的时候。

意志力是有限的，这个知识点应该已经不需要多阐述了，当你身体不舒服的时候，大量的意志力因为忍耐而被消耗，当天的学习和工作效率会奇低无比。

每完成一个番茄时间就算一个胜利，一天下来能完成几个就算几个。

第四点，让你的学习、工作环境充满触发点。

心理学家让学生玩拼词的游戏。

学生被分成两组，一组学生在玩拼词游戏之前，先接受了找单词的任务，这几个单词是成功、目标、赢、奋斗、成就。

另外一组学生没有经历这个流程，直接开始拼词游戏。

研究人员发现那些找过"赢、成功、奋斗"这些单词的学生，在接下来的拼词游戏里面表现得更为执着，已经结束了，还有 50% 的人坚持继续做。因为他们被那些单词刺激，有了更强的成功欲望。但是没有进行找单词小游戏的同学，喊停之后只有 20% 左右的人在坚持。

这件事情给了我底气。因为我是那种会在屋里挂条幅的人，我们家客厅里原来就挂了一句"一人努力，解放全家"。

我考研的时候桌面上贴了一张车子的照片，那是我想给我爸买的车。抽屉里也堆满了励志书。

朋友们嘲笑我走火入魔，但其实这些东西都在潜移默化地影响你，你以为不会，但确实会在潜意识里被影响。即便我当下工作未必更加专注，但是这些触发点都在帮助我保持渴望度。

也有人嘲笑我说，你未必做得到，这是自我洗脑。但如果没有这个洗脑，搞不好做得更少。

我还看过另外一个心理实验，是让两组实验对象都去赚钱。

在开始赚钱之前，要求这两组人看一个名为约翰的人的故事，只不过两组人看到的版本不同。一组人看到的版本是约翰去当义工，另外一组人看到的是约翰去赚了好多钱。

接下来，就让这两组人去执行自己的赚钱任务，结果看了约翰赚钱故事的那组人，赚钱速度要快 10%。

看！励志书真的有用。请让自己周围的学习、工作环境，充满这样的触发点吧。

第五点，更换学习场所。

传统的学习方法一直告诉我们，要"从一而终"。要专注，要安静，不要变，要有好的学习习惯。我小时候就不喜欢这样的学习方法。

天气好的时候我就搬凳子到外面去，学累了我就回屋里。然后我发现，这样我专注的时间还能更久。

所以强烈推荐这个方法给大家。

如果最近状态不好，就移动下办公的位置。

我工作用的桌子就是经常移动的，有时候在窗台下面，有时候在书架旁边，这样我工作起来更认真。

你可以像我一样在屋子里面换位置，也可以换房间，但是注意，不要更换到差别过大的环境里。比如今天在图书馆，明天就去咖啡馆了。

咖啡馆很乱的，适应环境需要很长时间。

更换任务也有同样的效果。数学学不下去了先别想着跑出去，可以换一门功课试试。

第六点，及时收心。

即便你有一百个专注的方法，也有可能分心。

分心以后千万不要花时间责备自己，否则既浪费了时间，也影响了情绪。

你应该告诉自己，这很正常，人的天性就是会分神的，集中注意力本来就是一件很难的事情，我们跟人性的弱点做斗争，不可能每次都赢。

分心之后快速回到你的任务上就可以了。牛人一能迎难而上，二能硬着头皮继续。

给你几个小方法，可以把飞得很远的思绪抓回来。第一个，看一两页能让自己平静下来的书；第二个，想一件能够让自己平静下来的事情；第三个，戴上耳机听一首很平和的曲子；第四个，听自己的呼吸声几分钟。

我最喜欢的一个方法，就是去看学习和工作方法相关的书籍。只要看几分钟，就可以继续保持专注。

这类书籍有两个好处。第一，不像励志类的书那样让你看完之后激情澎湃，没法工作；第二，真的为你提供了一些方法，会让你觉得只要用这些方法，你也可以做到，实实在在地激励了你的信心。

第七点，增加压力。

大家都知道，越临近截止日期，学习效率越高。写一篇论文，你对着电脑三个月什么进展都没有，效率为零，最后三天废寝忘食，马上写出一篇，效率暴增。但是自己给自己设置截止日期是没有用的，因为你知道都是自己规定的，所以违反起来也特别容易。

可以把截止日期交给别人定，也可以让自己的任务变得重要起来。比如让自己的任务跟别人联系起来，这样的话，如果你是一个负责任的人，是一个爱脸面的人，一般都会集中注意力把这个任务完成。

我读北大的时候有个小学妹，她有个学习方法特别厉害，她跟同学组成了一个学习小组，这个小组的人，大家要各自负责一个部分课程去上课，然后记很详细的笔记，等这个课程结束之后分享，其他人就不用再去上了。

你做这件事情专不专心，做得好不好就会影响别人的成绩，所以这时候你一般会特别专心。

大家可以在学习跟工作的时候给自己增加压力，比如你可以把截止日期交到别人手上，你也可以跟别人说"等我把这份工作完成了，再把经验分享给你"等等。

增加压力之后，你会发现工作跟学习会更专注。

第八点，适度分心。

你有没有发现，在上课的时候抖腿，听课会更认真；你有没有发现，有些人喜欢转笔，转笔的时候会让他更认真；这是有科学依据的。

在硅谷，有一所学校在学生的课桌下面加了一个小秋千，学生就踩着秋千晃来晃去，然后发现，这样踩着秋千听课的时候，注意力会得到极大的提高。

所以身体在做一些简单的机械性活动的时候，大脑能够更加专注地思考。理论上好像是这样的，当你的一些基础神经被占用的时候，你的脑前额叶就能更好地工作。所以你可以在学习、工作的时候，在手上无意识地摆弄一些东西，这时候你的注意力会更加集中。除了一些无意识的机械动作之外，你也可以在学习跟工作的时候听音乐。千万不要听那些带歌词的、特别伤感的、特别动感的音乐，你要听那种你已经听过很多遍的旋律，非常熟悉的、完全不会吸引你注意力的轻音乐，这时候把它作为背景音乐，就会帮助你投入到工作跟学习当中。

什么时候你的学习跟工作的专注度是最牛的？当你发现这样的音乐对你来说都是干扰的时候，果断把它关掉，这时候是你注意力最集中的时候。

所以你可以用一些无意义的背景音乐，让你专注地投入到学习跟工作当中，当你发现干扰的时候就关掉，然后保持这样的好状态多学几分钟，多工作几分钟。

关于如何保持专注，其实我在第一本书里已经谈过了，在这里又重新整理了一下。

不专注的人，三分天分，做出一分。专注的人，三分天分，做出十分。

专注使人成功。

永不放弃：
让坚持变得更容易

为什么人要坚持？

阈值效应大家都听说过吧，如果不坚持投入到一定程度，是看不到效果的。

而在这之前，人太容易放弃了。

坚持的对象主要是什么？

减肥、复习考试，或者是学习，对一些本身兴趣不足却要坚持做的事情，是需要极大毅力的。

人的意志力有限，对于这一点，每个人心里都是清楚的。

我在减肥这件事情上就经常无法坚持，录节目的时候涂磊老师总是喜欢拿我的体重开玩笑，他也问过我："为什么能在其他事情上坚持到成功，在减肥上就不多下功夫？"

我曾经在参加《超级演说家》比赛的同时，拿到了司法考试的证书，同时还完成了交换生的托福考试，可以说是一个有超强毅力的人，而我减肥不成功的原因也很简单，因为我没有把意志力分配到减肥上。

我有太多其他重要的事情了。

意志力有限，而要做的事情没兴趣或者太难，这可以说是坚持不了的罪魁祸首了。

中国孩子体内都缺乏一个动力系统，大部分人缺乏动力去学习和生活，基本上都是被赶着走的，不过即便再喜欢一件事情，也会有厌倦期。

以前经常有初、高中生向我提问："姐姐，我很喜欢学习的啊，但为什么一个月里面总有两三天对学习根本就提不起劲来，不想学习，怎么都学不进去？"

每次他们问我这个问题的时候，我就会反问他们："如果一个人一年有三百六十五天，每天都很想学习，每天都很想工作，每天都热情充沛，每天都跟打了鸡血似的，请问你会怎么想？"

一定会觉得这个人疯了。所以我们对于"热情"这个词，要求太苛刻了。其实按照正常情况来说，一年三百六十五天里面可能有一小半甚至一半时间，我们都是没有热情的，不管是对学习还是生活。

我们本身就有消极的时候，本身就有没有动力的时候，本身就有不想坚持的时候，我们必须允许它在我们生活当中周期性发生，不要对自己太苛刻。

每次我自己碰到这样的时刻，也就是热情下降无法坚持的时刻，我都会跟自己讲很正常，沉下心来，静静地熬过去就好了。

压力不够大，也是坚持不了的原因之一。

可能你要反问我："现在这个社会谁没有压力？谁不焦虑？"

确实有压力，确实也焦虑，觉得成绩不够好，想提高成绩，觉得钱不够花，想赚钱，但是压力不够大，焦虑不够狠。压力最大的时候，就是毅力最强的时候，只要还没有被压力打垮，就要珍惜这个阶段，咬牙坚持，突破极限。

还有许多其他无法坚持的原因，比如遇到平台期等等。坚持需要方法，盲目地坚持，只会更快地消耗意志力。

之前我们说过的许多方法对坚持都有效。

第一个，在目标选择上，只选择一个目标。

千万不要同时坚持多件事情。

时间管理类的书籍总想让大家变成这种人：同时做好许多事情。

但这么做的结果往往是什么都做不好。

第二个，一遍遍地确认自己的策略。

这个方法在本书其他地方也提到过。

目标不能让人产生坚持的热情，实现目标的可能性才让人有坚持的热情。

我自己就是一个活生生的例子，我在读高中的时候，特别想考北京大学，我知道周围的同学当中也有很多人想考。但是如果你只盯着"北京大学"这个目标，只是反复地想象成功的画面，只是把北大的校歌设置成手机铃声，很快就会麻木了。

策略能让人产生的热情更持久。有两个同学都特别想考北京大学，其中一个只有目标，目标感特别强，早早认准了北大这个学校，他对北大的想象已经非常具体了。另一个同学并不天天盯着北大这个目标，对于考北大有一套自己完整的策略，而且他确信按照这个策略去行动一定能考上。

这两种人谁更容易坚持？当然是第二种人。

所以坚持并不是一个"鸡汤"的词语，有策略的人才更容易坚持，知道怎么能做到的人，比相信怎么能做到的人更容易坚持。

一定要一遍一遍确认你的策略，你知道自己能做到，就不会想要放弃。

第三个，数据化你的努力。

一定要清楚每一分钟的努力到底有什么意义。

考试是很容易数据化的。如果考上北大需要做考纲范围内的一万道题，那么我每天做一道题就等于我完成了一万分之一。当我完成一万分之一万的时候，就可以考上北京大学了。

在这种计算之下，我就很清楚地知道自己每天做那么一道自己不会做的题，目的和意义是什么。知道自己每一分钟的努力，到底有什么用，也知道自己现在在什么阶段，离终点到底有多远。

这是数据化努力的好处，被数字刺激，就不容易放弃了。

工作一小时，能为你带来多少收益？如果想赚到想要的薪水，每天需要工作多少小时？当你每一分钟、每一小时的努力，跟最终你会获得的报酬联系越紧密，你就越想行动，就越会坚持。

我听说有个省钱 App 是这么做的。

节约是很难坚持的，每天省下那几十块钱也觉得数额太小没有动力。这个省钱 App 让你首先设置每天省钱的额度，假设设置成六十块钱，然后系统就会告诉你，每天省下六十块钱，在第多少天以后，你就可以买到想要的 LV 包包。

如果当天你省下了一百二十块，买下 LV 包包的日子就会往前移一天。

在这样清晰的数据统计下，你说坚持起来会不会更容易？顺着这个方法，我们说到下一个坚持的黄金法则。

第四个，设计反馈系统。

我特别喜欢《腾讯麻将》这款游戏，这是我唯一会玩和喜欢玩的一款游戏。

这个游戏能代表大多数游戏的风格，你能在玩的过程中快速地看到反馈，这也是游戏让人上瘾的关键所在，赢了还是输了，输了多少分，赢了多少钱，都能让你马上看见。

这一局输了，没关系，你知道自己输在哪里了，能够迅速找到调整的方法。打这一局的时候，因为等待自摸反而输个彻底，下一局我要注意这个问题。

因为能够看到失败的原因，也知道以后怎么避免，所以你会特别期待下一局，去试试调整之后的效果。

有及时的反馈和能够快速找到调整的方法，这两个要素能让你一直坚持下去，甚至上瘾。调整之后再行动，行动之后又反馈，反馈之后再调整、再行动，循环往复。

这也给了我们一个重要的启示：生活虽然不是游戏，但是我们可以主动设置这两个环节，让坚持的事情能够有及时的，或者退一步讲，能有阶段性的反馈，然后有意识地去找到调整的方法。

在复习的过程当中，可以设置一些阶段性的测试，可以跟别人一起复习，大家彼此提问，这些都是能够让你得到及时反馈的。今天表现不好，总结下原因，调整下策略，这样明天就可以满怀期待地实验一下效果是不是更好。

第五个，周期性坚持。

周期性坚持，是不假设自己永远努力。不要要求自己一年三百六十五天都在坚持，只要求自己在一定的周期内坚持。

考研期间，我不会假设自己从第一天到上考场的那一天，全部都是努力的。把坚持分为几个周期，每个周期七天，在一周内坚持住不放弃，就算赢了。七天以后，就进入下一个周期，以后的事情我先不想，只专注坚持这七天。

我也试过二十一天习惯形成法，最后我发现最容易坚持的时间长度就是七天。

以七天为一个周期去坚持，有什么好处？

第一，因为你看到了尽头，特别容易坚持。永远过于遥远，一年时间也太长，如果只坚持七天的话，看得到成功的尽头，放弃的概率就很低。

第二，如果在这个过程当中你真的失控了，比如在周四突然犯懒，这不会毁掉你的整个计划，你完全可以在下一个周期里拥有一个完美的开始，所以它会限制不自制的影响。

很多人之所以放弃，就是因为放弃了一次以后就破罐破摔。

除了自己的失控会毁掉计划之外，还有一些意外和自己没有办法控制的因素会让我们中途放弃，而周期性坚持就可以避免意外毁掉你的成就感。

第三，可以让你更有动力拒绝意外。

比如我本来坚持七天内学英语的，可是我在第四天的时候，需要外出办理其他事情。

这时候就可以告诉自己，不要着急去处理这个事情，再等两三天，我的周期就坚持完了，我可以在周期跟周期之间去做意外的事情，周期之间的间隙就可以用来批量处理不紧急的其他事情。

周期性坚持这个方法很好用，可以降低坚持的难度，提高获得成就感的可能性。

第六个，只给自己一次机会。

高考之前，不要先假设复读。如果你知道还有一次机会，那么这次你一定会放弃的。

研究人员让减肥的学生去选择食物，喝酸奶，或者吃垃圾食品。

知道自己还有一次选择机会的学生，会在这次选择吃垃圾食品，因为他有自信，觉得自己在第二次选择中一定会选酸奶。知道只有一次机会的学生，选择喝酸奶的概率更大。

背水一战，能激发无穷毅力，因为没有退路，所以才能坚持。不要给自己太多次机会，不然次次都抓不住。

周期性坚持也有这个问题，如果你知道还有许多周期，那么在这个周期里很有可能就放弃了。这之后可以结合使用一个填格子的方法。

你可以把所有周期都放到格子里面，每坚持完一个，可以在上面画一个叉，或把格子涂黑。

对很多人来说，强迫症比拖延症要严重得多，他不能容忍自己留下空白格，会要求自己努力去做，然后把每个周期的格子都涂黑。

第七个，找人一起坚持。

这个方法有没有用，取决于你的性格。

像我，就是个掐尖要强力争第一的人，如果和人一起坚持，就容易坚持到底，我绝不允许自己成为群体里差的那个。

可是有些人的性格是喜欢跟差的比，如果他发现群体里有人放弃了，反而会觉得放弃的压力变小了，这样的人不适合和人一起坚持。

第八个，自夸和展示。

当你做到一件事情的时候，一定要夸自己，自己给自己的反馈是很重要的。

有的时候，我们并不能从外界立马得到反馈，但如果你觉得自己很厉害，就会促进你继续行动。

我自己就是一个很擅长赞美自己的人，并且会把自己的劳动成果展示给别人。我展示得最多的对象是我哥，每个月公司的报表我都会炫耀给他看一下。

这个过程非常快乐，哪怕只是一点点小成就，分享给家人的时候都会得到大大的赞赏，这让我更有动力坚持下去。

即便没有成果展示，也可以向别人展示自己的努力。

我周围的朋友几乎对我都有这个印象——刘媛媛很拼。当他们觉得我很拼的时候，我自己就不好意思放弃了。

第九个，寻找新的方法。

这个主要是对待平台期的一个方法，我在读高中的后半段，成绩很难提高。

原因是学习成绩好了。

在我还是一个差生的时候，成绩很容易提高，那个时候随便打开一本数学练习册，里面每一道题都不会做，做上几道题立马就进步了，分数很快就提高了。

可是到后期，你再去找自己不会做的题目很烦躁，去做自己会的那些也很不耐烦，成绩不错，但始终无法更进一步了。

平台期是最容易放弃的时候。

这时候就应该停下来了，去耐心学一下学习的方法，或者去跟人交流，看看有没有新的方法。

第十个，形成习惯。

人的意志力太有限了，坚持一件事情最好的办法就是把它变成习惯。

心理学家曾经说，人类有95%的行动是在无意识当中进行的，大部分无意识行为都是通过习惯产生的，当你把一个事情形成习惯之后，就不会消耗意志力了。

星巴克的服务生每天都工作很长时间，也会遇到许多"奇葩"的客人，为了防止服务生意志力用完而不对客人微笑以待，星巴克会在培训新人的时候设定好对于某些情形的应对方法，并且通过反复训练，让这些方法变成新人的习惯。这样在遇到棘手的情况时，服务人员只需要下意识地用习惯去回应就好了。

怎么改变坏习惯、培养新习惯，很多书里都讲过，我来分享一个我自己用过有效的方法吧。

我以前在上床之后、睡觉之前很喜欢玩手机。

玩手机这个动作通常在上床熄灯之后发生，熄灯之后特别无聊，就会忍不住拿起手机来玩。

我尝试了两个方法：第一，在上床前把手机拿到一边；第二，用听音乐来代替玩手机，去填充那个空虚感。

后者起效了。

我的经验就是这样，分辨出坏习惯的真正需求，然后找另外一个方法替代。

还有一个方法，叫作"坚持刷牙，就可以坚持背单词"。

这个方法是我在考研的时候发现的。我在考研的时候特别讨厌背单词，同时我特别讨厌刷牙。并不是讨厌刷牙，而是因为那个时候我买了一把电动牙刷，刷牙需要很长时间，这让我感觉非常浪费时间。

后来我就跟自己讲："你那么讨厌背单词，干脆不要想背单词这件事了，你只要坚持用电动牙刷刷牙，就已经很成功了。"

然后，当我开始坚持每天早上用电动牙刷刷牙的时候，我发现自己居然可以坚持背单词了。刷完牙之后感觉自己还蛮厉害的，又做了一件不想做的事情，干脆把单词也背了吧。

这个也有科学依据。记得听到过一个例子，心理学家要求拖延症患者把房间收拾整齐。第一周，打开衣柜，看看有什么东西；第二周，把衣架上的衣物都整理好；第三周，把两年没穿过的衣服拿出来；第四周，看看这些衣服是不是可以捐掉。

每一次需要完成的任务都特别简单，所以他们都不拖延。研究发现，当这些人在小事上坚持完成了目标之后，就会取得其他的成就，比如他的饮食结构变好了，也养成锻炼的习惯了，还戒掉了烟、酒、咖啡等等。

原理是这样的，当你在一件小事上做改变并且坚持的时候，你的自控能力会增强，会让你在其他事情上表现也更好。

最后，一定要警惕道德许可。

对于这一点，大家应该都已经有所认识了。

为什么创业者容易发胖？除了意志力有限以外，跟道德许可也有关。

高效地工作了一天，觉得自己已经很棒了，深夜回到家就会点大餐。当你觉得自己做得很好的时候，就容易失去警惕，走上放纵和放弃的道路。越是觉得自己自控能力强的人，越容易失控。

我从不假设自己是自控能力强的人，所以我对自己非常警惕。

如果一个人觉得自己自控能力强，就会丧失警惕心，就会允许自己暴露在诱惑之前，就会觉得自己以后一定能坚持住，反而会选择先放纵自己。

以上是我分享的一些关于坚持的方法。

"坚持"这个词，光看一眼就觉得很讨厌啊，它和不愉快、忍耐是有联系的。

如果你能及时开始不拖延，专注其中不分心，坚持很久不放弃，你就会成为行动的巨人，人群当中极少数的卓越者。

你会成为永远的人生赢家。

Chapter

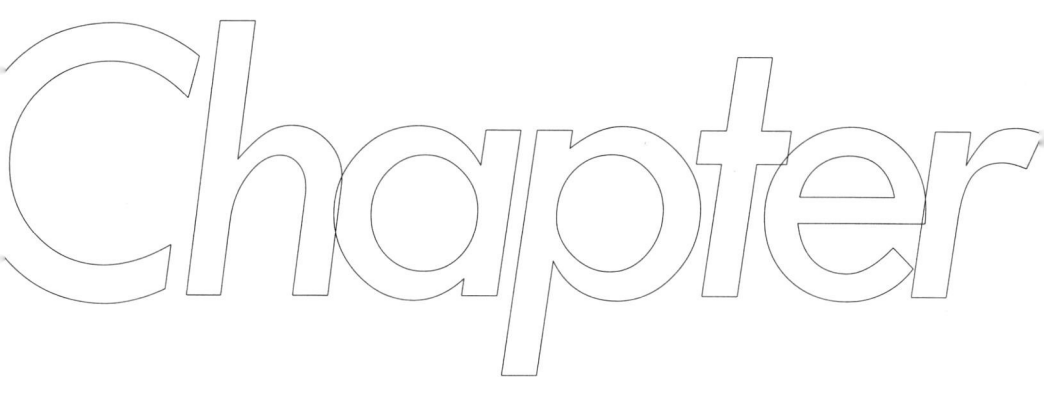

Four
心态篇

能经受检验而不乱、不停、
不抱怨的,
都是真强人。

焦虑自愈：
过得太舒服，可能是因为没有进步

我是很焦虑的。

创业就是一件无时无刻不焦虑的事情。

刚刚因为月度利润过百万偷偷在心里松了口气，还想着是否要庆祝一下，结果下个月业绩就下滑了，整个团队都眼巴巴地看着我想办法，然而我也不知道怎么办。

恰逢我哥来北京出差，约我吃饭，问我近况。饭还在嘴里嚼着，我眼泪就掉下来了。他都吓坏了。

其实不只是业绩这一个问题，方方面面都有问题，这些平时自己扛着都不是问题，忽然有人问你是否还扛得住，你才发现，其实自己已经很累了。

家人经常跟我说，我现在做到的，已经超乎他们的想象了。

他们眼中的我，应该心满意足、感谢苍天地躺着。

但我是真的焦虑，而且我很少掩藏这种焦虑去假装体面和成功，我只是反复跟自己说，越焦虑，越要努力。

我把这当成天分，也当成宿命。

这是我从小就领悟到的事情。

没有人能逃过焦虑。

人生的每个阶段都有每个阶段的焦虑，小朋友在焦虑期末考试成绩，成年人在焦虑车子、房子，焦虑自己的事业、婚姻、未来。

看上去再积极再乐观的人，内心也偷偷藏着崩溃的火种。

焦虑不单纯是一件坏事情。它会促进你进步，让你不要停下来，去改变现状、改变自己，这其实是一种生存本能。

人会害怕，所以才安全。

在森林里遇到老虎，恐惧就会刺激你快速地保护自己，或是逃避，或是把头抱起来。

不焦虑的人会被淘汰。

不恐惧的人会被吃掉。

恐惧、焦虑未必是我们的敌人，他们也是生存的必需品，我们不可能消除焦虑，我们只能和它在一起。

当你明白这一点，焦虑就会被控制在合理的范围内。

这很奇妙，越觉得焦虑不正常，就会越焦虑。

就跟我当年高考的时候一样，越到最后冲刺阶段，老师越喜欢强调心态最重要，很多老师都会说："你最后几乎什么东西都学不了，所以一定要保持好心态，心态好一切都会好，心态不好学得再好也没有用。"

这些话除了加重焦虑之外，没有任何作用。

因为99.999%的同学到了临门一脚的时候，都很难保持平常心。

想想看，明明你的心态很差，别人天天跟你强调"心态好很重要"，你的心态是不是会变得更差？

所以我在高考之前不停地暗示自己："我的心态就是不好，而且我没有办法心态好。"

谁若是在这个时候心态好，说明他学习特别烂，根本就不在意高考，或者这个人已经开始精神失常了。

焦虑？

既然焦虑，那就滚去做题。

具备了这种心态之后，反而可以把心态这个问题给忘掉，更专注于需要复习的内容。

1998 年，三万名美国成年人被邀请回答过去一年他们所承受的压力情况，同时他们会被问：你认为压力有碍健康吗？

结果，回答有碍健康的人，一般最后都不太健康。觉得压力不是那么有碍健康的，即便他觉得很有压力，健康状况和死亡率的数据却都更好。

所以压力本身带来的危害是一部分，认为压力有害这种观念，其实比压力本身的危害更大。

这就是关于焦虑或者压力，我们要具备的第一个认知。这些情绪就跟细菌一样，有好有坏，它们让你不舒服，同时也捍卫你的健康，你不能总想着吃一点抗生素把所有细菌都杀死。

到底应该如何和焦虑共处？

不是和它对抗，也不是被它淹没。我们可以从源头上来思考这个问题。

压力和焦虑的来源有哪些？

我列举完以后，发现不外乎下面几种。

焦虑的第一种来源，是未完成事项。

我最近一次焦虑过头，就是在写这本书期间。

下班的时候我发现自己还有一堆待办事项：我要和公司的一个负责人谈话，他的项目做了很久依然没有进展；我第二天要去录《非你莫属》，又是一整天什么都不能做；我还有几万字的稿子要写；我还有……

朋友在微信里给我发消息说，最近都不敢和我说话，总感觉让我多说一句话都是在浪费我的时间。

那一刻，我会觉得自己很失败，自己的事情做不好，还给身边的人带来压力。

当生活四面楚歌的时候，你会无法耐心和专心地去做任何一件事情，手头做着一件，心里想着一件，脑中还有许多件。

焦虑的第二种来源，是不确定性。

就像我的公司，其实业绩下滑也不是不正常，肯定是某些地方做得不好才会这样，但是令人焦虑的不是一时失误，而是你不能确定事情的走向。业绩会不会继续下滑，然后以不可挽回的趋势就此衰落？

许多人上台之前会焦虑，同样是因为不确定性引起的，不确定是否能够完成期待的表现。我在不熟悉的场合上台也会紧张，活动开始之前我会食不下咽、坐立难安。

小到我们去参加一个考试，不确定是否能考好；大到当你为人生做出选择，和谁结婚、在哪里工作，不确定选择后的人生会如何；发出信息后等待回复，做出决定后等待后果，这些都会让人焦虑。

由于不确定，甚至会反复想象最糟糕的后果，因此引发紧张和焦虑。

焦虑的第三种来源，是被动性，也可以叫作不一致性。

如果做某件事情不是出于自己的意愿，也就是说心中所想和所作所为不一致，就会让人感觉焦虑。

被家长逼着学习，被生活逼着努力，被老板逼着加班，都会让你觉得不对劲、不舒服。你认为自己应该勇于反抗，却没有反抗；你认为自己应该努力工作，却努力不动、身心不一致时，会产生强烈的压力感和焦虑感。

焦虑的第四种来源，是缺乏性。

比如，缺钱。

我周围许多大龄的单身女孩并非享受单身,只是没有遇到合适的人。她们在步入30岁的时候普遍有了一种养老焦虑,不知道自己存的钱能不能让自己花到死亡的那一天,一想到这种可能性,就觉得没保障,不安全。

同样,当你做一件超出能力范围的事情,感受到能力匮乏时,也会焦虑。

焦虑的来源大致就是这四种。

我们可以从来源出发,去考虑缓解焦虑的可能性。

第一种,缓解未完成事项带来的焦虑。

大多数焦虑都是由未完成事项带来的,尤其是长期囤着大量的未完成事项,人会崩溃。

妈妈比爸爸容易焦虑。下班了才发现还有一堆事情没有做;回到家看到家里乱成一团,衣服丢在洗衣机里没有洗;孩子的老师打电话过来说孩子成绩不行又没考好;自己一直想再冲刺一个职业证书可是一直没有抽出时间。长期浸泡在这些未完成事项里,身心确实无法健康。

我有个朋友是全职妈妈,即使丈夫爱她,家境殷实,她也会焦虑。

她的焦虑经常被朋友看不起,在朋友看来,她不用上班,她做的事情都属于一些日常生活的琐事,即便做不好也没有什么严重的后果,她为什么会焦虑?

她焦虑的原因就是家庭主妇要做的事情很多很杂,感觉永远都完不成。

这种压力并非需要把所有未完成事项全部做完才可以解除,只要做好计划,就可以缓解了。

所以恢复秩序很重要,事情可以多,但是不可以乱和没有着落。

具体的方法在时间管理的部分我已经说得很明白了。

第二种,对于不确定性带来的焦虑和压力的应对方法。

1. 保持好的期待。

"期待"这个词太有意思了。如果你的偶像可以现在立刻亲你一下,你愿意付多少钱？如果他（她）一小时后亲你，你愿意支付多少钱？一年后呢？

经济学家发现，人们认为，一年以后的亲吻比现在就亲价值更高，最佳的等待时间是三天，三天以后得到这个吻，人们愿意付的钱最多。

为什么立即得到亲吻反而不值钱？

因为没有什么期待的时间，等于失去了等待的快感，当然等太久也不行，等待十年以后再得到这个吻，愿意支付的价格也会降低。

对幸福的期待本身就是幸福的。

相比周日，我们更喜欢周五。因为周五是充满希望的，快乐的事情马上就要发生，一个愉快的周末正向我们走来。周日尽管是休息日，但是周一就要上班了，等待我们的是早起和工作，所以周日其实并没有那么幸福。

所以此时此刻的情绪，不仅仅取决于我们在经历什么，更取决于我们在期待什么。

很多时候，我们之所以觉得焦虑，其实不是因为现在的生活太难，而是因为我们对未来不够期待，不认为会有好事发生，觉得等待我们的都是我们不想要的。

每当因此而焦虑或痛苦时，我都会做下面这件事。

我会确认自己的目标跟策略，确定一下现在的目标对不对，确认一下策略还行不行得通；

我会确认一下自己的进程，现在走到哪儿了，离我的终点还有多远。

这样就可以消除不确定性。

如果我的目标、策略、进程都没有问题，其实我本来可以怀着美好的期待，继续努力下去，但是现在状态不好，可能是等待的时间太久了，也可能是自己最近的身体和能力状态不好。

这时候我就会运动、休息或者学习。

运动是我续命的方式，十几岁的时候不爱运动，但快要30岁的时候发现运动成了生活的标配，是恢复状态的重要方式。

早上运动二十分钟,可以让我精神一下午。

学习也让我快乐。

因为学习本身就是在投资未来,让自己变得更好、变得更强,变得对未来有所期待。

有所期待,就不会迷茫、焦虑和徘徊。

2. 流动性期待。

期待过高也不是好事,如果要去除不确定带来的焦虑,就一定要做好期待管理,否则会感觉到有压力。

高到一定程度,期待就不叫期待,只能叫"做梦",这种期待反而不会让人产生压力。

让人觉得有压力的是那种刚刚超出自己可控范围的高期待。在这种情况下,我们要用"流动性期待"替代"固定期待"。

什么是流动性期待?

"流动性期待"这个词是我自己创造的。

我在高中的时候为了保持心态,在给自己定目标的时候会定两个。

这次考试考了第十名,我会要求自己下次冲刺第一名,这种期待就有一点高,容易产生压力。

于是我给自己定了第二个目标。

在第二个目标里,我的期待是如果没有考第一,也就是说我失败了,我会要求自己不被打倒,如果我还能有勇气去看排名榜,如果我还能勇敢面对同学的目光,如果我还能有勇气去整理错题,那我真的特别牛,特别厉害。

这就是流动性期待的好处,当一个期待破灭以后,会有一个更低的,但仍然让你有成就感的期待存在。

本身我对自己的期待就是要考年级第一,考不到的话我就是失败者吗?不是这样的,我的期待是流动性的,是可选择的。

失败的时候对自己的期待是什么？接受了失败以后，对自己的期待又是什么？

上学的时候父母总是劝我们要降低期待，只要降低期待就能不紧张、不焦虑了，但其实期待是无法降低的，降低了以后也就没有了期待的作用，我们无法兴奋，也不愿意付出全部努力去完成。

流动性期待就可以完美地解决这个问题。

举个例子，我现在的期待是公司可以上市，如果不能上市的话，我期待可以赚到一些钱，如果赚不到钱的话，我期待自己可以从这一段经历里积累一些经验。

3. 做最坏的打算。

期待如果降低不了，就去想象最坏的结果。

当你的手上捧着一个易碎的瓷器，战战兢兢，倒不如直接把它打碎，这样就能有堕甑不顾的心情。

这一招我特别擅长，我每次要挑战一件更难的事情，惯例地问自己最差的结果是什么。

创业之前我妈死活不同意，在她看来，名校毕业拥有司法证书的我，应该去当律师或法官。

于是我问我妈："你在担心什么？"

我妈妈担心的就是最坏的结果出现，折腾好几年，没有赚到钱，很辛苦，且有风险。

至于辛苦，自己选择的事情是不会觉得苦的，当律师或法官更辛苦，辛苦是每个人都逃脱不了的，但是我们可以对最坏的结果做打算。

我跟我妈说，我只需要两年时间。如果两年内我没有折腾出个样子，没有买到房子，我就收手，那个时候无非就是耽误了两年找工作的时间，失败也好，丢脸也好，这个后果不是不能承担。我妈同意了。

两年后，最坏的结果没有发生。

但是我仍然在为最坏的结果做打算，留足给父母养老的钱，给自己买好商业保险，没有后顾之忧，就可以热火朝天地投入更难的事情中。

人生不过百年，人太渺小，新闻中看到许多之前创造过辉煌奇迹的创业前辈，一朝兵败如山倒，成为万人嘲弄的对象，自媒体的恶评就像鞭尸，极尽羞辱之能事。

即便这样轰动，也不过像一阵气泡，很快就破掉，等你离开这个世界，没人会记得你的失败，没人会在意你的破产。

你的焦虑和恐惧，不值一提。

最坏的结果，也会被时间和死亡忘记。

4. 做好充分准备。

有一些不确定带来的焦虑是可以缓解的，通过充分准备就可以解决。

越不准备越焦虑。不管是考试，还是准备一次演讲，充分准备本身就是在增加确定性，即便不能够完全确定，但是准备的过程本身就可以缓解焦虑。

所以可以焦虑，但是不可以不行动，我克服上台紧张的一个方法，就是在上台之前不允许任何人打扰，在脑海中反复地循环接下来要说的话，条件允许的话会大声地背出来，这样就可以缓解焦虑。

没道理我上台前一秒还能完整地大声复述，下一秒就全忘了。

上台忘词的人，一般都是喜欢在大脑中默默地想稿子，如果只靠大脑默默地想，顺序未必是正确的，未必能确定到每个字，上台后可能就会忘。

要想办法通过准备把不确定性降到最低，就不会那么焦虑。

许多紧张和焦虑是懒引起的。

5. 拥有完善和统一的人生哲学。

有一次我去录制一个视频小节目，节目里讨论了一个关于年轻人到底要留在大城市还是回老家的话题。

人生的选择不计其数，选择之所以让人焦虑，是因为不确定自己会因为选择失去什么，更不确定得到的是否值得。

其实太多的选择本身就不存在正确答案，我们到场嘉宾围绕着这两个选择来回讨论，其实最后得出的结论还是看个人选择。

做结语的主持人让大家用一句话表达一下对今天讨论的感想。

我的感想就是，拥有完善而统一的人生哲学太重要了。

年轻时候的躁，选择面前的恐，失败后的痛，都是因为人生哲学不够完善导致的，每个人都应该拥有自圆其说的能力，去回答生命中那些重要的问题。

我要什么？什么是有意义的？我是如何看待自己和世界的？到底什么是好的生活，什么是我应该追求的？

当我们对这些问题有了答案，想通透了，就能大大地减少焦虑，生活会变得非常简单，要什么，不要什么，应该逃避还是忍受，都有清晰的答案。

我们所做的每一个选择，都是完成自己的哲学，而不用担心自己在浪费生命去完成不值得完成的事情。

我选择去大城市，毫不犹豫。

因为我认为好的生活不是结果好，而是生存体验好，如果追求结果的话，我们每个人的结果都是死，所以在过程中的体验才重要。

追求善终和死时荣耀，是一种思维错觉。

我们会把对某件事情结束时的印象当成全部的印象。

如果谁一辈子都不如愿，死的一刻圆满了，我们会认为他的人生很成功。

但这样的人生不是我想要的。

我不会用结果那一刻的感受来评价自己的整个人生，就算我曾经风光，后来平常，也不代表人生失败。

对于什么是好的过程和体验，我也有自己的认知。

好，并非安全稳定，也不是享乐纵欲。更复杂的快乐是由挑战更高难度时的对抗、专注和克服带来的。

所以我选择大城市。因为这里挑战更多，而且我不会被他人的观点动摇，我知道他们是对的，但是这就是我的选择，是我的哲学所决定的。

第三种，被动性。

关于人生的每一个决定，都要自己做。这是我最宝贵的人生经验。

只有自己选的路，才能心甘情愿地走下去。只有自己选择艰难，自己才会喜欢。

人就是这样，会倾向于觉得自己选择的东西是更好的。

1956年，心理学家第一次发现这个现象。这位心理学家刚刚结婚，于是便把结婚礼物拿出来做实验，招募了一批主妇，每人选择一个喜欢的作为礼物。

在选择之前，要和他说说对每一样东西有多喜欢。

主妇们选择了自己想要的东西，选择结束后，心理学家要求她们再去评估一遍所有的东西，发现选择之后，个人的喜好发生了变化。

每个女人都觉得自己选的东西比原来想的要好，觉得没有选择的东西其实也没有那么好。

这个实验得到了全世界心理学家的认同，被重复实践了数百次，大量的数据证明，我们的行为其实是可以改变喜好的。

你如果主动选择艰苦的任务，你就会觉得任务没有那么艰苦了；如果主动选择一件不想做的事情，你就会发现这件事情没有那么讨厌了。

我把这个称为"积极受苦原则"。

把我们所有要受的苦，都变成自己的选择，就不会那么难受了。这个结论其实并非从心理实验里看来的，而是从另外一件小事中体会出来的。

有一次我去欢乐谷坐太阳神车，上去才发现，坐着比看着更可怕。

当我被高高抛起的时候，我会非常焦虑、担心、恐惧，我知道下坠的一刻就要来临，因此下坠的时候就更害怕了，一直向下、向下，会不会摔到地上被撑死？

这简直是没玩没了的折磨。

为了克服这种恐惧，我在大脑中不停地对自己催眠：我并不是在太阳神车上被抛下去了，我只是在自己找椅子坐，一直往下坐，直到我被椅子接住。

转变了思路以后，我就不恐惧了，甚至会双腿用力向下，去找那把不存在的椅子。

我们总说要掌控自己的人生，要自己选，其实拥有主动权真的很难。

小时候我们无法选择上不上学、学什么、选哪个专业，成年后我们依然得不到自由，父母要赡养，孩子要抚养，听从自己内心的声音反而成了更难的事情。

但被动就是人生痛苦的来源。

我没见过谁这一辈子被安排和被控制还能够乐在其中的。

之前看过一个实验。

心理学家把养老院的老人分成两组，分别给两组老人开会。

第一组在会上得到的信息是，他们有照顾自己的责任，并有权决定如何安排自己的时间。

他们让老人自己决定房间的布置，于是第一组老人得到的信息是这样的：你们有责任让我们知道你们的意见，告诉我们你们想做什么样的改变，告诉我们你们所希望的事。另外，养老院为你们准备了礼物（工作人员拿着装满小植物的盒子来到老人面前。所有老人自己决定是否要植物，想要的话选择一种自己喜欢的植物。结果所有的老人都给自己选了一种植物）。这些植物是你们的了，请你们照顾好自己的植物。最后，我还想通知你们一件事，下周四、周五的晚上我们各放一场电影。如果你想看的话，请在两天之中选择一天。

第二组在会上得到的信息截然不同，他们被告知，养老院非常希望他们的生活更充实、更有趣。这一组得到的信息是：

我们希望你们的房间能尽可能地舒适，并且我们也尽力为你们做了这样的安排。我们的责任就是给你们创造一个幸福的家，让你能为它感到自豪，我们将尽全力在各个方面帮助你们。另外，养老院送给你们每人一个礼物（护士拿着装小植物的盒子走了一圈，发给每位老人一种植物）。这些植物就是你们的了，护士会每天替你们给植物浇水并照顾它们。最后，我还要通知你们一件事，下周四、周五的晚上我们各放一场电影。稍后将会通知你们哪一天去看。

三天之后，管理人员到每位老人的房间里又去了一次，并重复了同样的信息。

三周之后的测试结果表明，两组受试者的差异非常明显。有个人选择机会的那组受试者比另一组受试者感觉到了更多的快乐，更富有活力，机敏程度也更高。

对生活的热爱，就是来自选择的权利啊。

我也不是处处都有选择。

但是在有限的自由范围内，我一定要自己选。

不能选择不上学，但是可以选择做哪一本练习册；不能选择做什么作业，但是可以选择什么时候做；如果连做作业的时间都不能选，那一定要自己选择写作业的地点。

自己选的范围越广泛，因为被动产生的痛苦就越少。

对于不能选择的部分，也要经常思考，真的是不能选择吗？

我们总喜欢把不得已挂在嘴边。

但其实人生中的不得已，大半都是自己的选择。

就像我现在创业，尽管很苦，但是没有人强迫我这么做，这一切都是我自己选的。

中年人喜欢抱怨工作辛苦、养家不易，但其实也是自己选的。不做这份工作可能赚不了这么多，但是也不会怎么样，是自己觉得应该提供更好的条件给孩子，才选择了这条路。

但不给孩子提供更好的条件，而是留在家里经常陪陪他们，这样的人生一定很坏吗？

也不一定。

我妈以前在家里做饭时总是抱怨，说伺候我们一家几口很烦，但做饭这件事情也是她自己选的，如果她不做的话，我们是可以点外卖的。

我朋友听从了父母的话去学医，学习过程痛苦不堪，这也是她自己选的。她如果不听从父母的话，父母也不会不爱她，是她自己觉得顺从很重要，才选择了违背自己的意愿。

所以说许多不得已都是自己骗自己。

只有你意识到所有的选择都是自己做的，才能为选择承担责任，才能减少抱怨和焦虑，才能对选择更热爱和认真。

第四种，缺乏性。

20多岁的时候，因为穷，会睡不着觉。

但是财富自由其实是个伪命题，每个人都有自己买不起的东西，有车之前，我认为有车以后自己就什么都不想买了，但是并不是。有房之前，我想买了房子以后我就彻底自由了，但也不是。

你永远有不满足的时候，尤其是跟别人比。

许多缺乏就是比出来的。

我小时候根本没有意识到自己家境贫困，因为村里的小孩跟我过着差不多的日子，没有谁在物质上是富有的。一直等我十多岁来到城市读书，才发现自己什么都没有。

那时候会有人嘲笑我，尽管许多都是善意的调侃，但是仍然很伤人。自我安慰的时候我会想，我确实很穷，这是个缺点不是优点，但是每个人都有自己的缺点，这个世界上还有人很丑、很笨，还有人跟调侃我的那个人一样，情商低。

所以穷不是什么特别的缺点，我也没有必要为此特别难过。

我以为每个人都是这样想的，这个世界上倒霉的不只是我一个。

但后来我发现并不是，有些人的思维是：为什么只有我这么倒霉？

下面四句话，哪一句话更符合你的情况？

第一句话：情绪低落的时候，我觉得别人都比我幸福。

第二句话：苦苦挣扎的时候，我觉得别人一定比我轻松。

第三句话：情绪低落的时候，我觉得世界上有很多人跟我一样不开心。

第四句话：事情不顺的时候，我觉得困难是所有人都会经历的。

这四个问题主要是想测试：你是把自己的痛苦看作人类承受的普通程度，认为"大家都会这样"，还是认为自己是孤独的，"只有自己这样"。

这两种思维模式的后果是完全不一样的，如果你觉得只有自己有压力，只有自己焦虑，你会更容易抑郁，你会选择逃避，你会否定自己，放弃目标。

但是如果你觉得自己受的苦只是普通程度的，就没什么，也更容易扛过去。

我是典型的第二种思维，从不用孤立的心态去评估自己的痛苦。

人在朋友圈和微博上晒的，可能都是幸福和努力，社交媒体并不鼓励人们把自己的痛苦展露出来，否则就会认为是社交不得体。

所以朋友圈里看到的美好未必就是真的，或者说未必就是全部。

你看到的那个周末在家里弹吉他、逗猫的文艺女孩，可能刚刚和家政阿姨大吵一架。

你看到的和老公出去旅行的那个同事，实际上每天都觉得另一半有外遇。

你看到的那个总是积极向上晒加班的当年的老同学，昨天还抱怨自己的努力没有意义。

这并不是在用阴暗的心理去揣测他人，而是应该学会提高对他人痛苦的认知能力，这样我们就不会因为比较而盲目焦虑，不会因为只有自己糟糕而感觉格外有压力。

不过如果善用比较的话，也可以把压力变成动力。

我在上高中的时候，每天学习到"六亲不认"，眼睛里根本没有别人，我就像一个没有感情的机器，每天严格地执行自己的时间表。

早上五点二十分起床，洗漱十分钟，去操场背一小时英语，回班级参加晨读……

日复一日这么努力着的我，从来没有注意到有一个人一直在跟随着我，她是我同寝室的一个女同学。我每天早上起床，她只要听到一点动静就会砰的一声从床上坐起来。我洗漱快，她比较慢，所以都是我先出门，等我到了操场上背完单词之后，就能看到她随之而来的身影。

后来有人跟我说，我给了这个女生很大的压力。

听到这句话我十分惊诧，原来她把我当作比较对象，但是我从来没有跟她比较过，不是因为我比她强，也不是我骄傲自大，班上也有跟我不相上下的对手，但是我从不关注他们。

我想考的是全中国最好的学校，我的对手是全河北的高考生，我每天关注的是我在励志书上看到的那些神一样的学霸。

所以周围的某个人不可能是我焦虑的来源，我要专注自己的事情，以比肩那些遥远的偶像。

慢慢地我就总结出了一个道理：不要和身边的人比高下，越比只会越向下，越比只会越焦虑，而与那些遥远的顶尖的高手对标，反而会带来动力。

现在我仍然是这么做的，身边的人赚了多少钱我不关注，也不嫉妒，刚开始创业的时候我就在微博上开玩笑说，别看我们现在很弱很小，我们每天都在向格力、小米、腾讯、阿里这些大企业看齐。

向更伟大看齐，才有不竭的前进动力。

焦虑还是会有的，但是焦虑就是一个信号，告诉我，我应该进步了，我需要突破，我可能要更努力才行。

每每熬过一段焦虑的旅程，我都能感受到自己焕然一新，成为一个更厉害的人。相反，过得太舒服，只能证明我在这段时间里毫无进步。

焦虑也好，压力也好，都是人生的验钞机。

能经受检验而不乱、不停、不抱怨的，都是真强人。我一直都是这么安慰我自己的，还挺成功。

练习幸福：
这些小方法，可以让你更开心

几年前我开始接触积极心理学，后来系统地看了这方面的书。

书里谈到过这样一件事：

20世纪40年代末，心理学家开始研究受危人群。越来越多的钱——政府资金、大学资金、慈善基金——投入到受危儿童身上，这些孩子更容易退学，更容易犯罪，更容易未婚先孕。心理学家的问题是：为什么他们的人生会失败？得出的结论是：他们需要更好的教育，更好的房子……于是更多的钱和资源便持续多年地投入。

然而，这些人变化很少，很多地区的情况甚至还恶化了。

20世纪80年代，思路改变了，心理学家不再去问为什么这些人会失败，而是问：如此糟糕的环境，为什么有些人成功了？

这些孩子并非特别优秀，他们性格普通，但是成就非凡，他们之所以能够成功，是因为有很强的适应力，他们乐观，对生活有信心，他们当中许多都是理想主义者。

这些特点都是可以通过学习得到的，心理学家识别了这些特点之后，开始教授其他孩子，情况便发生了变化。

这个例子带给我很大的触动，我们太擅长看到自己的弱点和不足，看到哪里出了差错，以及我们和伴侣的关系中有哪些问题和危机。我们通常会排除我们的长处和好的一面，然而有时候逆向解决问题反而更有效。

这是最大的获得。

要解决负面情绪的方法之一，学习一下如何激发自己的正面情绪。

很多人在激发自己正面情绪方面都比较无能，干什么都不高兴，天大的好事也很难让他积极起来。

小时候在语文课本上学习过毕淑敏的《提醒幸福》。

我们从小就习惯了在提醒中过日子。天气刚有一丝风吹草动，妈妈就说"别忘了多穿衣服"。才认识了一个朋友，爸爸就说"小心他是个骗子"。你取得了一点成功，还没乐出声来，所有关切你的人便一起说"别骄傲"。你沉浸在欢快中的时候，不停地对自己说"千万不可太高兴，苦难也许马上就要降临"。

提醒灾难的人很多，但很少有人提醒幸福。

那时候读这样的文章没感觉，小孩子多开心，哪里需要提醒。

上大学的时候，我发现我每天都被一种朦胧的焦虑和痛苦笼罩着，并没有发生什么事情，但是自己就是活成了皱巴巴的、不舒展的模样。

朋友们因为电视剧更新就能开心地欢呼起来，而我完全不能拥有和理解这样的开心。

用毕淑敏的话来说，我是没有学会享受"灾难间隙的快活"。

也可能是青春期后遗症。

年少的时候我们总是认为严肃的是深刻的，容易开心是肤浅的。

后来我遇到一个"很开心"的朋友。

你身边肯定也有这样的朋友，他们的人生当中不是没有烦恼，不是没有挫折，有很多时刻他们也很消极，但是，他们看上去就是比较开心。

阴暗的人总是会揣测，他们这么开心的外表下，是不是掩藏着什么不开心？

但是积极的人会学习。我觉得无论是不是表面的开心，他们体会到的愉悦时刻确实比一般人要多，原因在于，他们都有一个神奇的法术，会人为地把自己的积极情绪成倍扩大化。

我那个朋友，当她开心的时候，哪怕只有一点点开心，也会跟我说她好开心。碰到一个喜欢的朋友，她会兴高采烈地跟人家说"我好喜欢你"。

一点好玩的事情都要分享给我们。对她表达哪怕一点点关心，她都会超级感动。

对于积极情绪的表达和分享，会扩大自己的积极情绪。这不仅是一种性格，同时也是一门技术。

这点在我这个朋友身上体现得很明显，她内心深刻严肃，但娴熟地使用一些令人开心的技术，浑身都洋溢着幸福感。

当一个人习惯了这么做以后，他是真的会由内而外地积极起来，并且会和周围的人形成一个乐观的生态圈。

和我这个开心的朋友相处，总能感受到她的积极情绪，我也不好意思做那种消极的人，于是情不自禁地被她带动，给她积极的反馈。她逗我笑的时候，我觉得我也有责任逗她笑，她跟我说了一件开心的事情，我觉得自己不能丧着脸去听。

我会表达开心的感受，当得到我的积极反馈，她会以开心为荣，我们之间就形成了一个正循环。

于是就成了那种见到对方就很高兴的人。

一个人最大的魅力不过如此了吧，虽然你不够漂亮，也不是什么明星，但是大家见到你就觉得很高兴。

而当一个人被积极的情绪包裹，再去面对那些消极的情绪就会容易很多。

所以当你开心的时候，你要说出来。当你遇到好事情，你一定要分享。

我知道，你没有这样的习惯，你觉得不值得分享，你完全不觉得这个方法可行，但是试几次就知道有没有用了。

当我学会特别留意生活里开心的小事，并且与人分享以后，我发现别人因为我而快乐，于是我变得对那些开心的小事情更加敏感，捕捉了之后我就分享给大家。

我和我的朋友们都变成了容易快乐的人。

激发正面情绪的方法之二，就是和开心的人在一起。

就像我刚刚说的，和快乐的人在一起会被带动起来，成为一个容易快乐的人。

我有个高中同学很神奇，谁跟她吃顿饭都会消化不良。

她永远都觉得自己很惨：自己工资太低了，这个季度的福利取消了，领导很难缠。

不仅要自己说，而且总想问问你有多惨，只有得知你比她更惨时，她才开心，可是那样的话你就很不开心了。

不开心这种事情，说多了真的会不开心。

父母无法选择，但是朋友可以。

如果和谁在一起不开心，那么这段关系就是错的，绝交要趁早。

如果你连选择朋友的权利都没有的话，我还有一个压箱底的小绝招。

刚开始创业的时候压力很大，但是我不想让团队感觉我情绪低落，所以每次开周会之前，我会躲在办公室看十分钟的搞笑综艺。

被节目里的人把情绪带动起来之后，我说话的语气和语调就会变得欢快。小时候暗恋别人也用过这招，每次见对方之前都先看综艺把自己变得快乐起来，这样见到他情绪会显得很好。

哈哈哈。

我很爱研究这些方法。

除此之外，感恩也会激发正面情绪。而且，也不一定要自发感恩，完全可以练习感恩。

感恩练习在心理学领域不是一个新鲜词语,已经有很多实验证明,感恩练习可以提升幸福感。

心理学家做过这样一个实验,要求每一个受试者每天花几分钟的时间表达他们认为值得感激的事情,不管这件事情大还是小,内容也没有限制,哪怕你吃了一顿好吃的饭,都可以表达感恩,哪怕你听到一首很好听的歌,都可以表达感恩。

要把自己可以感恩的内容写下来,也可以画下来。

受试者能够体验到,并且享受到更强的幸福感,他们能够感受到更多的积极情绪,会更快乐,睡眠质量也更好,整个人更有活力。

感激令人幸福。

不开心的时候,我就会拿一张纸把生活中所有值得感恩的事情写下来,立刻就能感觉到满满的正能量。

这几年,我一直觉得自己的幸福感在飙升,可能就跟懂得感恩有关,我常常觉得自己很幸运,对于所得到的一切,都有一种诚挚的感恩。

这其中并非只有我自己的努力。

我的家人很棒,父母爱我,童年虽然穷苦,但是平顺快乐,在亲密关系上毫无遗憾,健康积极地长大;

我的工作很棒,"热爱工作"是我之前不敢想的事情,学习对我们来说是痛苦的,努力对我们来说是不愉悦的,人群中少有人能找到一份热爱的事业,但是我就成了少数人;

我的团队很棒,经过了这么长时间的筛选和沉淀,终于找到了一些与我一样敢拼的积极分子,于是我更坚信我们在一起一定能做得更好、更大、更强;

那个努力的我,也很棒,没有辜负自己身上的任何一点天分,哪怕只有那么一点点,也没有浪费。

想到这些,幸福感油然而生。

人活在这个世界上到底要追求什么？无非就是幸福两个字罢了。

心理学家认为，一个人的幸福感，有三个来源。

胜任力。

我们努力学习和工作，掌握各种技能。那是因为对一切事物的掌控和胜任感，是令人幸福的。

归属感。

我们爱家人，照顾家人，和朋友维持关系，努力寻找伴侣。那是因为和他人产生温暖的联系，是令人幸福的。

主动权。

我们拼命地挣脱被控制的人生，教育自己不被他人的看法绑架，告诉自己说，就做自己。那是因为自由是令人幸福的。

幸福是个很深刻的命题，需要你增强能力，拥有信心，找到归属，有所爱恋，掌控人生，主动选择。

我分享的只是一些小法术，能让你开心一点罢了。

生活当中确实还有许多不好的事情，也有坏情绪的爆发和泛滥，这些都不要紧，可能一直跟那些负面情绪死磕，并不能解决它们。

一个人之所以能够幸福，并非因为生活中那些令人不愉快的事情都被消除了，而是因为有令人幸福的事情在发生。

心智成熟：
有勇气面对现实的人，才是真正的猛士

北大的老师请我回去做讲座，我问讲座的主题是什么。

老师说："你随意说，说那些你认为对他们来讲最重要的东西。"

这个世界上最好回答的问题就是"最重要"的问题。

最难回答的也是这个问题。

如果你想成功，最重要的是热情；找一个伴侣，最重要的是忠诚。

这些话听起来都很对，因此你一不小心就会跟随，今天提醒自己这个最重要，明天又变成了那个，最后就变成没有重点地活着。

所以我不能说什么最重要，但是如果你想改变现实，第一件重要的事情就是要学会面对现实。

面对现实，怎么听起来这么鸡汤？

听我说下我的经历。

上高中的时候我的成绩垫底，属于班上那种根本不会被人注意的"好差生"。

什么是好差生，就是不捣乱、很乖，但就是学习成绩不好的那种。

一方面我们没有完全放弃学习，所以很羡慕优等生，想像他们一样成为老师和家长的骄傲。

同时我们又很羡慕那些存在感很强的坏差生，他们经常找事捣蛋，拖班级后腿，所以也会被老师重点对待。

作为一个被忽略的好差生，我们在偶尔被刺激之后，会想努力一把。

比如每次考试放榜的时候，我都不去看榜单，知道自己考得不好，所以不好意思也没有勇气去围观，偶尔路过看到没有人，才会去看一眼排名。

跟大多数人的认知不一样的是，我们差生看榜单实际上也是从前往后看的，看到榜单前面那几个熟悉的名字，感到深深艳羡，然后下定决心要好好学习。

有一次我鼓足勇气在下课之后跑到讲台上去问老师问题，老师还没开口，旁边站着的一个成绩好的同学来了句："这道题老师讲过。"

那一刻觉得自己真的是个废物，自己学不好，还耽误老师的时间，耽误优等生的时间，后来也不敢再问了。

因为太害怕别人不耐烦的眼神。

我们总是在这个模式中循环：受刺激—努力—放弃。慢慢地，我们开始不敢努力，因为一旦努力就会再次验证自己真的不行。

最后全部的不甘心都化作想象，通过自我安慰来让自己达到一种平衡。

那个时候我的书架上永远摆着励志书，里面有许多别人的奋斗故事，好些话我都熟读甚至能背下来，仿佛别人的努力就是我的努力。

我把北大的照片夹在自己的日记里，仿佛这样就能让自己跟别人不一样。

在这样的幻觉里，我连年级第一都看不起，还觉得自己将来一定会很厉害。

学习生涯的转机,发生在高一的下半学期,在此之前,我已经浑浑噩噩地度过了三年初中生活。

忽然有一天,我在书上看到有一个跟我同样处境的女孩子,书里描述了她摆脱困境的细节,她发现自己不行的原因是还不够努力。于是我拿起了老师发的一份报纸,名字到现在我还记得,叫《数理天地》。

我开始一道一道做那上面的题,刚开始一道题都不会做,于是硬着头皮去问老师。后来发现前面的会做之后,后面的就很简单了。

我开始对自己考北大也有了信心,跟以前那种被打完鸡血之后产生的幻觉不一样,这次是真的有了踏踏实实的信心。

我说过,考北大无非就是会做很多题,多到在全部的题目当中,有90%你都会做,然后你就会考到满分的90%,就可以被中国最好的学校录取。即便不能,或者来不及做到90%,你也可以被比现在更好的学校录取。

每一道题,都是进步。这个真理,是我自己用实践证明了的。但是当我把这个道理告诉别人的时候,未必会让他做出改变。因为他缺乏的不是方法,而是面对现实的勇气。当他翻开自己的练习册,想要做第一道题的时候,他发现自己不会做、看不懂,会开始自我否定,他觉得厌烦,他一想到自己还要面对一整本的题目,就头皮发麻想放弃。

还不如回到游戏中,回到朋友圈里,那是自己可以称王称霸的领域。

于是一切都回到从前,什么事情都没有发生。

面对"我不行"的事实,真的太难了。

只要不面对,好像就可以假装问题不存在。

朋友从名校毕业,在一家游戏公司里做会计,朝九晚五很稳定,但是收入也很低,最可怕的是看不到未来有什么改变的可能。

她一看到关于房租的文章就会焦虑,因为房租涨工资却不涨,房租每涨一百块,她的可支配收入就少一百块。

有一天她转发了我写的一篇写房租暴涨的文章。

文章里写了两个年轻人的小故事。

其中一个叫作阿牛,每天早上六点十分起床,八点半到岗打卡,每天花费三小时通勤,由于早上来不及吃早餐,总是塞两个包子应付。晚上加班太晚,到家一般都九十点才能吃上饭,肚子饿了就吃面包应付。

后来阿牛的胃坏掉了,患了急性肠胃炎,一个月内只能吃流食,暴瘦二十五斤。

另外一个故事的主角叫洋仔,他每天工作十二小时,回到家累得一句话都不想说,母亲对他很不满,总是抱怨他冷漠。

朋友说,自己过的恰恰是这种生活。每天花费很长时间在通勤上,工作很累,没有社交,收入微薄。

她也曾挣扎过,想过打破现在的生活,去寻求新的可能,但是无论是去学习一个新技能,还是努力工作,都坚持不下来,只能安慰自己说,现在也挺好的。

好在哪儿呢?

好在她有很多幻觉。

过去这些年,她最大的幻觉来自电视剧、综艺和偶像。她有许多喜爱的电视剧角色,从颜值喜欢到品质,她会深潜那些追星的贴吧,把偶像的照片设置成手机屏保,这一切都让她和现实隔绝,有一种被喜欢的人包围、被喜欢的一切包围的感觉。

丢掉幻想,准备斗争!面对现实,解决问题。

这十六个字，就是勇敢和懦弱的分水岭，就是成熟和幼稚的分界线，也是能力的成长门槛。解决问题的能力是一个人身上最核心的能力。你能解决多少问题，你就拥有多少价值。越牛的人，能够解决的问题越多，越大。而弱的人则会被问题解决。

那些"把练习册合上"的人，在以后的人生中会为自己找无数的借口，借此逃避自己原本的责任。

我带过一个实习生，人品很好，但一直没有长进。

公司的打印机坏了，买了新的替换，她不会装，便找了另外一个同事帮忙，我路过的时候看到帮忙的同事在茶水间里研究怎么装这个打印机，她却坐在沙发上玩手机。

我说："这个是你的事情，你不会，就应该进去跟着看，跟着学，谁能保证打印机不会再坏、再换呢？"

她说："坐在沙发上不是玩手机，是在做别的工作。"

我就告诉她，这时候解决一个问题，比做别的工作有意义。

她离开公司的时候，我还没来得及和她聊一聊。她身上最大的限制因素，就是一旦问题复杂、稍有难度，在她目前的能力之外，她就想躲避。能拖一天是一天，能不解决就不解决。小到去对照说明书安装一个没装过的打印机，大到带她一起做财务表格，她只愿意生搬硬套公式，却懒得去学习背后的原理和逻辑。

哪里有难题，哪里就有借口。

但只要你肯勇敢地直面问题，就可以在任何一个环节解决它。

任何形式的逃避，不管是把原因归咎于外界和别人，还是因为懦弱和懒惰想要拖延，都只会让问题变成你生活的阴影，你以为不面对就没事，殊不知它一直紧紧跟着你。

你永远无法自由，也无法幸福。最后你就会成为问题本身。你会自我厌弃，再也找不回信心。

生活就是不断出现令你痛苦的东西，就像我之前在微博上发过这样一段话：

即便我现在做得再好，我未来也一定会失败的。

未来太长了，高峰之后必有低谷，成功之后必有失败，好运之后必有不幸，答案之后必有新的问题产生，这一切都是那么正常和应当。

不是我们特别倒霉，而是人生本来就是这个样子的。

所以，解决问题的勇气和能力在人生当中尤其重要。

从今天起，学会直面问题。

丢掉幻想，准备斗争。

这是没有方法论的一件事情，只能勇敢，勇敢地面对不想面对的那部分问题和事实，克服自己想逃跑的冲动。

人是从问题、挫折和磨难当中汲取力量的，从而变成一个处变不惊的、游刃有余的、勇敢且智慧的人。

性格自由：
做自己的资格，不是每个人都有的

收到过一封读者来信。

在信里他说，他很嫌弃自己的父母，问我，他是不是个不孝顺的浑蛋。

他生活在一个小村子里，小学文凭的父母，抽烟、喝酒、吵架，无休止地抱怨……

父亲因为工伤毁了容，每次喝酒之后都喋喋不休；母亲就是小市民，和乡里乡亲经常发生争执，背后说人坏话。

长大以后，他开始跟家里格格不入。

他说，我是爱父母的，但是我书读得越多，越无法认同他们的价值观、生活方式……

我很认真地回复了这封信，在信里我也分享了自己的经历：

11岁的时候我离开家，去外地城市上学，发现城市里的一切都不一样。而我自己变成了一个不对的人。

我穿的衣服是妈妈买布裁剪缝制的，所以款式很土。我的普通话是不标准的，这些经常让我感觉到莫名羞愧，就连我的父母也成了我心里那隐约的羞愧来源。

中考前的一次摸底考试结束后,爸妈来开家长会,完了后我妈说要给我洗衣服,初中住宿条件差,大家洗完衣服都挂在楼道里。

我妈把别人的衣服全部推到一边,然后把我的衣服挂上去。

下楼的时候我妈遇到宿管阿姨,本来打个招呼就能走,可能是希望阿姨多照顾我,于是她开始跟人家唠嗑,整个唠嗑的过程都在吹牛,说家里孩子多么争气,生怕人家看不起。

我在旁边站着,想找个地缝钻进去。

回到家里我根本不愿意和她多说学校的事情,也不愿听她抱怨她和我二舅妈、三婶子的家长里短。我读了很多书,看到了外面的世界,不得不说,我妈妈这样的女人虽然善良热情,但也是别人眼中短视而粗鄙的那种人。

我跟你一样,也嫌弃过父母,但我是个浑蛋吗?

不是,我只是不成熟。

我想告诉你的是,实际上那个阶段的我们与其说是嫌弃父母,不如说是嫌弃自己。

父母只是"自己"的一部分罢了。

我们不自信,价值观也混乱,见了一点世面但是见得不够大,读了一点书但是读得不够多,处于一种"自我否定"期。

我们嫌弃自己,不欣赏自己的性格、容貌或者其他。也嫌弃父母,把父母当成不堪忍受的一部分。我们想要的生活、想要的财富、想要的体面,自己不能给自己,所以会把父母拿来出气和嫌弃,仿佛自己的所有不堪都是他们造成的。

后来当我真正成熟起来,我开始理解一辈子在农村生活的我妈妈这样的人,从小根本没有机会去接受"体面和教养"的熏陶,也没有什么理想去支撑他们脱离琐碎无趣的现实生活，而我之所以能有机会去嫌弃她的俗气和粗鄙，这个资格还是她赋予的。

父母没有什么错。更何况他们为我们付出了那么多。

长大后的我理解了父母的一切，并且接纳。

父母变了吗？

没有。

变的人是我，我成熟起来后，能接受自己的不完美，接受自己的土和笨，并且自信。

现在我妈走在大马路上嗑瓜子，还会随地乱扔呢。而我，我会默默地把我妈扔的瓜子皮捡起来。

希望你有一天也能这样，理解父母，接纳自己。

以上就是我的回信内容，我想郑重地谈一下自我接纳这个问题。

我们太容易自我厌恶了。

每每做错一件事，暴露出一些缺点，都恨不得把那些缺点用刀从身上割下来，恨不得重新投胎。

我这些年最重要的成长之一，就是明白首先要认识自己，然后接纳自己。

年少时总有一种确认自己的焦虑。

我到底是什么样子的，我的性格属于哪一种？

经常在朋友圈里看到有人在转发一些关于星座特质的描述，毫无逻辑的心理测验和自我声明式的文字。

大家急迫地想要说明，自己是谁，是什么样子。

在人前如果表现了真实的自己，会觉得不满意，可违背了心意去表演另外一个样子，又会觉得不甘心。

我们来回摇摆，每个人都有"做自己"的焦虑。

在做自己这件事情上，我大概经历了这几个阶段。

12岁的时候，是一种盲目自信的阶段，那时候我觉得自己就是天底下最厉害的人，别人都是我的附属品，都是没有灵魂没有自我的躯壳，我也没有见过什么世面，也谈不上优秀，但我觉得自己可以改变世界，甚至可以驾驭他人。

再往后，十三四岁出来见了一点世面，发现自己各方面都不太行，遇到很多比自己漂亮的人，也遇到很多比自己学习好的人，就进入了一个强自卑的阶段。

高中后又进入另外一个阶段，这个阶段已经不自卑了。这时候对自己的认识仍然是迷糊的，但是对未来的自己已经有了清晰的期待。那时候一心一意想要考北大，每天都在展望未来，觉得别人都是不存在的，也不会跟别人比较，不张狂，也不自卑，可以称为强自我阶段。

接下来又进入一个弱自我阶段。到了大学之后，发现太自我的话就会到处碰壁，就会被人嫌弃，所以开始学着去收缩自我，进入一个弱自我阶段。

到现在，通过和世界交手，一点一点地去认识和调整自我，终于抵达平衡期。

这时候的我，对于自己已经有了稳定的认知，不再对别人的评价敏感，更不会自我否定。

人就是这样，如果你不确定对自己的认知，就需要把判断自己的权利交给别人。

你需要确定自己四个方面的状况。

首先，确认自己的人品。

人品是最底层的。其实有很多人不自信，表现出来的就是猥琐和躲闪，更不敢去问别人自己是个什么样的人。

为什么那么多哲学家主张修德行？修养品德，会让人达到安宁的状态，坦荡而不惧怕被议论。如果你能给自己一个斩钉截铁的答案：我是一个好人，从不做阴私的事情，我善良待人、胸怀坦荡，偶尔自私，但不算过分。

有了这样的认识，做一点自私的事情时，不会产生极强的自我厌恶感，被人否定了人品，也不会恼羞成怒。

其次，确认自己的性格。

我是积极的，还是消极的？我是温柔的，还是强势的？

在哪些事情上积极，哪些事情上消极？对哪些人温柔，又对哪些人强势？

我性格上的优势和劣势又有哪些？

我以前看过一个算命先生写的书，他说，如果你想获得别人信任的话，就去评价他的性格。

怎么评价听起来更可信？

"你看上去是个很温柔的人，但是也有强势的一面。""你虽然看上去很强势，但是内心也有脆弱的地方。"

这种矛盾的评价，百分之百会得到对方的认可。

我在生活中也观察到过类似的现象，如果只用一面之词去评价一个人，他一般都不会很舒服。比如你说，我觉得你这个人很温柔，对方就会反对说其实我不是一个什么时候都温柔的人。每个人都害怕被人下定论。

关于自己的性格，如果你了解得足够多，就不会着急否定了。

有人评价我说，媛媛，作为女人你太强势了。

我心里非常清楚，这是我逆境生长必备的性格特征，强势伴随的一些好处，例如果断、勇敢，是我需要的东西，所以我不必着急去摆脱这个词。

这种确认，让人看上去很确定。

再次，确认自己的能力。

哪些是我能做的，哪些是我不能做的？我如何发挥自己的优势？

这个我已经在能力圈那部分说了许多，确认自己的能力，不要被老板和同事的说法绑架。

最后，确认自己的态度。

对于热点新闻我的看法是什么？我的政治倾向是什么？对于借钱我怎么看？对于婆媳关系有什么看法？

对生活中的问题，要有自己的明确态度，可以被说服，但是绝对不盲从。

当你认识到自己是什么样的人，是什么人品，有什么能力，是什么性格，你对人对事的态度就不会出现强自信和强自卑的状况。

怎么认识这四个方面？

还是那两个字：记录。

我们对自己充满了误解。日本综艺里跟拍过一个减肥失败的女孩。女孩子很痛苦，抱怨自己天天只喝水，为什么就是减不掉肉。

一般在这种情况下，人会给自己贴标签，我这个人就是不易瘦体质，或者我特别倒霉，就是减肥不成功。

但观看监控视频的时候，镜头里的女孩子并不是像她自己说的那样只喝水。她在早餐喝了一杯水之后，吃了很多干果，一上午都在吃零食。只喝水的说法完全是个误会。

一个人对自己的认识，不管是对自己做的事情，还是后来的感觉，都是可能出现误差的。

记录比感觉可靠。

我喜欢记录一些自己的行为模式。

在我的笔记里，经常会看到这样的记录：

首先要记录事实本身。

今天同事没有按照我说的去做，我非常生气地批评了她。

然后，我会提炼自己的行为模式。我发现，当别人做的事情一旦跟我要求的有一点偏差，我首先涌上来的就是情绪，觉得对方为什么这么蠢，甚至会控制不住表达出来。

其次，我会记录结果。

结果就是对方很受挫，在我面前越发不敢说话，越发怕我。

通过大量这样的记录，你就会发现自己在某一些情境之下，一定会做某一种事，对自己的行为模式，也会越来越了解。

因为记录，我发现了自己很多不好的行为模式。

有点社恐，所以见到认识而不熟悉的人时，倾向于不打招呼，经常会被人误解为没有礼貌；

被误会的时候过于着急解释；

不懂拒绝，总是接受之后再想办法拒绝，这样常常让对方更生气。

…………

就连对我的坏行为，我都有详尽的了解，所以我根本不用等别人批评我。

除了记录自己的行为模式之外，我也会记录别人对我的评价。一般人被评价之后会很难受，而我被评价之后会小心翼翼地记下来。我们对自己的认知确实有一部分来自外界，但其实外界评价并不直接构成我们对自己的判断。我们会用自己的主观视角去加工，加上一个自我滤镜，最终形成对自己的评价。

有人说我丑，但是我不信，我不觉得自己丑，所以我对自己的评价是：不丑。

所以当把别人对我的评价记下来以后，我会对照自己的行为去看别人的评价到底客不客观。除此之外，我也会记录自己对自己的评价，不管是好的还是坏的。

一个人对自己的评价来源于过去的经验，好比说我经常经历公开表达的紧张和失败，我就会评价自己：不擅长演讲。

我会记下来，然后看看是否有新的经验能够推翻这个评价。仔细地观察自己是一个非常庞大的工程。不过这个工程非常必要，活在这个世界上，我们最大的底牌就是自己，如果连底牌都不清楚，这局必输无疑。

这些年，在做自己这件事情上，我有几个明显的进步。

我不再要求自己完美。

以前买了新的笔记本，写了几页发现不够整洁美观，有些地方写错了，我就会丢掉这个笔记本，买一本新的再写；很喜欢的衣服上有一点污渍，我妈说已经用绣花帮我遮挡了，但是我就是不会再穿，我不能容忍有瑕疵在上面。

这些都是以前的我。

现在的我已经知道完美是不可能的事情，我有缺点，就像太阳里有黑子一样，是自然定律。

我不再试图拥有一些矛盾的性格特点。

当我不知道自己应该是什么样子的时候，我总是会拿各种标准要求自己。

很多人跟我一样，今天看一篇文章说要与世无争，要宁静而致远，明天又看一篇文章说你已经被同龄人抛弃了，所以应该去挣十五个亿。

这样对自己会有很多矛盾的要求，要努力，又要看淡；要温柔，又要凶狠；要大气，也要精明；要果断，也要心软；要懂得为别人考虑，又要爱自己。

以前我还在本子上抄写过"一个成熟的人，应该是明亮不刺眼的光，是圆润但是不腻的声响"等。

社会上很流行这种鸡汤，让你在矛盾之中去寻求平衡，每每听了，都觉得非常有道理，后来我看逻辑学的书，才知道这种双向平衡的话会给人一种有道理的错觉，你会忍不住转发。

但其实根本就做不到。

这种做不到，又会给你带来焦虑，然后让你无法完全喜欢自己和接纳自己。

我现在就不会要求自己必须又温柔又凶猛，又勇敢又柔弱了。我的特征里总有优点，充分发挥就好了，至于缺点，尽量弥补。

我对外部评价已经脱敏了。

以前别人老评价我是个特别敏感的人，敏感在很多时候并不是一个褒义词，以前我听到之后都会觉得沮丧。

但现在我不会沮丧了，因为我做过许多记录，发现敏感能带给我诸多好处。我很擅长观察别人，我在揣测客户喜好方面总是出乎意料地准确，我对生活中发生的一切感知力都很强。

或许我表达能力出色，与这个也有关系。我对别人给我的"敏感"评价，一点都不敏感。

原因总结来看有许多，第一，就是我刚说的，从我记录的很多内容来看，这个被差评的特点也有好处；第二，我记录过许多人的评价，也有人说过我没心没肺、钝感力强，所以我不会对某一个人的某一个差评过于敏感；第三，即便这个真是我的缺点，我也没什么好难过的，因为我有许多记录下来的证据表明，我还有许多其他的优点，本来这些特质就不可兼得。

这么反复几次以后，我把对外的关注，慢慢扭转成了对内的。

大多时候，我们习惯拿周围人的标准、所处环境的标准来改变自己，以他们的喜好作为自己的喜好，忽略自我的标准。

我更享受和亲密的人相处以及独处，但是周围的人都在要求我变得更外向，我也曾经为此努力过，想成为一个左右逢源的人，抛弃自己喜欢的方式，迎合他人的标准，但即便做到了也未必享受。

对外部标准过度关注，是不会幸福的。

而且这样的人生很低效，每天扮演另外一个人，迎合那么多自己不认可的标准是非常累的，这过程中消耗了我许多精力，当我做不好的时候，我还要自我批判和自我讨伐。

所以应该怎么办？做自己吗？

任性而为是要付出代价的。

你可以做自己，但是真实的你必须在现实中有生存优势，有些人做自己做到只有自己，周围一个朋友都没有了，或者如果真实的自己是喜欢暴力的，那早晚不得进监狱吗？

所以我对自己的要求是：一方面，要摆脱外部标准；另一方面，增强真实自我的生存竞争力。

我看上去更笃定。

充分认识自己的好处就是：遇见新情况，心里很笃定。

认识了一个新朋友，我知道自己是什么样子的，适不适合和这个人深交，当他做了触犯或伤害我的事情，我知道自己是否应该原谅，这个在不在我的底线之上。

对自己很了解，对自己的态度很清楚，就不必来回挣扎犹豫。

我可以无条件地接纳自己。

别人喜欢我，我才可以喜欢自己，父母喜欢我，我才觉得自己好，或者我必须得做成一件成功的事情，才能觉得自己特别棒，这是有条件地接纳。

有条件地接纳，会让人特别没有安全感。

当我充分认识自我之后，慢慢地就能无条件地接纳自己了，不必做太多自我催眠，也不用做什么正向练习，只要了解自己的全部，就可以做到无条件地接纳自己。

我知道自己哪里好，也知道自己哪里不好，我就是这样一个独一无二的存在，我值得去享受生活，我也值得别人对我好。

我也不会自我攻击和自我厌弃，我对待自己就像对待别人一样宽容。

有些人对自己真的太狠了，朋友犯错，会觉得是人都会犯错，自己犯错，就会鞭笞自己的灵魂：你怎么这么弱？不会有人喜欢你了。

更多时候会防御性自卑。反正我这个人是很自卑的，我做不了这些事情，我是满足不了别人的期待的。

先把对自己的评价降低，这样就可以防止让别人失望。一直在自卑的圈子里不出来，反而有安全感。这些态度，都不可取。

全面地认识自己，而不是只关注某一件事情，或者某一个方法，就能让你无条件地接纳自己。

我能分得清真实的自我和展示的自我了。

这句听起来挺抽象的话，是我自己总结的。

以前我总是觉得难受的一点是，明明我是个内向的人，但是与人相处的时候我必须展示出外向性格。

只有这样，才容易跟人做朋友。

可是每次回家之后，我都很讨厌自己，就像我刚才说的，每天演戏很累的，并且会因为自己不够真实而嫌弃自己。

可是当我分清楚什么是真实的自我，什么是展示的自我时，就可以免于痛苦。

真实的自我，是我自己认可的、接纳的，是我自己喜欢的。它最常出现在我独处的时候，这个自我是我需要保留的，不必非要改变。

而展示的自我，则是我想要展示给外界特定部分的我，如何展示是我的策略，因为我需要具备生存竞争力，所以需要在一定的环境下，展示自己特定的某个部分。

展示的自我不要否定真实的自我。

真实的自我也不要讨伐展示的自我。

这两个自我本来就应该同时存在，展示的自我是策略，真实的自我是内核，这样我就不会因为展示出来的自我不符合真实的自我而难受了。

这个也是在认识自我的过程当中，我们很容易犯的一个错误。我们其实经常把展示的自我作为全部的标准，要求自己去改变。

在与人相处的时候要表现得外向，这可能是对的，但是没必要按照这个标准让自己改头换面，它只不过是展示的策略罢了。

我拥有了合理的自我期待。

如果自我评价和自我期待落差太大，就容易自我否定和自卑。充分认识自己的人，能够把自我期待调整到合适的程度。最合适的自我期待，就是跳一跳，够得着。这样既有动力去做，也不至于太挫折。可惜拥有合适的自我期待很难。多数人对自己的评价都是高于实际水平的。

有一个关于一百万名美国高中生的调查结果就显示，70% 的学生认为自己的领导才能是高于平均水平的，60% 的学生认为他们的运动能力高于平均水平，85% 的学生认为自己跟他人相处的能力高于平均水平。

这个 70%、60%、85% 显然是过高估计的，高于平均水平的人，最多只有一半才对吧。

另外在这部分人当中，25% 的人认为自己属于最出色的那 1%。人，真的比想象中更自负。

成年人也一样。

90% 的商务经理认为他们的成绩比其他经理更突出。86% 的人认为他们比自己的同事更有道德，人品更好。

为什么人会痛苦和自卑？为什么大多数人对自己不满意，还很焦虑？

因为自我评价太高了，评价高所以期待高，最后导致落差很大。

我不再有改变自己的焦虑。

现在整个社会的氛围好像都是这样，一直强调你要改变自己的坏习惯，改变自己的脾气，改变自己的一切，鼓励你成为所谓的更好的人。

但其实这些鼓励都会给你带来焦虑。

你根本就不必要去完全改变自己，你本来也没有那么差。

对待自己最好的态度是什么？

第一点，要懂得教育自我。对待自己要像对待孩子一样，有些地方做得不好，要去教他；有些时候表现得人品很差，要去批评。对他不要做过高的期待，也不做过低的评价，让他逐渐地进步。

第二点，要懂得发现自己。人对于自己的无知，不亚于对世界的无知。

一点一点发现你自己，发现后，不要急于改变。

第三点，驾驭自己。每个人都有自己的特点，有人内向，有人外向，有人强势，有人柔软，我们不必非要从一端改变成另一端。

我们要学习如何驾驭自己，在一些情境之下采取特定的策略，即便一个温柔的人，在某些事情上也要练习采取强势的手段。

所以需要改变的不是性格，而是驾驭自己去表现出不同的风格。

我把这称为性格自由。

所谓性格自由，即不必强行约束自己，也不用完全改变自己，你对自己知根知底，你很熟悉自己的每一套风格，你能放心地把自己交给世界，你的每一个样子，都是不别扭和自我的，都是最舒服的样子。

学会不生气：
别让情绪成为你进步最大的阻力

我有个朋友，三战北大都没有成功。

在校的时候他非常努力，当全寝室的人在游戏里醉生梦死时，只有他早上六点半准时起床去图书馆，晚上十一点才回来。

所有人都看好他冲刺名校的梦想，但是他一次又一次地让人跌破眼镜。

第一年，差了十几分。

第二年，比前一年多考了十几分，然而录取分数线提高了。

第三年，复试被刷掉了。

后来他跟我们说，其实自己就算再考一次研，也不可能考上。

考研期间他压力过大，焦虑到一定程度后，都开始怀疑自己得了抑郁症，变得无比敏感，寝室的人说话的语气稍微重一点，他都要想老半天。

在我们看来，他在努力学习。实际上，他每天都在和自己的情绪做斗争。

世上本多风雨，最可怕的是自己本身就是风雨的一部分，自己就是成功路上最大的绊脚石。

在非洲大草原上，一只吸血蝙蝠可以咬死一匹野马。蝙蝠的吸血量并不足以致命，野马也没有失血过多，如果静静待着，或许蝙蝠吸饱之后就飞走了。

可是野马在被咬之后，一直想甩脱蝙蝠，愤怒之中横冲直撞，最终死于精疲力竭。生活中没有草原，但是有许多这样的野马。

你是一个情绪化的人吗？

情绪，不是脾气。

有些人看起来温和柔顺，其实内心里情绪在翻江倒海。

遇到挫折容易沮丧；

稍微承担一点压力就开始焦虑；

对未来的恐惧、紧张、担忧……

它们默默地杀死我们每天的快乐和活力。

情绪控制能力差的人，很难成就什么大事。因为情绪会带来严重的内耗。

好比跟男友吵架了，一上午都情绪低落，什么都干不了。在这个过程中，我们的时间和精力被浪费了三次。

吵架本身；吵架后的难过；因为难过浪费了时间，所以更焦虑。

除了内耗之外，情绪还会带来不利反弹。不利反弹有两种表现形式：

第一种表现形式，由于你气压过低，周围的人在你面前肯定不好意思兴高采烈，也无法兴高采烈，他们会压抑自己的情绪，甚至被你的低气压感染，慢慢就形成了和你在一起总是不开心的印象。

最终，他们会越来越不愿意与你在一起。

不利反弹的另外一种表现形式，就是你的情绪可能会发泄到别人身上，影响别人的生活，尤其是你的愤怒，会很容易和周围人发生摩擦，进而你会陷入更深的情绪旋涡。

别让你的所有努力都毁于情绪。

我想和你分享几个和情绪有关的关键词。

第一个关键词,认知。

负面情绪是怎么产生的?情绪发生一般有三个阶段。

第一个阶段,诱发情绪的原因出现。比如和朋友约好了见面时间,朋友却迟到了;工作上出现了一个错误;等等。

第二个阶段,就是解读。事实是一样的,但是每个人的解读不一样,解读就跟照片的滤镜一样,滤镜不同,最终照片的效果也不一样。

当工作上出了错,有人是这样解读的:我真的太差劲了,我没有办法胜任这份工作,干脆辞职算了。

有些人对于工作失误的解读是:幸好是在这一步出错的,如果在更重要的环节出错的话,这份工作可能就丢了,所以现在要赶紧改正这个错误,以避免带来更严重的后果。

这两种解读不同,就会带来不同的情绪结果。

出现情绪结果,就是情绪产生的第三个阶段。

我们如果想要控制情绪,主要是控制哪一步?其实是控制解读这一步,因为事实是没有办法改变的,已经发生了,但是如何解读这个事实,是我们可以控制的。

那为什么每个人的解读不一样?

观念是产生情绪的根源。我妈是个非常乐观的人,虽然她没有文化,但是她性格坚韧,为人热情,是一个非常值得尊敬和喜欢的女性。

我爸在外面做生意赔钱了,把好不容易种地卖菜攒的家底赔光光。当他垂头丧气地回到家以后,我妈会说:"做生意赔钱不是很正常吗?没事。"

我爸出门钱包丢了,气得到处找,我妈慢悠悠地来一句:"丢钱不是很正常吗?没事。"

在她眼里,诸事不顺是一件正常的事情,全天下的生意难道都挣钱?所以为什么赔钱的那个不能是你?赶上了就是赶上了。

人走在路上丢钱本来就有一定概率,所以没什么大惊小怪的。所以她不生气。

有一次我和朋友在机场排队安检,有个人插队,她特别生气地跟对方吵起来了,我慢条斯理地跟对方讲道理。

朋友说我脾气真好,跟人吵架还能镇定地讲道理。

我不是脾气好,我常年飞机出行,遇到的乘客成百上千,在我的认知里,碰到一个不守规矩的不是很正常吗?解决好就完了。

所以,你发现了吗?生气和不生气的结果,取决于你觉得遇见坏事、遇见坏人正常还是不正常。朋友之所以生气,是因为她认为全天下的人都应该是老老实实排队的,所以碰到一个不排队的就暴跳如雷。这种绝对化的想法本身就是不合理的。

我很小的时候就发现,很多人之所以情绪暴躁,容易生气或者受伤,是因为他假设这个世界是完美的。

可能听起来很荒谬,但这是真得不能再真的事情。

为什么你遇到一个不讲理的人会生气?因为你假设这个世界上所有的人都应该讲理,所以遇到一个不讲理的,你就觉得无法接受。

为什么你失败之后会难受?因为你假设自己应该永远都成功,所以失败一次,就想去死。

为什么有人说你坏话你会很痛苦?因为你假设周围所有人都应该爱你,有人说你坏话就是天理不容。

你肯定不承认自己做过这样的假设。可是如果你认为失败、遇到坏人以及被人不喜欢很正常的话,你为什么会有情绪?你会因为天下雨生气吗?不会,因为那是一件很正常的事情。(实际上还真有人会因为天下雨而生气,他是连老天都想管。)

同理,中国有近十四亿人,遇到一个不讲理的不是很正常吗?人这一辈子这么长,遇到失败不是很应该吗?你又不是钞票,有人不喜欢你不是很正常吗?你为什么会难受呢?

还是那句话，看似是情绪的问题，实际上是观念的问题。

人之所以有那么多烦恼，情绪之所以那么容易失控，就是因为我们认为这个世界应该是完美或必须是符合我的想象的。但实际上，可能世界上大部分的事情都不完美。

谈恋爱就是会分手，考试就是会失败，所以当不完美的事情出现时，完全没有必要为之悲伤。往更深一步想，对于悲伤本身，也没必要大惊小怪的，会悲伤也是很正常的。

即便你没有控制住情绪，悲伤了、脆弱了、愤怒了，也不要过于责怪自己为什么不乐观坚强。

因为世界上本身就是有一定比例的人没那么乐观和坚强啊。

我们再来细分一下这种把世界完美化的思维，大致可以分为以下几类。

都应该。

像我们之前说的，每个人都应该是有礼貌的、会排队的；每个人都应该是喜欢我的，都属于这一类。

必须是。

男朋友对我必须是忠诚的，背叛我就是不应该和不可能的。孩子必须是孝顺我的，一旦忤逆我就是不应该的。我必须是最好的，周围的一切必须是符合我想象的。我住在合适的房子里，住在喜欢的城市中，上班路上必须是不堵车的。

否则，我就要发怒。

一定会。

事情不应该有一点错误和偏差，否则一定会很严重的。

马上要考试了，这次如果没考好，一定上不了想上的大学，上不了想上的大学，人生一定会很失败。

这属于把事情不合理地严重化，并且非理性地延展了因果关系。

考不上大学也不一定会过失败的人生。更合理的逻辑应该是这样的：我马上要考试了，有可能成功，也有可能失败。如果我成功了，当然很开心；如果失败了，也存在两种可能。一种是因为这次失败我吸取了教训，可以更成功；一种是我被失败打倒了，再也爬不起来了。

学会用一个合理的逻辑，去替代自己非理性的想法。改变了认知，就会改变解读事实的方式。改变了解读方式，就会改变情绪。

具体怎么改变？

第一个方法：主动确认情绪背后的认知，替换成合理的逻辑。

我们的每一丝情绪都有它产生的根源，找出产生情绪的观念，理性地去判断这个观念到底是荒谬还是合理的。

这个在前面说得已经比较充分了。

我能想起来的最近一次使用这个方法，是和鲁豫姐一起去福建录《鲁豫有约》。

在台下，我准备了一段感谢她的话，但是到了台上，由于有点紧张，或者是过于害羞，我居然没有说出来。

其实我一直没有机会好好感谢她，我并不是那种喜欢肉麻的人，即便是感激表达得也肤浅且匆匆，我这次去录制之前就心想，或许这是个很好的机会，让我能够正式感激这个人，感激她点亮了我的生命。

但是精心想了好久，居然还是被我搞砸了。

回来以后我确实有点沮丧，为什么自己一个在舞台上千锤百炼的人，还会犯这种错？其实仔细审查一下这个观念就会发现其中的错误：即便一个对舞台很熟悉的人，换了一个舞台还是有可能失误和紧张，这很正常，春晚主持人不也会说错话吗？

所以，没必要产生不良情绪。

第二个方法：反事实解读。

在这方面，我妈也是高手。

我考试的时候拉肚子，我妈在家里感慨，幸亏不是高考的时候拉肚子啊。我二哥高考的时候拉肚子，我妈又感觉很庆幸：在拉肚子的情况下还是考上了本科，不错了。在这一点上，我显然是遗传自我妈。

创业有风险，我的朋友圈里喜欢传播焦虑的人有很多，他们经常转发"标题党"的文章，"我的创业公司倒闭了""那些奋不顾身创业的人，后来都怎么样了""90%的创业企业，都死在了第三年"……

我还真有个朋友，曾经一个月做了一千万的流水，赚了一百万利润，一年之后居然连公司的租金都交不起，最终以破产告终。

这太正常了，创业圈里的潮起潮落，比比皆是。但这样一个负面的事实也有反面解读的可能。

我想的是，虽然创业会失败，但是我在这两三年中学习到的东西超过我工作十年学到的。如果不创业，可能我也会是那种每天刷信用卡、透支花呗，然后等待发薪还钱的月光族。所以算来算去，这么做还是值得的。

当然，你可能会有这样的疑问："我这个人本来就很消极，没有办法从积极方面去解读。"

这件事情真的需要刻意练习——练习会形成习惯。

未来的一周内，肯定还是会发生诱发你负面情绪的事情。不管是小事还是大事，按照以前的习惯，你会从消极方面解读，继而情绪不好。这个过程是自然而然发生的，根本没有用到人的理性脑。

我们可以不科学地把大脑想象成两个部分，一个部分是感性的、直觉的、习惯的，另一个部分是理性的、聪明的。

一般情况下，如果事情不复杂，可以靠直觉去判断时，第二部分的理性脑一动不动，只有当它觉得问题复杂了，难度高了，它才会出手。

想要一个固有的观念和顺理成章产生的情绪，必须要用理性脑去主动介入。当不好的事实产生的时候，要练习着问自己：是否有从反面解读的可能性？多做几次，就会用新的习惯替代旧的习惯。

第三个方法：从关注情绪到关注事实，克服不利的反刍。

以前我也会在朋友迟到的时候生气。

但迟到了就是迟到了，其实有时候迟到本身没有产生太严重的后果。生气的原因是大脑在做这样的解读："这个朋友根本就不在意我，她不把跟我的约会当成一件重要的事情，不把我放在眼里。"这个解读到后面会越来越极端，太多负面的想法在大脑中反复盘旋，到最后只剩下一句话：这个人不在乎我。

情绪也会越来越严重，然后当你终于爆发出来的时候，对方还会很惊诧地反问一句：一点小事而已，有必要这么生气吗？

后来我就学会在过程中告诉自己：我不要再让大脑去反刍那些负面的解读了，我要关注事实本身。

我要做三件事情：第一，列明发生的事实；第二，找出解决的方法；第三，预估这个方法实施后可能发生的情况。

朋友迟到了，是事实。解决的方法和对应的结果大概是这样：

让朋友改变，结果大概率是不可能实现的。

时间约得早一点，我们都迟到，这样双方都不生气。

不改变约定的时间，让她出发的时候跟我说一声我再出发，即便大家都迟到，也不会生气。

我选了第二种方法。

她的习惯慢慢地就被我摸透了，这个人很奇怪，约定的时间快到了，才会出发。

后来她说，跟我约会是最让她放松的，没有那种被约定时间逼迫的感觉，即便出门晚了，说一声就行，不用撒谎说自己已经快到了。

生活不是工作，在没有产生严重后果的前提下，让一个有拖延症的人守时确实是很难的。

如果用发脾气这样的方法来解决的话，可能造成的结果就是双方都很不愉快，本来是周末的放松约会，也会变成负担，慢慢地就会失去一个本来很聊得来的朋友。

我们经常说情绪不能解决问题，但是这句话不足以产生效果。

必须要把预估发生的结果列明，才能知道，我们想要的结果到底要如何才能发生。这个方法也可以应用在恋爱当中。

男朋友迟到了，或忘记某个节日，我们生气的点也不过是大脑中盘旋的那个想法：他不够爱我了。于是不管接下来是冷战，还是撒泼，其实都是想要对方去证明，他是很爱你的。但是每次都如愿了吗？

如果对方不在乎你，用情绪去逼迫对方证明了也没用；如果对方平时就很在乎你，只是在这些细节上没有注意，那用情绪去达到目的，显然是个比较愚蠢的方法。

第四个方法：搞笑化。

这个方法挺好用的，足以让我们克服一些生活当中小的、浅层次的负面情绪。

这个是我从我的朋友大宁身上观察来的。

上大学的时候，和大宁吃饭，她特别兴奋地讲起来她们寝室的一个不爱洗澡的"奇葩"女孩，脚臭到让大家寝食难安，大宁跑去和她交涉，说你长期这样，会影响到大家。

结果这个女孩就搬到阳台上去住了！

当大宁讲起这件事情的时候，我们所有人都在笑，从此这个女孩就是我们的快乐源泉，每次吃饭都有人追着大宁问："那姑娘洗澡了吗？"

一个本来很讨厌的人，居然成了我们最喜欢的话题，也不只是嘲笑的情绪，后面居然觉得她没那么讨厌了。

这就是把讨厌的人夸张化和搞笑化的结果，下次看到她，感受到的就是滑稽，而不是讨厌。

这样想象的结果，获益的是自己。

当自己的厌恶情绪消失以后，反而能够更平和地去解决这个问题。那个搬到阳台去住的女孩未必想到阳台上去看风景，她可能也是被大宁的情绪伤到，一时赌气。

有人就说了，我没有办法把讨厌的人搞笑化，因为我真的真的很烦他。小妙招来了，把讨厌的事情搞笑化有个关键环节，那就是转述。

为什么我们通过给第三人转述，就可以实现搞笑化？

因为人都有一种心理倾向，就是希望给别人留下一个好印象，哪怕是身边的朋友。

如果是纯粹地抱怨，不会有人想听，除了自己的父母。可有时候父母也会很烦你总在抱怨。

所以我们会愿意用一种搞笑和夸张的方式变相地去抱怨一个身边讨厌的人。这样一方面和朋友转达了自己的烦躁，另一方面，朋友又不会觉得你很烦，总是在抱怨。

我最近就特别倒霉。

我早上开车上班，总是迟到，后来我买了辆电动车上班。第一天，电动车被雨淋了。第二天，我给电动车盖了一件雨衣，结果雨衣被偷了，电动车又被雨淋了。第三天，我怕下雨，想着把电动车推到楼道里就能避开一劫，结果雨倒是没下，但是我的电动车直接没了。

因为楼里不让放电动车，所以直接被物业拖走了。

我很灰心，觉得自己和电动车没有缘分，打算把这辆电动车送给我妈。

给我妈打电话的时候，跟她说："我觉得自己太倒霉了，绝对不要这辆电动车了。"结果缘由陈述完毕以后，我妈和我都笑了。

然后我就觉得自己没有那么倒霉了。在转述中确实更容易把讨厌的事情变得好笑，尤其是跟一个幽默的人转述。

这是关于情绪我分享的第一个关键词：认知。

改变解读方式，就能改变情绪。

改变认知，就能改变解读的方式。

第二个关键词：理解。

在外企实习那阵子，是我在北京唯一一段每天挤地铁上下班的时期，下班的地铁里总是静悄悄的，一群被吸干血的人半死不活地靠在地铁的车壁上或者栏杆上。

有一次，三五个农民工扛着包裹上来，彼此之间用方言大声地聊天，周围的人都扭身避开，有一个小伙子戴上耳机之后仍然觉得烦躁，就挺身去斥责那群农民工，说他们没有素质，公众场合影响别人，等等。

周围人都向小伙子投去赞同的目光：对，他们就欠骂。

但是我内心却觉得酸酸的。

我有过在农村生活的经历，所以我知道农民工之所以说话大声，不是他们教养不好，而是他们在这方面从来没有被教养过，不是他们素质低，而是他们的素质里没有"小声说话"这四个字。

农村的生活空间比城市里大得多，家家户户都是几十平方米的客厅，还带院子，邻里之间说话经常靠喊。我老家的妇女们都非常习惯大声说话，到了城里以后也很难改掉这个习惯。

我妈在北京生活了将近十年，也就是最近两三年才开始成为一个文静的老太太，以前在公众场所，我们都要提醒她："哎，小点声。"

之前有多夸张呢？

我妈去毛主席纪念堂瞻仰，自认为小声祷告了自己的愿望，但其实从工作人员到满堂游客，估计都能听到她想让我发财。

周围的人怒目而视。

可如果你也有在农村生活的经历，或者对农民的生存环境有所了解，在你被干扰的时候，就没有那么烦躁和愤怒。

因为理解，所以宽容。

所以保持情绪稳定、心态平和的最好方法，不是多读几本鸡汤书，或者下雨的午后听音乐，而是增进对大千世界的理解，不管是美的还是丑的，不管是好的还是坏的。

越不理解的人，越容易痛苦。

脾气坏有时候跟无知和狭隘确实有关系，并不单纯是因为性格直。

在飞机上遇到小孩吵闹，确实会烦躁。

有些人会觉得"为什么你不把小孩给管好""你干吗让你的小孩坐飞机"。之前在微博上看到有个妈妈，为了不让孩子在飞机上吵闹，自律到给孩子喂安眠药。

这种做法确实有些极端。

其实家里有小孩的人都知道，把孩子教育得再好，他也有失控的可能，可能在飞机上就恰恰是那个失控的时刻。

仅仅是想到这个可能性，我们就不会那么烦躁了。

更何况大多数时候对于孩子的吵闹，父母没有听之任之，而是主动哄和抱。

家里的"极品"亲戚、身边的"奇葩"朋友，他们之所以"极品"和"奇葩"，并不是因为他们天生这样，或者主观意愿上这样，或许是因为他们受的教育太少，或许是因为他们的自省能力太弱，所以才有素质低下的表现。

我有个亲戚，逮到家里年龄大一点的女孩就要问人家的婚恋问题，放到网络上肯定要被骂为"极品"。

但是后来我和她聊了几句才知道,其实她并非想要干涉后辈的私生活,而是她觉得自己什么都不懂,又没办法聊工作,所以只能从婚姻这方面表示关心。

如果不让她问这个,她真的不知道说什么。

所以无论接受不接受,都不用因为这种事情难受。

更深和更广地去理解这个世界,就能从根源上防止负面情绪的产生,这个方法不同于负面情绪来临以后的消化和压制。

根本区别在于:你本来就没有生气,所以根本无须控制。

第三个关键词:边界。

我妈想在老家买一套新房,我舅舅觉得没必要花这个钱,给我妈打电话,我妈又不听。

你说我舅舅难受不难受?

其实我也不同意在老家买房,老家的房子不保值,钱花出去就是纯消费,而我们一年到头就在老家住一个星期,一天都不会多住。正月初五之前,通通走光,大家都要上班的。

我跟我妈说,原来的房子装修装修得了。我妈说,拥有一套属于自己的新房子,是她这辈子最后一个梦想了。

听到这句话,我只能乖乖掏钱给她。

此时我舅舅给我打电话说,劝着你妈,别让她花钱去买那些个不保值的房子。

我能答应我舅舅吗?

我不能,于是我舅舅又难受一次。

从小到大,我见过无数次这种为你好的劝说,见过许多人与人之间的控制和强迫,从而得出结论:越想要干涉对方世界的人,越容易感受到挫折。

当你看不惯他人，或者他人没有按照你所谓的"更好的方法"去做，你会难受的。

我闺密是个品位好的时尚女孩，交了个男朋友穿衣服却很土，她就一直致力于改造自己的男朋友。但是男朋友总是表现出很抵触的样子，她就很伤心，很生气，明明只要稍微注意一下，就可以更好看，为何就是不听？但凡你想控制他人，就有失控的可能，然后就会有产生负面情绪的风险。就连父母对孩子的管教也要想得开。

我这个闺密自身其实就深受其苦，父母一直强烈要求她考博士，但是她读书读到都恶心了，研究生还没读完就出来找工作。到现在，她父母还为她的大逆不道愤愤不平。

每个人都有自己的自由，只要他不伤害别人，不触犯法律，他做什么都可以。——这句话是我的人际交往座右铭，记住它，就能少生气。

要成为那种有边界感的人。在大街上，看到别人的奇装异服不用大惊小怪，更不用去感叹什么世风日下、有伤风化。在家里，即便家人没有顺从你的心意也不必郁郁不平，我们本来就没有权利去干涉他人的人生。

交朋友，你对人家好，并不见得人家也要对你好，你对她好是心意，她对你坏是自由，所以没必要因为得不到回应就心生怒气。

在网上，看到有人发一条与你三观不合的微博也没必要去评论里撒气，在自己的微博上发自己想发的内容，本来就是他人的自由。

年轻的时候，懂得人与人的边界，可以活得更开放，心境更广阔。

老了也不会成为讨人厌的老年人。

第四个关键词：高人一等。

之前我被邀请去一所专科学院做讲座，现场我问同学们："你们想听一些考试的方法，还是公众表达的技巧？"言下之意，你们选哪个，我就讲哪个。

大多数人都选择了听考试方法，所以我就跟大家分享了考研的一些心得。

结果我讲到一半，一个男生站起来质问我："你为什么要讲那些跟我们无关的东西，难道你不知道我们是专科院校无法考研吗？你讲这些除了让我们感觉到你很厉害，有什么用呢？"

第一排听得很认真的女孩子站起来为我辩解："这是我们自己选的。"她可能真的为我感到委屈，差点哭出来。我赶紧让她坐下，自己来解释和致歉。

结果没想到的是，就在我说抱歉的过程中，那个男孩继续和别人交头接耳，而且很粗暴地打断了我的话，在座位上摆了摆手说："我不想听这些跟我无关的东西。"

OK，于是我就闭嘴了。

我继续讲我原定的内容，没猜错的话，他其实只是想站起来发言，我全程讲什么，他始终没有听。从坐下开始，他就一直在和前后左右的人聊天。结束以后，陪同我来的工作人员怕我生气，还来安慰我一句，说每个学校都会有素质特别差的孩子。我说，我真不生气。

她们都不相信。她们跟着我一起经历过许多这样的事情。

还有一次在某个学校做新书签售，现场有个女孩站起来说："我很喜欢你的书，对比一些小鲜肉的圈钱书，你的书有价值多了，你怎么看待那些靠脸出书的人？"

我还没来得及回答，有个女孩子忽地站起来，气愤地开始反击："我很喜欢××的书，虽然他就是你们所说的小鲜肉……"接下来就是好长一段表白。

既然她自己反驳了，我就没有多说。我本来想说，"鲜肉"这个词不太好，其本身带有贬义，即便不喜欢某个男明星，我们也不要这样称呼他。活动结束以后，主办方向我致歉，说："不好意思，会场上那个孩子不大礼貌，占用您这么长时间。"

其实我当时是很惊讶的，原来这样的情境下人应该生气，为什么我一点感觉也没有？

我还是不生气。

所以许多主办方都说我人好，是他们见过的最好接待的作者之一。

但是我自己后来想了一下，我不生气，不是我人好，而是我自认为"高人一等"。

为什么朋友做错事情我们会生气？因为在我们心里，我们和朋友是平等的，我尊重你，所以你对我的尊重一点都不能少。但是我们很少见到大人会因为一点小事去跟孩子生气，对吗？不只是父母对自己的孩子，就算对别人的孩子，也不会因为孩子的一点小错误就不依不饶。原因在于大人在孩子面前有一种"高人一等"的心态，我比孩子的年龄大，我比孩子的见识多，我比孩子的素养好，我比孩子的心胸广。

所以，我不会跟孩子一般见识。

我很少跟人生气，原因是我觉得我比对方的见识多、素养好、心胸广，看到他就跟看到一个孩子一样。

就像讲座中站起来的那个男孩。

他其实根本就不懂，学习方法这种东西可以迁移，即便不考研，也不是没用。

他的这种自我的状态，跟一个小学生没有差别，他只能从自己的角度想问题，觉得我不喜欢，所以就不可以讲。所以你有什么好生气的呢？

一个成年人跟一个孩子对骂，骂得面红耳赤，不可取，也很可笑吧。

确实有很多成年人就是所谓的巨婴。他们在成人的躯壳里，做着六七岁的孩子才会做的事情，让你帮忙不知道说谢谢，并且认为是理所应当。抢你的东西不感觉不好意思，这些行为跟穿开裆裤的小孩真的没有区别。

包容，都是自上而下的。

所以不假设和对方是平等的，以及去想象自己高对方一等，你会变得更包容。

第五个关键词：更大的世界。

我不爱生气这一点，并非从小就是如此，大概是高中以后，我忽然觉得世界辽阔，人的喜怒哀乐都很小，从此我就变成了一个平静的人。

十五六岁的时候我出门买杂志，被学校门口杂志摊的老板少找钱，站在那儿觉得无比气愤。

明明我递给她钱的时候，手里本来就握着几块钱，她怎么能说那是她找给我的钱呢？

但是跟她争执了几句之后，我就迅速地镇定下来。

我想的是，这个杂志摊的老板娘可能一辈子都离不开这里了，如果她的眼光能长远到牺牲眼前的一点小利益，去维护一个长期客户的话，她就不会站在这里卖杂志了。

而我还有很多重要的事情要做。跟她吵架十分钟拿回那几块钱，不如现在马上跑回自习室去做几道题。

所以你看，生活当中那些不爱吵架的人，未必胸襟宽广、脾气好，只是他们想去或者拥有一个更大的世界。而被一点小事就牵动情绪的人，往往活得非常狭窄。

但是如果你的世界够大，你会发现牵动你情绪的那一点，在你整个世界里面占据的比例太小，小到它就算消失，你也不会有事。

特简单的道理：你见过了大海，就不会为池塘的事情烦恼了。

这个方法听起来很空，但是真的特别有效。

我每次失恋，也会忍不住躺在床上哭，但是哭一会儿就会告诉自己必须要出去走走，我会约很多朋友聊天，尤其是那种优秀得不得了的朋友，一聊就会发现，这个人去环游世界了，那个人的公司市值已经做到几个亿了。

回来以后感觉自己仿佛井底之蛙，不想着怎么爬出井底，反而因为错过了一片云而伤心。不值得，也不重要。

这个方法被我称为"失恋黄金治疗法"。手动扩大自己的世界，让自己关注的事情更多也更广阔，从而使得牵动自己情绪的事件比例变小，然后再去消化和忽略它。

我会尽量避免独居。

一个人住几年，你就会发现自己的各个感官都会变得非常敏感，对很多小事的感受会放大，因为没有充分的社交，没有舒服的亲密关系，长期关注自己，就会导致很难去消化一些情绪。

长期专注在一件事情上，也会导致消化情绪的能力变差。

最典型的案例就是高三学生，你可以去群访一下高三学生，尤其是那些高考难度较大的省份，就会发现有相当大比例的学生心理是不健康的，他们敏感，并且容易情绪失控。

原因就在于他们整整三年时间都浸泡在"学习"这一件事情里，不允许恋爱，不允许看课外书，没有时间和朋友玩耍，那么一旦学习发生一点不顺利，整个人就崩溃了。

同样的道理，如果你的世界里只有一个人，例如恋爱对象，只要他背叛了你，你就会崩溃，他随随便便一句话，就会伤害你。

所以我们一定要避免把自己全部的人生都交付在一件事情或者一个人身上。

你应该——

交更多的朋友；

见更大的世面；

有一个更远大的梦想。

尤其第三条非常有用，超出眼前的世界，去看更远的未来，去更远的远方，当你有这样的信念，就不会因为有人踩了你的脚而花时间生气，或者停下与他争吵。

第六个关键词：发泄。
两个人之间发生了不愉快，是不是坐下来把心里话都说出来就好了？
之前在综艺节目里看到小S和蔡康永说到这个话题，小S说，说出来不一定好。
屏幕前的我和我朋友都默契地点了点头。
好多话本身就是矛盾的来源，说出来以后只会激化矛盾。

看过这样一个故事：
女孩感觉男友最近情绪不好，总是心不在焉，着急吵架之余，学习了一些"沟通法则"，于是决定和男友坐下来聊一聊。
女孩对男友说，有什么话你就说出来，我们一起想办法解决。男友嗫嚅了半天之后终于吐露了心里话：我对你没有感觉了……女孩火冒三丈，然后又是一顿乒乒乓乓的吵闹。
在说出"心里话"的时候，很容易经历这样的尴尬：说好了不介意，只是想彼此坦诚，但是坦诚的过程中脸色越来越绿，发现问题比自己想象的还要严重，于是更加失望和沮丧。

后来我做出总结：心里话，不能全说。
千万不要灯光一打，气氛一好，情绪一上来，稀里哗啦什么话都讲，美其名曰交心透底，实则只是为了说个痛快，结果给感情造成了不可挽回的伤害。
没有哪两个人是完全一样的，或者是完全契合的，有些话一辈子不说，我们也能相安无事，彼此相爱。如果脓疮挑破，造成截肢伤残也不一定。
为什么有些人感觉话说出来就好了？实际上把话说出来是一种发泄。

一般能有这种感受的，都是在关系当中处于弱势的，或者本身性格内向、木讷、多顾虑的。对这种人来说，一次说爽，是一种克服自我的愉悦体验。

有了坏情绪发泄出来，也是一样。

发泄情绪，本身是消化情绪的好方法，但我觉得这个方法应该是最后一招才对，无法阻止情绪的产生，也无法用温柔的手段化解，最后只能发泄。

大哭一场，大吃一顿，或者跟人大吵一架。这种发泄都是单方面的愉悦，所以在使用发泄这种方法的时候，最需要注意的就是千万不要伤害他人。

发泄的时候情绪不受控制，表达方面就会有很多失误，责怪了爱人，羞辱了孩子，发泄完了，你觉得好了、开心了，但是忽略了他人的感受，伤害了彼此之间的情分。

所以，发泄情绪并不是随便说，也不是随便做，更不是随便哭。

我总结了一下绝对不能说的两种话：

第一，评价对方人格或性格的。

"你就是个窝囊废""你性格有缺陷""你每次都是这样，你连这点小事都做不好""你就是没用的人"，这种都是给人定性的话。

吵架结束了，但是你对我这个人的否定，你对我的看法，我永远都忘不掉了。

因为一点小事吵起来，却造成了永久性的伤害。

第二，否定感情基础的。

"我早就受够你了""其实我从来没有喜欢过你"，这种就是属于否定感情的话，会让对方有极大的不安全感。

类似的还有"我跟你在一起非常无趣""我每天都不幸福"等等。

如果你在我身边并不快乐，或者你从来没有喜欢过我，那么，你随时都有离开我的可能。

我以后可能无法放心地和你在一起了。

负面情绪太多，会严重地消耗你的意志力。因为某一件事情愤怒和沮丧以后，常常会感到身体被掏空，实际上就是精力燃烧殆尽的表现。

情绪本来就在消耗你，控制情绪再次消耗你，控制失败之后引起的不利反弹，更是进一步消耗你。

没有成为父母的傀儡，没有成为他人评价下的懦夫，我们更不能成为自己情绪的俘虏。当你被情绪绑架和控制，你会失去行动力，也会失去幸福的能力。或许我们不能成为情绪的主人，控制它和驾驭它。但是我们可以成为情绪的朋友，认识它，熟悉它，然后和自己，和自己的情绪和平共处。

重塑大脑：
只要成功六次，你就能成为自信的人

经常会被人问这样一个问题：你自卑过吗？

当他们看到我在台上讲得酣畅淋漓，仿佛坐在自己家客厅一样自如的时候，他们会好奇，我是不是一直都是这样，不惧怕众人的目光，自由自在、自信昂扬？

答案是：当然不是。

我肯定是自卑过的。

初中的时候最自卑，那种自卑不是缘于我比某个人差，而是我和所有人都不一样。

我上体育课从来不穿运动鞋，因为不舍得买。我哥更惨，读高中的时候全班都有羽绒服穿，他没有。

这不是冷不冷的问题，而是自尊的问题。所以回家以后，他和我妈反映了这个问题，我妈表示很重视，于是十里八乡去收了一些鸭绒，动手给我哥做了一件。

且不说那件羽绒服的款式是否好看，我妈为了做一件能穿一辈子且保暖的，弄了一件XXXXXXL号的羽绒服，直接从脖后颈垂到脚后跟，我哥穿上自尊心只会更受伤。

所以他就硬生生受了一冬天冻。

这样的场景我们经历过太多次，所以不自卑是不可能的。这种自卑体现在生活的许多细节上。没有勇气去主动挑起话题，因为害怕没人接；舍友被老师骂哭了，其他人都围上去安慰，我不敢去，我怕我说错话她只会更生气；朋友中有人不高兴，我觉得一定和我有关系；喜欢一个人，低到尘埃里。

好在这样的自卑在我身上不到两年就散了，我凭借自己的努力考上了一所不错的高中，斗志昂扬地开始了我的北大之战。

所以现在人们会问我"你自卑过吗？"，而不是"你自卑吗？"

因为我看上去确实不像是会自卑的人，我早不是那个会敏感地观察他人眼神和脸色的小女孩了，我已经不会因为一点小事情和小挫折去否定自己了。

我像一棵参天大树，不会因为风吹草动就自毁根基。

回头再去分析，自己为什么会自卑呢？

总结来看，大致有这几种原因。

第一，有可能我属于天生就比较敏感的人。

也就是说，遗传因素会让人敏感。心理学家在新生儿身上做过一个甜水实验：让新生儿用吸管去喝水，然后把水的甜度增加，发现有些新生儿对变化有反应，有些没有。

过了两年，再去观察这些小孩，那些对水的变化反应强烈的婴儿会比其他的小朋友更为敏感。

我爸就比较敏感，我问我爸还有钱吗，我爸会说你为什么要查我的账单，我没有乱花钱。

他很容易多思和过度揣测，很可能我遗传了这种敏感性。

第二，原生家庭和外界评价会让人自卑。

有些小孩真的很不幸，从小到大都被否定。

小婴儿根本没有认识自我的能力，他们无法给予自己客观公正的评价，对自己的认知是由周围人的评价形成的。

父母是周围人中最大的权威，所以父母说他坏，说他不优秀，说他没用，他会照单全收并且深信不疑，因为没有其他更权威的方式让一个孩子给自己下定义。

在充满否定的环境中长大，大概率会成为一个没自尊和不自信的人。不过我的家庭恰恰相反，我妈很擅长夸奖孩子，她会找到各种新奇的角度来赞美我们三个小孩。

我们在学校考了好成绩，她会夸我们优秀；学习不好，她会夸我们不捣乱；跟小朋友打架了，她会夸我们打架不输；打架打输了，她会夸我们有风骨；但是这种教育方式也隐藏着自卑的前因。

有时候自尊心被父母保护得太好了，会以自我为中心，常有优越感，觉得自己是最好的。

这种幻觉早晚有一天会被外界打破，正是因为过去被保护得太好了，自信带有某种程度的虚假，所以更容易受到冲击。你会遇到更强的人，或者你会遇到其他权威给予否定的评价，被泼了冷水以后，自尊心很容易坍塌。

接着就会开始过度关注他人的态度和看法，一下完全失去自我，开始自卑。

第三，在成长过程中，从心理学角度来讲必然有一段敏感期。

我觉得这个原因更能解释我的自卑。

我的自卑是从青春期开始的时候出现的，在青春期还没结束的时候就消失了。从生理上来说，我们的大脑在青春期会经历一段独一无二的发展时期，其中的变化会让我们的青春期变得特别起来。

首先，我们会更容易受到负面情绪的感染。其次，我们的大脑会渴望探索和社交。所以相较于小孩和成年人，青春期的我们更加敏感，做事的动机也更强烈。

这就可以合理解释许多人在年少时的自卑感，就我的观察，几乎所有人都会有这么一段自卑期，都会经历一个从特别敏感的阶段到脱敏的阶段，从一个过度在意外界的人，变成随他去的心态。这不只是我们在心理上的成熟导致的，和大脑的变化也有关系。

当我知道了这一点后，我很容易接纳自己的敏感和自卑，因为并不是我一个人如此，而是几乎所有人都如此。

第四，积累的成就感太少，也会不自信。

有学者曾经在老鼠身上做实验。要知道老鼠的世界也有地位之分，两只老鼠狭路相逢，小的、弱的那只会习惯性先退让。

有一只小老鼠在外力的帮助下逼退了比它地位更高的老鼠。

这种成功重复了六次以后，小老鼠的大脑结构就会发生改变。以后在没有外力的帮助下，它也会勇敢地向地位更高的老鼠发出挑战。它不再像以前一样消极、怯懦、后退。

作为人类，你成功过几次呢？

上学期间判断人能力的唯一标准，就是学习成绩。可学习成绩好的又有几个？一次又一次地考试失败，证明了你是个失败的人，不被周围的人认可，也没有其他机会和领域可以去自证，如何自信？

在作为学生的十几年，许多人没有积累过任何成就感。

终于长大，闯入社会，懵懂无知，赚钱无能，怕老怕病，嘴上每天说的都是买不起和做不到，更没有成就感可言。

所以如果一个人此生当中都没有成功地做过什么事情，如何能自信？

我小学的时候觉得自己是天下第一，父母夸赞，老师也喜欢，成绩几乎保持在前三名，考第二都会生气。

在那个阶段，大脑就被塑造成了自信的样子，优秀成了所谓的习惯，你曾经做到过，你知道那种感觉，你经历过做到的过程，所以你觉得自己还能再做到。

青春期时自信受挫，发现自己什么都不是，便迅速自卑起来。

但自信的恢复也是从做到了某些事开始的，努力学习，逆转成绩，成为同学眼中那个创造奇迹的人。

到现在我仍会遭受冷遇。自己越强大，遇见的人就越强大，难免也有自惭形秽的时刻，这时候我就告诉自己，要加油啊，你曾经克服过许多困难，你也做到过许多不可能，你有证据表明自己能行。

第五，比较和自我否定。

朋友问我怎么才能自信的时候，我会说"赚点钱吧"。

他们会笑我开玩笑。

其实我想说的是，钱确实不能带来自信，就像我们在前面说的，赚钱却可以带来成就感。

最终形成底气的原因，不是账户上有多少钱，而是我所得到的一切都是我自己亲手奋斗而来的，千金有散尽的一天，但是我曾经做到过这件事情，这个事实永远不会改变。

除此之外，还有一个原因。

账户上有第一个一千万的时候，我的心态发生过微妙的变化。

我算了一笔账，买几份保险，把钱放银行存起来收利息，按照我的低消费水平，只要不打仗，没有灾难式的通货膨胀，我能花到100岁。

意识到这一点以后，人会越发变得无欲无求。

不用指望有谁能成功，也不期待获得本不属于自己的东西，不需要特别的机会。

我拥有的已经足够了。

这种感觉在社交中表现出来，就是笃定和有底气。

《简·爱》里也说过，虽然我贫穷，但是我和你是平等的。

可是当你有求于人的时候，很难坦荡地说"我和你是平等的"。

毕竟生活中让你向人低头的不只是攀爬的欲望和借光的念头，还有磨难本身。

金钱代表了生存资源和对生活的控制力。我有个阿姨，有钱以后说话都变大声了。你可以想象在一群猴子中，有一只猴子囤积了足够多的食物和生活物资，别的猴子都在拼命寻找食物的时候，在互相讨好祈求资源的时候，它不用，它知道自己的物资足够且被规则保护，谁都不能抢。

你说这只猴子会不会比较自信？

而自信的关键不是拥有得多，或者比别人多，而是"足够"。这种足够感是笃定的来源。

我在看到朴树和窦唯这类人的新闻时就经常感慨，其实自信不是看上去神采奕奕和气势强大，而是一种保全自我的从容。而毁掉这种从容的就是比较。比较之后的欲求不满，会让人自我否定。

如果一个人想下地狱，那就去跟人比较吧。

那只拥有了足够资源的猴子看到别的猴子拥有的东西更多，比较之下，估计要开始埋怨自己，为什么胳膊不粗一点，不跳得快一点，不跑得更远一点。

一旦开始比较，就谈不上自信了。

以上就是容易引起自卑的原因。

我很感谢自己经历了一段自卑的时光，让我重新去思考"自信"两个字，让我知道自卑并不是纯粹的坏事，它的存在亦有意义。

· 我们过于在意自信这件事情了。

好像一个人不自信到发亮就不够优秀，好像培养出的孩子不是那种自信心爆棚的就算失败，好像一个人只要不自信就什么都做不成。做什么事情失败了，都能归因于过于自卑。

自信是成功的必备条件吗？

不是。

自卑一定是成功的障碍吗？

不是。

或许自卑才是自信的开始。

白岩松曾说:"在我的身体里,自卑心理是非常明显的……任何一个事交给我的时候,我都在想我能把它弄好吗?然后你就会比别人多用十二分的力气,因为你怕弄不好,你觉得可能弄不好,你用非常大的力气,你非常不自信,然后你就做了,天道酬勤,每弄好一件事,就会回头给自己一份自信……"

没有深度自卑过,就不会有刻骨的拼命。

因为被嘲笑口音,所以我才会在没人的时候照着拼音一个字一个字地练习,直到把普通话说得标准。

因为总怕自己被人看轻,所以那时候才有那么大的毅力把事情做到最好,去做最优秀的那个人,去争那个第一名。

度过了那段时光之后才发现,其实那时候,不是因为自己太差了才不自信,我并不差。也不是非要改造自己才有资格拥有自信。

我也曾因为自己不够漂亮而有些自卑,也曾以为只要减肥成功、整形变美,就可以很自信了。可是到现在我仍然算不上漂亮,甚至还胖,每次去录《非你莫属》都要被涂磊老师说一顿,用他的话来说,我的造型一直不变,体形一直不变。

但我很喜欢自己,并不觉得这是令人羞愧的缺点。

所以,如果想要变得更自信一些,最差劲的方法就是和自己的缺点不依不饶地做斗争。

你越不放过,越不能赢。

自信的来源是什么?外部反馈和自我认可。

日本一档综艺节目里曾讲过这样一件事。

21岁的女生kyouka自卑,内向,走到哪儿都戴着一副口罩。

没有整形，也没有改变其他任何条件，在被辅导老师连续夸赞五十天之后，她居然变成了自信开朗的人。摘掉了口罩，化起了淡妆，与人交谈不再躲闪，像换了一个人。

外界给的反馈是自信建立的基础之一。几乎没有人可以在不被任何人肯定的情况下，凭空建立自信，他人如同镜子，如果每一面镜子都把你照得很丑，再好看的人也要怀疑自己的美貌了。

怎么从外界得到更多的正面反馈呢？别人的嘴巴说什么话，是我们无法左右的。

分享几个从我的经验里总结出的方法。

第一，划定能力范围。

我们对自己的误解是因为不了解，不知道自己擅长做什么、不擅长做什么，所以一直都在不擅长做的事情上受折磨，渐渐地就越来越低迷了。

你必须能够清楚地划分什么是你想做的，什么是你能做的，千万不要把想做的当成能做的，否则就会反复受挫。

划分好自己的能力范围不仅仅是为了成功，也是为了自信。

我之前学财务的时候，就一直不如我的一个朋友，她在把每一项数字归类放到表格里的时候，都带着一种心满意足的表情。

而我看到数字和报表就烦躁，所以我上课听得没她明白，考试也考不过她，那阵子是真的郁闷，就觉得是不是自己不够努力，或是学习能力下降了。

直到我转去学习法律，才得以发挥自己的优势。

几乎所有的战略书都会提到这一点：做事有取舍，着眼于优势。管理大师也反复提及，如果想要过上自信和幸福的生活，必须找到自己擅长的甜蜜区，在那个区间去充分地实现自己的价值。

这些道理都是对的。在更有优势的地方成长，更容易成功。

这就是划分能力范围的第一个好处，能让你得到更多成功的反馈。

第二个好处是可以帮助你转移关注的焦点。

如果你问一个女孩,在照镜子的时候首先看到的是什么?

一定是自己脸上的缺点。

我在女生寝室的时候,每天都能听到这样的抱怨,"我的鼻子太大了""我太黑了""我一定要去整形,变成双眼皮"。对缺点关注得越多,对外貌越不自信。

这是我们的习惯:在所有的事情中,对于做错的最为敏感;在所有的特点中,对于缺点最为关注;在所有的朋友中,不喜欢我们的那个反而占据我们最多的心思。

划分能力范围以后,就可以把目光转移到自己的优势上来。

我前面说过,不要总觉得把所有缺点都克服才能自信,专注优势,发挥特长,就能完成蜕变的过程了。

划分能力范围的好处之三,就是更容易接受范围外的失败。

我在创业过程中特别清楚自己的优势是什么。

我很擅长捕捉一个机会,然后带人全力以赴地冲上去,但是精细的流程管理方面就有所欠缺,更不擅长处理员工关系。

有个做咨询的朋友来我公司转了一圈,跟我说:"我觉得你的员工都有点怕你。"

我不否认,或许这是事实。一来天然的上下级关系会导致员工和老板之间的疏离,二来我并不擅长跟他们联络感情。

我只能跟自己说,带大家完成更多的目标吧,然后在其中培养出共事之谊。

而我朋友一直强调帮派意识和兄弟之情对于初创公司多重要,我每每感叹,如果我不是一个清楚自己能力范围的人,该多么焦虑?

就跟我那时候参加完《超级演说家》比赛以后一样,好多朋友都在我耳边催促,赶紧去创造下一个人生高峰,不然大家就会忘记你。

所以他们以为我不想吗？可是人生本来就不是一峰更比一峰高，而是连绵起伏上下跌宕的，这很正常。当有许多人对你指点，可是你却做不到的时候，那些指点在你眼中就变成了指指点点，你就会特别焦虑。

可是如果你能分清楚什么在能力范围内，什么在能力范围外，就可以幸免于难。

我听完朋友的建议会想，她说得对，可那是我想做的，不是我能做的，所以我会努力做，却不必难过。

能力圈以外的事情没做好，可以再去尝试，也可以去学习和研究，或者可以放弃，等转移到自己的能力圈以内再去努力。

通过这样的划分，在评价自己的时候会变得更理性，不会盲目地自我否定。

第二，重视成长性。

今天的失败只能证明我"今天"不擅长做"这件事情"而已。

从范围上，我承认我在做这件事情甚至这类事情上是不行的。

从时间上，我承认现在的我能力不足，所以不能胜任。

但是我可以通过学习去培养这方面能力，多几次尝试和经验积累之后，未来再去挑战这类事情未必不行。毕竟每个人都是可以改变和成长的。

我之前写过一篇文章，就说到这件事：我们可以否定今天的自己，但是不要否定未来的自己。

失败的时候要想，只是我努力的范围不对，或者时机不对罢了。

现在做不到，也没什么好自卑的。

比如我本身不擅长演讲，但是通过学习掌握了演讲的技巧，可是辩论却在我的能力圈之外，直到今天，我都不擅长及时应变。

重点是，接下来应该怎么办呢？——替换自己的行为模式。

不同的行为模式会产生不同的结果；别人的行为模式是正确的，所以输出了成功的结果；我的行为模式是错的，所以输出了失败的结果。

或许是因为我学习得不够，或许是我努力的方法不对，只要我把错误的行为模式替换成正确的，就有可能改变结果。

所以当我失败的时候，我不会觉得我这个人不行，或者我未来没有希望，我会想：正确的行为模式到底是什么？别人是怎么做的？别人和我的差别在哪里？

这样就不会因为经历了失败和否定而自卑。

"淋雨实验"这个方法，是我在下雨的时候想到的。

小时候妈妈总是灌输给我们这样的观念，不能淋雨，淋雨会感冒。所以下大雨没带伞，就会着急，就要等待。

但其实淋雨本身没什么可怕的，淋雨不会死，就连感冒的概率都很低。

有一次我冲入一场瓢泼大雨里想试试淋雨，发现这个过程也可以很平静。不着急，电脑已经被我套在了塑料袋里不会湿，衣服我可以到家以后就丢进洗衣机，所以慢慢地走回家就好了，反正人也不可能湿透两次。

我们对淋雨这件事情的恐惧和排斥，远远超过了这件事情的严重程度。好多事情和淋雨是一样的。我上初中的时候不敢在公众场合说话，生怕因为没人回应而尴尬。由于我们把这件事情想得过于可怕，从此以后真的就越来越不敢说了。

但没人回应你的话，真有那么可怕吗？

有一次我开口和喜欢的男生说话，他的反应如我所想，不冷不淡，那一刻我觉得也没什么，他不理我并没有比我之前想象的更难受。

我就笑自己，为什么每次发信息之前都那么紧张，这也没什么嘛。

尤其是带着实验的心态去做的挑战，观察的视角会让你变得冷静和理性。

我们常说，观念会改变行动，但是行动反过来也是可以改变观念的。

真的去做一次，会发现好多事情并非如我们所想的那么可怕，还有一些事情和我们想象的根本不一样。

我经常用这招劝我自己，要主动开口和人说话，实践之后发现大多数时候对方是很热情的。

慢慢地，认知就改变了，这世界对我没有那么冷漠。

正确认定责任。

小时候妈妈总是跟我们说，凡事从自己身上找原因。

长大后我们变成了一个只会从自己身上找原因的人。

敏感自卑的人都有这样的习惯，只要出错，问题就在我。

这社会有时候也很残酷，人们更喜欢在弱者身上找原因。

读小学的时候我们班上有个女生总被男生欺负，于是跑去老师那里告状，老师说："为什么他只欺负你，不欺负其他人？"

一个女人被家暴，周围人却说"你老公肯定不会没有原因就打你的"。这种思路有毒。

后来我遭遇校园霸凌的时候，也想起过这句话：为什么她不欺负别人，就欺负我？肯定是我什么地方做错了。

跟人起冲突，永远都在反思自己，第一反应是，我是不是说错什么话了？

被人批评和责骂的时候，想的是她说得对，确实是我做得不好。

朋友背叛我，曾经很要好的人却来伤害我，我会觉得是我的性格不够吸引人吧。幸亏我没有继续抱着这样的想法长大，不然很难成为一个自信幸福的人吧。

朋友看《小欢喜》看到痛哭流涕，她说她妈妈就是宋倩，但是她不是英子。

父母离婚之后，父亲再娶，后妈生了弟弟，重男轻女的父亲对前妻和女儿不闻不问，母亲很要强，天天对她耳提面命要争气。但是她学习成绩真的一般。

她说，妈妈打量我的时候，感觉好像在看一件失败的作品。她没能够扬眉吐气，没能够幸福，多半的原因都在我。

但其实父母和孩子本身就是分离的个体，怎么可以把自己的幸福寄托在另一个人身上呢？哪怕这个人是家人。

《天才捕手》里的那句台词，真的很动人。

"这不是你的错。"当心理医生跟威尔说出这句话的时候，他哭了。

学会合理地认定责任，我们才能更有勇气去面对真正的错误，而不是一味地陷在自责里。

当错误和冲突发生的时候,至少要去想四个问题。

我的责任是什么?我做对的地方在哪里?他做错了什么?他做对了什么?

这个方法可以称为"枕头法"。问题常常像枕头一样,有四个边,但是你的头脑应该不偏不倚地放在最中间。

我曾跟合作伙伴起过一次冲突。

熬夜做出来的东西发到群里,对方回复我:"以下三个点改掉:第一,第二,第三。"

我想,你是我的班主任吗?还是我妈?我们只是合作关系,没有什么甲乙方之分。尤其回复我的还是一个年龄很小的对接人。

熬夜后人的自制力会变差,我说:"你说话前能不能加个'请'字。"

他很气,说:"这就是我的工作,我没什么错。"

其实说完我就后悔了,他只不过是一个为老板打工的小孩,哪里会为什么合作关系去考虑,哪里会为将来考虑,我何必跟他计较这些。

以往想到这儿,事情就结束了,这种冲突一般以我的自责结束。但现在我不会这样了,我知道他的责任是什么,我的责任是什么。

我的责任是可能我给出的东西真的不够好,而他,即便是对待一个非合作关系的正常人,语言也过于生硬了。他不懂得在微信里聊天的技巧,打字是看不出表情和语气的,也无法根据对方的心情去调整标书,所以有时候过于简洁就是不客气。

他做得对的地方是专业,该表达的都表达了,非常到位,没有错误。

我做得对的地方,是发生冲突之后迅速做了善后工作,保持了合作关系。

这些想法都是在大脑中一瞬间闪现的,但是足够让你不沉浸在"我不大度,我是不是太矫情"这样的内心声音当中。

去喜欢和夸赞他人。

这个方法不仅可以改善自卑状况，而且可以提高生活中的幸福感。遇见的人，哪怕不那么喜欢，也要找出喜欢的某一个点，并且表达出来。没有人的身上是完全不存在优点的。

当结果不令人满意的时候，可以去想过程中是否有值得肯定的事情。当行为不对的时候，未必心意也是错的。坚持去赞美，生活大不同。

你的话首先会塑造对方，当对方收到你的夸赞之后，并不愿意失去它，所以就不会做那么多令你讨厌的事情。从心理学上讲，人更容易喜欢喜欢自己的人。渐渐地你也会得到他的反馈，他也会表达对你的喜欢和赞美。

所以这是一件双方都有好处的事情。

我总结了许多赞美的技巧，在本书的其他文章里都分享给你了，记得重点查看。

在与自卑和自信相处的这二十余年里，我最大的感受是，自信是有流动性的，它并不是一个恒定的存在。

再强大的人也会自卑，再强大的人也有自卑的时候。

重要的是我们需要有跟自己说理的方法，需要留存一下自信的证据，对自己能够说服和引导，最厉害的是能够自我鼓励。

和自己对话，并且能相信自己说的话，这样的你才是打不倒的。

Chapter

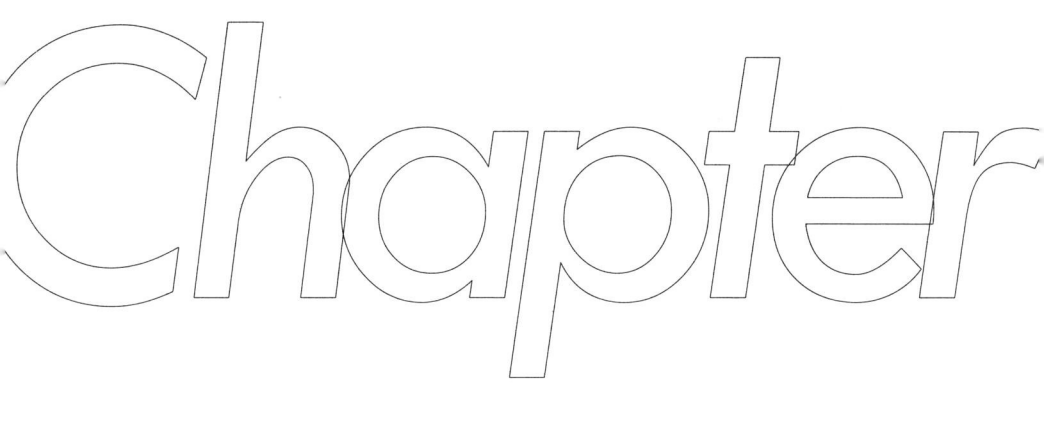

Five
社交篇

我们之所以能够拥有想要的人生，
能做成某一件事情，
都是需要付出代价的，
都是需要去谋算策划的。
想得越多，麻烦越少。

不强大的人，
怎么社交才有用

社交焦虑一定会在某一个年龄段发生。

我的这个阶段发生在 20 岁左右，初入社会，发现自己没有融入圈子的能力。

人群当中有不少人都是我这样的，与人交流毫无问题，看上去也比较开朗，但实际上性格偏内向，轻微社恐。

我那时候最怕的就是所谓的"社交场所"，大家都不熟悉，但是装作熟悉的样子，面子话满场飞，一片假热情。

每每这个时刻我都特别尴尬，觥筹交错中说不上话，不知道怎么接话，最恐惧的环节就是轮流敬酒，什么时候站起来？该不该站起来？站起来说什么？这些问题会让我坐立不安。

社交焦虑由此产生。我并不喜欢社交，但是又觉得很有必要。

有焦虑的地方，就有鸡汤。

其中一类鸡汤是：如果你不够强大，你的社交都是无用社交。你要先有用，社交才有用。等你强大了，就有人来找你了。

这类鸡汤很洗脑，给我们这种不喜欢社交只喜欢做事的人提供了理论支持，可以让我们更心安理得地埋头做自己的事。

我管这个理论叫作"强坐等理论"。

还有一类是干货文章，教你怎么样迅速跟陌生人熟悉起来，开口交谈的五十式等，但这些解决不了我的问题。

首先我会习惯性地去解决一些更底层的东西，当我把这件事情的规律和逻辑想明白以后，才会觉得那些技巧层面的东西有用。

社交，实际就是社会交换。

交换的前提是你必须有价值。如果总是抱着想认识对我有用的朋友的念头去与人交往，那么大概率会落空。没见过市场上谁不拿着钱就能买走菜的，你没有怀抱价值而来，参加再多的局，认识再多的人，也不会有人帮你。

只是人并不是明码标价的，你是大明星价值一千，我是过气网红价值五百，所以我不如你，我没法跟你交朋友。

这种想法完全不对。

也不是说只有等我强大了，社交才有用。多强大才算强大？总有人比你更强大。

你可以说等我有钱了我再买LV，但是没听人说过等我有钱了我再出来买东西的，对吧？

并不是两个人要一样强才能交朋友，你是大老板，我只是普通员工，但是我这个人干活忠诚勤奋、专业知识过硬，我们之间是有价值可交换的。

我们不要总是自卑、看不起自己，当你觉得周围的人都比你有钱、比你强、比你人脉广的时候，你身上可能也会有别人需要的东西。况且，有人发言，就需要有人鼓掌嘛。

我高中同学的妹妹在北京做行政人事工作，一起吃饭的时候她姐姐就把她叫过来，她都不敢跟我说话，于是我主动问她是做什么的，做得怎么样。

在交谈中我发现她是个非常认真的人，做事细致，对自己的工作很负责，恰巧当时我自己公司的人事不给力，我就想，将来可以让她来我这里工作。

饭局结束的时候她要加我微信，我欣然接受，一点也不勉强。

我在她身上看到了当年的自己，或许我也曾经在饭局上局促不安，觉得自己不够资格和更强大的人交谈，但实际上事情并不是自己想象的那样，你只要找对了点，就能让自己发光，吸引到别人。

等我真的变强了许多时，更觉得"强坐等"这种说法是错误的。你再强大，如果天天待在家里自我封闭，就会失去许多和人交流的成长机会，也会失去许多与人价值交换，互相促进的机会。

在社交焦虑时，我们不应该被任何一派极端严重洗脑，人是需要交朋友的，不能因为自己不够擅长，就误认为自己不喜欢，或者不需要。每个人都有价值，不一定要等到变强才去社交。

我们可以按照下面的顺序思考：

首先，我可以提供什么价值？

在社交当中，可以提供的价值大概包括以下几种。

第一种社交价值，叫信息价值。

跟这个人交往，我就能得到一些自己以前不知道的信息，那么提供信息的人就有价值。

这种信息也不见得是什么商业机密，有可能只是一些八卦新闻。

我们在上高中的时候，班上一定有一个人人都爱跟她交朋友的社交达人，好比"super star（超级巨星）"。

她受欢迎不是因为她学习好，也不是因为她长得好，而是因为这个女孩知道的八卦特别多。从明星八卦，到学校里面谁跟谁在一起牵手被校长抓了全知道，一些时尚知识她也懂，班上同学没钱买杂志，她会去买，看完以后就可以成为谈资，这就是用信息价值与人交换的典型。

到现在，这个信息价值仍然是存在的，比如你的大学老师就知道你们专业的学长、学姐大部分都在哪儿工作，对口的公司哪家能开出更好的薪资待遇，等等。

第二种可以提供的社交价值，叫作资源价值。

有人可以给你介绍客户，有人可以给你工作机会，甚至有人连北京户口都能给你办下来，这种就属于资源价值。

拥有资源价值的人可以迅速地把自己的人脉网搭建起来。

社交中的第三种可供交换的价值，是情感价值。

人人都需要归属感和接纳感，所以这种情感价值一点都不比其他的价值差，而且人人都可以为别人提供。

有人发言，就需要有人鼓掌嘛！

在这个过程中，你说谁需要谁多一点？

不管是业界大佬，还是公司里一个毫不起眼的小兵，只要是人，都有被人接纳的强烈需求。

近些年我们经常看到大明星在网上回击黑粉，有时候会让人觉得惊诧：为什么你都这么红了，还要在意某些人的看法？

但是不在意别人的目光是个伪命题。

这不是靠鸡汤就能说服自己的，对接纳感和归属感的需要，是一个从心理到生理的需要，没人喜欢被人排斥，人人需要被认可。

科学家做过这样的实验，告诉一个团体当中的某个人"你被其他成员所排斥，他们不接纳你"，这个人居然就开始情绪低落，焦虑不安，继而出现各种负面情绪，最后还演变成了心理创伤。

人被拒绝和排斥，给大脑带来的伤害跟挨一顿打差不多。

在日常的社交当中，别人也会给你提供这种情感价值，比如你往那儿一坐，别人就说"好喜欢你"，有人夸你今天穿得特别漂亮，不管说这句话的人是个大佬，还是一个小兵，你听到之后都会感到开心。

这些话告诉你，你被接纳了，你被喜欢了。

情感价值是刚需。

在社交当中能给别人提供的第四种价值，叫智力价值。

智力价值这个词是我编的，因为我自己就有这样的朋友，他特别聪明，我能在他身上学到很多，不管是想问题的思路，还是解决问题的方法。

他无论在财富上，还是人们常说的所谓资源上，跟我都不是一个量级的，但是每次和他聊完，都能感受到一种智力上的提升。

《穷查理宝典》这本书的作者查理本身就特别聪明，他是巴菲特的合伙人，巴菲特曾经说："查理把我推向了另一个方向，这是他思想的力量，他拓展了我的视野。"就是这种智力价值的描述。

以上就是我们可以为他人提供的社交价值。

我们可以从这四个方面去想，在社交当中，能给别人提供什么样的价值，以及你获得的价值是什么。

当思考完价值以后，接下来要想的一个问题就是成本。

成本效益原则是经济学的基本原则，但是太多人思考问题喜欢单一维度，比如在社交这件事情上，你总是想社交是有用的，但是却很少去想为此付出的代价是什么。

我身边还真有这样一个人。只要感觉饭局上有那么一两个人将来可能有用，他都要去赴宴，还要想方设法地去参加这样的场合，天天喝得半醉，自己的工作都荒废得不成样子，因为有时还要主动买单，工作五年多，死活存不下钱。

在社交中我们是需要投入成本的，最直接的就是时间、精力，有时候还有金钱。

我之前有一个朋友，是个富二代，有很强的资源价值。

她爸爸特别厉害，厉害到可以帮助她同学在国企内找一份带户口的工作，按说她这样的人是不是人人都很喜欢？

按道理说，应该是。

你跟她玩一年，就能把自己的工作跟户口搞定，别人大学拼四年，都未必能搞定，所以这个女孩刚开始在朋友中极具吸引力。有许多人就带着这个目的来和她交朋友，可是慢慢地，这些朋友就散去了。因为跟她玩需要大量的时间和精力。

这个女孩的情绪特别不稳定，你天天哄她都不够烦的，还不如自己好好学习，好好考个证，自己找工作。

我是亲眼看着有个喜欢钻营的朋友在她那里败下阵来，从她忠诚的"狗腿子"，变成独立自主的奋斗者。

所以你看，有时候即便你有极强的社交价值，也交不到朋友，因为我们在社交的过程当中，不仅会去衡量社交价值，还会去衡量社交成本。

这种现象在两性关系当中也比较常见。有一些女孩说："我条件挺好的，有一个人也挺喜欢我的，后来怎么就放弃了，不追我了？"

有可能那个人觉得投入的时间跟精力太多，和她在一起的成本太高了。

除了价值和成本之外，我们在社交时还会衡量风险。

为什么我们总说不要跟人品不好的人交往？哪怕这个人能够提供再高的社交价值都不要。

因为他的社交风险太大了，你不知道什么时候他就会坑你一把，那时再后悔就晚了。

我一直强调，想要交真正的朋友，自己的为人一定要诚信和正直，因为和诚信正直的人交往，会节省精力，不用担心有风险，比较安心。

成为朋友中那个安心的选择，也不错。

以上就是影响社交关系的三个因素：价值、成本、风险。

我们要做的很简单，找到自己可以提供的社交价值，降低他人与自己社交的成本和风险，就能交到朋友。

在实践当中，还有一些也需要注意。

首先，社交价值的大小和开放程度有关系。

其实有些人特别强，比我厉害很多倍，但是我认为跟他交往没有用，因为他满脸写着"我不会帮助任何人，不愿意跟任何人打交道"。

所以你的社交价值再大，你的资源再广，能力再强，跟我也没有关系，那我为什么要在你身上浪费时间。

我周围也有这样一个人，他其实不比我强，但是为人很开放，这个开放的意思是很喜欢成就别人，喜欢把自己的价值让渡给别人，所以在圈内好评度高，没人会不喜欢他这样的人。

看上去是他成就了别人，但是同时他也成就了自己。

当人们看到这种开放性，就会觉得自己也有被帮助的可能。即便对他无所求，也会愿意和他做朋友，也愿意帮他。

再多说一点。

最好的自我介绍是什么？

最好的自我介绍就是在那短短的几分钟内，展示出你的社交价值来。

一个人在自我介绍环节特别幽默，就会有人愿意跟他做朋友。

因为他能提供情感价值，跟他在一起，你永远不会感觉受到冷落，你会很开心。被人哄开心，会有一种亲密和被接纳的感觉。但千万不能为了幽默去抖机灵。如果你机灵抖过了，会让人觉得自作聪明，跟自作聪明的人交往可能会不愉快，而且自作聪明的人都很自我，社交价值很弱。

除了幽默之外，一段短短的自我介绍能展示的社交资源有很多。

我之前就见过一个人，他做的自我介绍特别符合我说的这个方法。

他上台就讲："我是一个医生，我这个人不太会说话，但我平时很爱帮助别人，我在某个医院工作，如果你们需要我的话，就来找我，我会留下我的电话号码。别的忙我帮不上，但平时有一些头疼脑热可以找我咨询。"

这样的自我介绍谁不喜欢?

在那个场合,这个医生并不是里面最强的人,甚至在医生里都不算特别强,因为他所在的医院不够好,而现场的其他人全是大企业家。

但是他在自我介绍里展示了一种价值开放的状态,无论人们会不会找他帮忙,都觉得他是个很乐于提供帮助的人。他的社交价值就被放大了。

这个方法真的特别好用。如果你觉得自己的社交价值不够的话,一定要展示开放帮助的状态,这样也可以帮助你交到更多的朋友。

第二个需要注意的就是,千万不要只是从单一的维度上去判断自己和他人。

为什么我花了那么大的篇幅去分享自己对社交价值的看法?

是因为我们很容易犯这样的错误,把自己的社交价值单一化——我没有钱,所以我不配跟人交往。

近些年更流行的一种说法就是要有趣,好像无趣的人就没用一样。

你可以提供的社交价值类型有很多,其中有一些本身就是普通人可以提供的,所以千万不要从一个单一的维度上来审判自己。

第三个问题,叫作接纳自我的陷阱。

在社交过程当中,一定要注意有个陷阱,叫作接纳自我。

当一个人的社交价值特别弱的时候,很多人不喜欢他,不接纳他,不跟他玩,这时候他可能告诉自己"没关系,我做自己就好了",周围人也劝他(其实是在骗他),跟他说"你喜欢自己就行了,不要管别人怎么想"。

然而事实是,人一定要有社交价值,一定要被别人需要,被别人接纳,这样他才能满足自己的归属感需求。

没有人是完全可以做自己的,这个不是我说的,是哈佛的心理学家研究的结果。一个人的幸福感,很大程度上,或者根本就取决于他的社交关系。

生活中有些人不爱社交，独自一人也很幸福，比如大文豪、大学霸。

但这些人在其他方面其实得到了充分的认可和接纳。

比如一个成绩优秀的孩子，被他的老师接纳，被他的家人喜欢，这时候周围有朋友不喜欢他，他会沮丧，但是对他的影响程度并不严重。

"人只要做自己就好，我不用跟任何人发生社交关系。"这种话千万别信。

关于社交价值理论，我就介绍到这里了。

根据这个理论来转换一下自己的社交思路。

以前我们出去跟别人交朋友，总是盯着谁强、谁有资源，总希望得到别人的帮助，然后少奋斗好几年。

以后你要先想，我能跟别人交换什么？我能为他提供哪种价值？我在现场怎么展示这种价值？

任何关系中其实都有这个等式，再亲密的朋友实际上也在发生交换的行为。只不过交换的不是金钱和物质，而是情感和支持。

不公平的交易不会长久持续，没有人喜欢长年累月地白白付出。

重复一下我们的结论：如果你能够提供社交价值，并且与你交往的成本低、无风险，你就是一个非常值得交往的对象。

社交关系分层：
别把最好的时间，给了不对的人

我之前总结过一个谈判的方法。

在谈判中经常会遇到这样的选择难题，有些条件，你答应了觉得自己吃亏，不答应觉得伤感情。

这时候你该怎么办？

之前我很好的朋友来找我投资她的奶茶店，要出资十几万，但是一来我不看好奶茶店的生意，二来我绝对不做自己不够了解和擅长的事情。所以我不想投资。

但是她那么努力地想要促成这件事情，直接拒绝我会过意不去，更何况我们是非常好的朋友。

别笑我，其实正常的谈判都是这样的，维护自己的利益并非唯一的目标，假设客户跟你要折扣，你不能直接拒绝，因为维护双方的关系和感情也是谈判的目标之一。

最终我做出的决定是，不投资，但把钱借给朋友。

所以最终的结果大家都很满意，她终于圆梦开了奶茶店，而我呢，我对她的人品百分之百地信任，我也不用担心损失。

扯这么远是想说什么呢？

我把这个谈判方法的底层原理抽离出来以后，后来适用到了许多地方，其中一个地方就是社交。

我之前说过，对我这样内向且轻微社恐的人来说，需要维持深度关系，最不享受的就是浅层次的社交。

再加上我这个人对于时间的管理比较严格，不喜欢无目的行事，所以让我们这样的人为了模糊的有用性去耗费时间和精力，是非常痛苦的。

于是问题就摆在我们的面前了，到底要不要在社交上花时间？

但这个问题其实同样是个伪命题。跟谈判一样，很多时候我们手上不止有两个选择：要，或者不要。

我们还有许多个选择，比如制定标准，哪些要，哪些不要。

在生活中我们都知道用笔记来整理自己的待办事项，这样才不会手忙脚乱；

我们也有理财意识，知道把钱分成不同的比例放在银行、保险公司等，但是不会有太多的人专门做人脉整理。

实际上人脉和时间、金钱一样，都是你的资源，人脉也是需要整理的，否则人际关系也会搞得一团糟。

有时候你觉得自己应该多出去交一些朋友，但是你本身并不享受这个过程，而且说了那么多废话，花了那么多时间，也没有得到什么有用的东西，就连当时认识的朋友，后来也没有再联系过，难免暗下决心，以后再也不要做无用社交。

下一次朋友邀请你，你断然拒绝了，但是后来总觉得自己错过了一个亿。

看了公众号鸡汤文说"爸爸妈妈已经老了，时间不多了，你应该多陪陪他们"，你很内疚，觉得自己陪他们的时间特别少。

可问题是你在外面好像也没有什么社交成果，平时没有维护好跟朋友的关系，关键时刻想让人家帮忙都张不开口。

这样的两难经常发生，以至不管选择怎么做，都会后悔。

其实我们能够拿出来社交的时间，是非常非常少的。

你要吃饭，要洗澡，要睡觉，这些都是刚需，是需要花费时间的。除此之外，要不要学习？要不要工作？要不要为自己的事业奋斗？

一天当中，大部分时间都要拿来生存、学习和工作，最后留给社交的时间，没有想象的那么多。

怎么分配这些时间就变得特别重要。

我在自己社交焦虑的那段时间里，总结出自己的"人脉关系分层"理论。先把人际关系分个层次，分了层次之后，再去想针对每个层次的策略。

总体来说，人际关系可以分为三层。

第一层，叫作亲密层。

亲密层就是我们人生当中最核心的社交关系，我把家人以及关系特别好的朋友放到亲密层。

这些人为我提供了必须的情感价值，让我获得极强的归属感，这是我活着的根本。没有这些人，我一个人在这个世界上未必有奋斗的动力。

亲密层往外一层，叫人脉层。

我们平时经常说要搞搞人脉关系，就是指这一层。

这一层次是最有可能帮助你的。在社交理论当中有个这样的说法，弱联系的人比强联系的人更有可能提供帮助。

强联系的人，比如你的亲人，或者特别亲密的朋友，这些人跟你的社交圈子、资源能力是差不多的，所以你在这个圈子里得到帮助的概率不是特别大。

相对来说，人脉层的人可能跟你的关系不是那么亲密，他们与你只是有弱联系，但这些人很有可能偶尔给你提供一个工作机会，或者职业上的其他帮助。

第三层，就叫作社交层，是人脉层再往外的一层。

社交层的人，我们可能知道他叫什么，见过面，甚至还一起吃过一顿饭，但是后来也没有什么其他的交往。

加了个微信，也没说过话。就算开口说话也只是点头之交。

就这样，人际关系从强到弱，分为亲密层、人脉层和社交层，这样分层之后，你就可以把每一个你认识的人都填充到这三个层次当中。

我们在每个层次的社交目标是不一样的。

亲密层社交的目的是什么？在这个层次不要设置功利性目标，我们给对方爱和理解，对方给我们理解和爱，维护好这个层次的关系，即便我们不成功，没有钱，仍然能够感觉到幸福。

亲密层的人可以满足你对于亲密和爱的需求。

人脉层的社交目标就直接很多。我们期待人脉层的人可以为我们提供帮助。

至于社交层的人，挑出有可能维护升级到人脉层的，其他的就不用多耗费精力了。

当社交目标清晰以后，我们就知道怎么做了。

如果人脉层的人来找你帮忙，你一定要帮，这样将来他们才能帮你。哪怕他们不是主动来找你，好比你在朋友圈看到他们求助，力所能及的忙也要主动帮。

那是否需要天天和人脉层的人出去吃饭，天天跟他们保持联系？

很多人特别喜欢把人脉层的人交际成亲密层，非要把所有人都处成称兄道弟的关系，才觉得有互助的可能性。

但是我特意观察了身边的这些案例，实际上一个人会帮助你，大概率是这三种原因：

他跟你关系很铁，或者根本就是你的家人；

他很喜欢你，觉得你不错；

他在你身上也有需要获得的东西，你对他来说，也是人脉层。

但是这一切的前提是，这个人有帮助你的能力。

如果一件事情对他来说非常为难，那么你说你得怎么跟对方相处，得花多少工夫才能变成他的亲密层，让他愿意为你去牺牲、去勉强？就算你可以搞定他，那么一辈子的时间有限，又可以搞定几个这样的人？

如果一件事情对他来说并不为难，那么你并不需要和他关系多铁，只需要让对方感受到你的仗义和善良，或者让对方看到你的资源，他就有可能帮助你。

所以我的结论就是，与人脉层的人交往，首先要做好自己。做一个正直诚信，甚至幽默可爱的、不讨人厌的人。其次，跟他们保持常规联系。逢年过节要发信息，甚至可以送一点小礼物，可以把对方生日的时间记下来，发送生日祝福，等等。免得到时候要找人家帮忙，显得太突兀。

最后，社交层的交往方法就很简单了，大家互相尊重彼此，就可以了。

一般情况下，你去找社交层的人帮忙，他是不会帮的。因为如果这件事情比较简单的话，你根本不会跟社交层的人开口，毕竟大家也不熟悉。如果事情比较为难，你也开不了口。

成熟的人都懂，在生活中，帮助别人是一件很难的事情。

我说的帮助，可不是帮倒个水、帮拿个快递，而是切切实实对他的工作、事业和前途有帮助。每个帮助都是要耗费一些资源的。所以向社交层的人勉强开口求助，结果大概率也是受挫。

因此在与他们交往的时候不要勉强。只是见了个面，吃了个饭，交情不深，但是彼此尊重，让对方觉得你这个人不错，就挺好的。

切忌盲目"狗腿"。

假设你们有机会进一步交往，并且你发现对方人也不错，将来也有可能帮助到你，你可以把他发展到你的人脉层。

当你把人际关系分层以后，当你明确了每个层次的社交目的之后，你会发现你对社交这件事情再也不焦虑了，而且你非常清楚应该如何对待每个人，应该付出多少时间和精力与他交往。

亲密层的人是需要你耗费最多时间去经营和打理的，需要用爱和耐心跟他们相处，这决定了你的生命质量。

我们常常犯这样的错误，认为亲密层的人生来就跟我们亲密，比如家人永远都是家人，所以我们不应该在他们身上再浪费任何社交精力，应该花时间把外面那些陌生人变成我们的朋友。

这就大错特错了，我经常提醒自己，这个世界上对我来说最重要的就是家人，如果我的亲密层关系出了问题，那我在这个世界上的幸福是会有缺憾的。

亲密层的关系处理好了的话，你的幸福感是持续的，你会拥有满满的能量。

总而言之，亲密层才是需要花费最多时间的。

再往下，人脉层就是用真诚与善良去相处，一定要给对方一种感觉，就是他来找你帮忙，你一定会帮他。

其实你未必能帮到他,但是给人这种感觉很重要。

再往下是社交层。社交层需要用社交礼仪来相处,留下好印象,更多地展示自己就可以了。

在使用这个理论的时候,也有问题需要注意。

第一点,就是社交价值的误判。

刚认识一个朋友,你上来就把人家归类到亲密层,但人家并没有打算和你发展到亲密层,结果会怎么样呢?

"我投给对方无限热情,对方只给我一个冷漠眼神",然后你就受伤害了,你就痛苦了。

不要痛苦,你只要告诉自己,我只是把他的社交价值误判了,我把他从我的亲密层放到人脉层,或者放到社交层就可以了,然后跟他的相处就会顺畅了。

社交价值误判会给你带来社交时间的分配失衡,你会把你的社交时间花费在不应该花的地方,所以当你发现这个问题的时候,迅速做调整就可以了,不必伤心哭泣,更不用强求。看看你的亲密层,那里有很多人还在呢。

第二点,就是你把对方放到了社交层,你觉得对方人不太好,那么做个点头之交,互相尊重就可以。可是对方想把你放到他的人脉层,或者想把你放到他的亲密层。

他说他很喜欢你,天天约你,你又不懂如何拒绝,结果白白浪费了自己的社交时间。

如果你确定要把对方放在社交层,就不要总是为了那隐约的互助性而花费大量的时间在他身上。当然,有可能将来你真的需要求助对方,那时候对方拒绝你也没有关系,因为你在他身上没有投入过精力。

有时候我们要的不是人人来帮我,而是付出有回报,没有花费过心思,就不会觉得难受。

确定对方在社交层，只需要用社交层的方式来和他打交道。当他过度消耗你的精力时，你要直接拒绝。

有这个时间和他周旋，还不如给妈妈打个电话。

第三点，一定要学会主动求助，不要害怕被拒绝。

很多人面对人脉层的人，会不好意思开口提要求，担心会被别人拒绝。

其实根本不用担心，如果你请求之后，别人帮助了你，他就是你人脉层的人，由于你跟他提过请求，被帮助了，你就欠了他。这时候你们之间的关系会更紧密，感情会更好的。

如果你提了要求之后，对方明明是可以帮你的，但是并没有帮助你，你就把他调到社交层好了。

主动求助，不要担心拒绝，再大方回报，这是我近些年来很重要的社交经验。

除此之外，我再给大家分享一个自己亲身实践过的、高效的社交方法。

第一步，提升自己的价值。

让自己更强是永恒的真理，可以从各个方面提升自己的社交价值。

第二步，当你的社交价值不错了，就可以寻找人群当中的社交明星，然后再搭建人脉网。

有些社交明星可能什么都不干，天天只社交，他认识很多很多的人，喜欢攒局，即便人家不是看他的面子来的也没关系。中介本身就是有价值的。

有许多人本身是可以合作共赢的，但是他们并不会自动对接，人和人之间是有缝隙存在的，中介的功能就是填充这个缝隙。

你一定要选一个好的中介，跟着烂中介买不到好房子。

有些社交明星本身就可以成为特别棒的朋友，跟他们一起出去玩会很开心，并且总是能认识到许多有价值的人，回家之后就可以把新认识的人进行分类，放到你的人脉关系分层图里。

第三步，你一定要注意社交礼仪，千万不要做不得体的事情，千万不要冒犯别人。

如果你冒犯了一个人，其他人就会觉得跟你交往有风险，对你产生误解，于是你就会直接躺在对方的社交层里了。

以上就是我的社交关系分层论。

分清层次，画明重点，确定目标，再去行动。

这世界上未必没有比这个更好的方法，但用我这个方法起码可以达到一种自洽的状态，再也不用随机决定或感觉混乱，你的社交也会更有秩序。

印象管理：
成为你想成为的人

我大学三年级的时候，在社团里认识了一位朋友，我非常喜欢他，社团里其他几个人也都很喜欢他。他为人豪爽仗义，又幽默耐心。你身边肯定也有这样的朋友，虽然你不一定是他最好的朋友，但是你和你周围大多数人都很喜欢他。

我以为这样的人天生就有魅力，性格好，这不是什么能学习的技能和技术，你可以跟他做朋友，但是不可能变得跟他一样受欢迎。

没想到的是，等我们关系好到一定程度以后，他就把他招人喜欢的方法传授给了我，还教我怎么追到喜欢的人。

每次他要追喜欢的女孩时，他会想，那女生喜欢什么样的人，于是列举了两个关键词：温柔和仗义。

那个女孩子跟我们上同一节课，天一阴，不管下不下雨，我朋友都会带伞。

终于有一天下雨了，他就默默把伞给了那个女生。

于是那个女生对他就有了这样一个印象：这个男孩虽然不爱说话，但是非常细心、贴心，跟她说话的时候，永远都是轻声细气，永远都是很温柔的。

印象还是比较好留的，很多人都会献殷勤，最厉害的是下面这个事情。

9月大一新生报到，作为大三的学长、学姐，我们要负责接待新生，把新生引导到宿舍。

我这个朋友和他喜欢的女生被分配到了一组，负责给新生搬运东西。入学时天气还是很热的，大家都搬得满头大汗，有人在路上发现了一辆无主的平板小推车，随手就推过来用。

结果，没一会儿这辆推车的主人就找上门了，是另外一个学院的辅导员老师。当时这辆小推车正好在那个女生的手上，于是辅导员就指着那女生的鼻子说："谁让你用这辆车了，不要随便动别人的东西。"

大家都被说得发蒙，那女生也不敢说话。

关键时刻，我这个朋友冲出来了，他一下子把辅导员拉开，气势很足地反驳说："老师，你虽然是一位老师，但是在没搞清楚状况的情况下，凭什么对一个女生这么说话？"

具体的话我已经忘记了，但是他光荣伟大的形象被我记住了。

当所有人都被老师骂厌了以后，是他一马当先维护正义。这样的人，你没办法不喜欢。

我们所有人都被他的气场征服了，其实他平时在社团里，只能说为人随和，不是那种特别积极主动的类型，但是在下一次投票选举的时候，我们把他选为了我们的社长。

他在跟我说到这段往事的时候，提到其实自己当时也非常害怕，但是下意识地觉得这个机会可以抓住，让我们，包括那个他想追的女孩子觉得他非常勇敢和仗义。

他当时也衡量了一下风险，无非就是被这个老师骂一顿，这个老师也不是我们学院的，他能够承担这个结果。

至于他为什么和我说这些话，是当时我因为一个很小的人际关系问题而苦恼，没想到他这么坦诚，直接告诉我他是怎么做的。

我一点也不觉得这个人心机很深，只是觉得他确实是个仗义的人。

他跟我讲完这件事情之后，我想了好多。

我们的同龄人，最喜欢说的话就是"做自己"，所以每次在人际交往中受挫以后，都会跟自己说"做自己就好了"。

反之也有人总是迎合和讨好，这类人一般都有自我认同的焦虑，在外面对他人越点头哈腰，回到家以后对自己越不满意。

很少有人像我朋友这样，能够做到既不任性，又不迎合，而是主动地管理自己在他人心目中的印象。他仿佛一个导演，先做什么、后做什么，说什么、不说什么，不是凭心情，而是有自己的安排，这就是我说的那种自我监督能力强的人。

要主动管理印象，而不是留下印象。

从这一点出发，我开始总结自己的方法。

如果我们有一套方法，可以打造和管理自己在他人心目当中的印象，那就太棒了。

具体怎么做呢？

平时在微博上看到那么多网红，你对他们每个人的印象是什么？你能用一两个词简单形容他们留给你的印象吗？

可能某一个网红，你对他的印象是搞笑。

还有一些网红，你对她们的印象是深情。因为你有一次看到一个女孩遭受网络暴力，这个网红站出来撑了一把那个女孩，说了一些很温和的话。

还有一些网红，你可能觉得非常虚荣，因为她们经常晒一些名牌，但是你觉得那些东西不是她们应该有的。

总之你对每个人都标注了你认为的印象，而且这些印象都可以用一两个关键词形容。在你的心里，仿佛每个人身上都有一个标签。

以标签看人，其实是节省脑力的一种方法，人性确实是很复杂的，但是你的大脑会简单粗暴地把人的性格归类。反映在日常生活中，就是我们会给人贴标签。不只是对网红，打开朋友圈，里面的每个人在你心里都是有关键词的。

当然，你在别人心里也会被这些词定义。

不过网红是会打造人设的，明星也会，他们不会随随便便发一些吐槽的微博。

作为一个普通人，好多人就比较傻了，朋友圈乱发，发泄情绪的、丑陋自拍的信息，本意是希望别人关注自己，结果别人只关注到了不好的那一面。

其实我们也可以挪用网红的印象管理方法。

首先，定位关键词。

你要给自己一个定位，用一两个词来形容自己，你觉得自己是什么样的，你想给别人留下的印象是什么样的。

比如你想给别人留下的印象是有品位、真诚，你要根据这两个关键词行动。

有品位可能体现在你选择的衣服上，平时去的餐馆上，朋友圈里发的照片上。

真诚则需要你做一定的自我袒露，需要你拿捏分寸，大胆地讲一些别人不敢讲的事情。

我有个高中同学，给人的感觉就非常真诚。

开班会时，老师让每个人站起来说下自己的缺点，有些女孩子比较扭捏，站起来说："我这个人的缺点，就是太较真了。"

那个时候的表达氛围，还不提倡 real（坦率），现在许多网红本身走的就是坦率人设，什么都敢说，说得越彻底越红。

所以当我这个高中同学站起来说"老师，我的缺点就是记仇"的时候，我们都纷纷把真诚这个标签贴在她身上。

在做关键词定位的时候有些小问题要注意。就是把定位自己的关键词固定下来，不要总是换来换去，最好写在本子上。有些人对自己的要求总是不确定,今天看到 A 就想要成为 A,明天看到 B 就想要成为 B。这样的人最后谁也成为不了,甚至连自己都成为不了。

这些关键词之间不冲突,但可以有层次。

我在之前说过,不要想"我要温柔,又要勇敢,要善良,又要果断,要这样,又要那样"。

凡是"这样……又那样……"这种句式的都是鸡汤,没有太多的可操作性,所以你一定要记得,你给自己的关键词要少不要多。只有少,你才能集中力量把这种印象风格给打造出来。

如果你给自己定的关键词是"一定要果断",那么在你果断的时候是不是有可能会伤害别人?有的时候,是不是可能考虑得没有那么周全?这个是必然会有的,任何一种性格都有正面和反面,所以你大胆定义就好,把你自己的风格贯彻到底。

如果你想让自己的形象更有层次的话,那也很简单,在适当的时机表达一些反面的印象关键词就好了。

一个很直率的人,偶尔非常温柔;

一个大大咧咧的人,偶尔非常细心。

有时候用这样反衬的方法,去体现想要体现的关键词,效果会更好。

从关键词出发,做好行为记录。

哪些行为是符合这些关键词的,哪些又是不符合的。

例如你给自己的定位是真诚,可是有一天你做了一件非常虚伪的事情,你就要写下来,这一类行为很有可能是你的行为惯性,必须要主动地修正。

其次,把这些关键词植入别人的脑子。

你不能天天自己想象自己是什么样子的人,做印象管理,就需要把这些词给出去。

频繁曝光。

从心理学上讲，我们会喜欢频繁暴露在我们眼前的人，会喜欢自己熟悉的事物。这就是曝光效应。

我朋友圈里有几个女孩，是我非常喜欢的，其实我跟她们一点也不熟，但是她们发的朋友圈频繁并且有质量，给我留下的印象关键词非常好，我自然就很喜欢她们。

当你定位好了自己的关键词以后，要学会频繁曝光这些关键词，途径有以下几种：

第一个途径，利用外表。

我以前也是那种人，不在意自己穿什么，也不在意自己吃什么，我有自己要追求的事情，有自己喜欢的事情，从来不会在穿衣打扮上下功夫。

但有一天，我忽然领悟到，确实有一类人跟我一样，对于穿衣打扮不感兴趣，但是实际上利用外表给人留下印象，是最简单、最快捷的一个方法，效率很高。

人是视觉动物，所以不要放弃这个方法。

我有两个朋友，一个很文艺，平时给人的印象就是棉麻衣服、小清新、窗台会种花的那种类型；另外一个就比较粗糙。

有一次她俩不知道为什么换了衣服，导致我那个文艺的朋友一下变土了。

我才切实地感受到，原来一个人的性格有一部分确实是用衣着来表达的。

平时我们总是听人家讲形象管理很重要，但是真正体会到确实需要机缘，尤其像我这种不重外表的人，其实现在我在这方面做得不够好，原因在于对有些人来说，改变一个人的言辞和思维太难了，改变外表形象却很容易。而对于我们这类人，改变言辞和思维是很容易的，所以我在改变形象上会有点懒惰。

至于如何改变形象，有一个比较快速的方法是对标。

先不要去上价值几万的课程，也不要总是换着花样买衣服，美其名曰找风格，毕竟现实是你并没有那么多钱。

找一个人对标就可以了,这个人不见得是名人、明星,完全可以是你周围的某一个人,这个人就是你喜欢的那种形象所以直接对标就能解决问题。

你看一下,为什么他的衣服、外表会给你留下这种印象?

你对标完了之后,找到自己身上可调整的地方。

第二个途径,利用社交媒体。

很多人朋友圈里会发自拍,但有些人的自拍真的特别丑。

原因在于好些人发照片的时候,只关注自己的脸够不够瘦,眼睛够不够大,皮肤够不够白,对脸满意了,她就发了,她才不会管这张照片的拍摄背景和整体构图。

她也感受不到别人在看这张照片的时候是从整体来看的。

如果从整体上去审视某些自拍,一张毫无光影变化的假脸,叠加上乱七八糟的背景,一个人从镜头里伸出来的那种感觉真的不美好。

你要学会在朋友圈里发真正好看的照片,并且用这张照片讲故事。

人又好看,场景又好看,又可以用故事去辅助照片,表达你的印象关键词,这样做久了,你想要的印象就会深深地根植在周围人的大脑里。

这是他控制不了的事情,因为人的大脑记忆会出现错觉,逐渐地,他会忘掉真实生活里的你,记住照片和朋友圈里的你。

用用这个方法吧,有实践为证,真是好用得不得了。

第三个途径,当然是利用语言。

怎么利用语言塑造自己在别人那里的印象?你要学会说两种话。

第一种话,叫作自我声明的话。

我以前羞于做这样的事情,就是在言谈中表达我这个人如何如何,我张不开口说这种自夸的话。

但是后来我发现,这么说是有魔力的。

我姨妈经常给我发表谈话，表达她为家庭做出的牺牲，慢慢地我发现，我对她给自己做出的设定坚信不疑。

当然，她本身也的确为我们家牺牲了很多。

可是如果不表达，未必能让人知道得这么彻底。

你要学会在适当的时候去说。比如你做了一件好事之后，可以说我这个人真的挺好，我这个人算是一个真诚的人，慢慢地，周围的人就会被你的自我声明影响。

只要你的行为和你的自我声明有足够的相符性，你的语言就会加强在别人脑海当中留下的印象。

第二种话，你要学会讲有自己观点和态度的话。

很多人都觉得新闻热点什么的跟我没关系，我干吗要去点评。不，你的观点和态度也会帮助你塑造在别人那里的印象。

你对这件事情的态度是漠不关心，还是你跟别人一样特别愤怒，还是你有更广阔的胸怀，有更大的怜悯心？

不同的观点，表明不一样的人格特质。

你可以发一则朋友圈，说："我觉得这件事情关乎每一个人和千万家庭，在这种时刻，我们每个人都要发声，只有这样，当有一天我们身上发生这样的事时，才能得到别人的援助。"这样的你，是为公义而热心的你。

也有人在朋友圈里经常发泄坏情绪，说话没有观点，只有一堆吐槽。这样的你，是思维混乱不镇定的你。

再有一些喜欢冷嘲热讽的，总以为自己很犀利，这也是失败案例。

所以，你一定要发表适合自己的观点，展现自己的态度。

除此之外，在生活中的你也要有自己的观点和态度。

不要总是顺着别人。每个人都有自己的看法。

很多情商课把人教坏了，天天教你去猜别人的心思，顺着别人的意思去说,但是这么做效果好吗?

未必。

因为你在别人那里没有印象,顶多有个好相处的印象而已。

再次,利用正面连接去曝光。

为什么汽车广告里面,总是站了一堆特别漂亮的女孩?

广告商希望消费者把这些女孩漂亮、性感的特征,投射到汽车上。

事实也是这样,这些女模特确实能够帮助厂商塑造消费者对汽车的印象。

什么叫正面连接?

我喜欢一些品牌,比如GUCCI(古驰)、无印良品,每个品牌都有自己的特质,都可以代表我的一部分。

要学会表达"我喜欢"这三个字,可能是某一个品牌,也可以是关于某方面的书,当你表达了以后,这本书和这个品牌的特质与你的特质就是连接在一起的。

正面连接不仅体现在这些地方。

人们喜欢讲好消息的人,不喜欢讲坏消息的人。

今天有大台风,有些人传播这个消息的时候,就会说"今天有台风,老板还不给放假",一通抱怨。这叫坏消息,这样会影响你在别人那里的印象。

你完全可以用正面态度来表述这件事情,你把它变成一个好消息"要刮台风了,每一个下雨的日子,我都觉得跟其他日子不一样",别人对你的好感度就会增加。

把自己和好消息连接起来,不要总是传播坏消息。

最后,利用积极期待。

这个名字是我随便取的,下面我告诉大家这个方法是怎么来的。

我的左手小拇指其实有一点残疾,不太方便,我刚满月的时候被老鼠咬了一口，导致我左手的小拇指有点弯。

小时候，你身上如果有那么一点残疾被别人发现了，别人就会嘲笑你，小朋友是口不留情的，什么难听话他们都讲得出来。

我就琢磨出一个扭转这种局面的方法：我会很用力地表现自己对这个缺陷的喜欢。

我说："我小拇指上的这个小残缺太棒了，这个就是我的记号，哈哈哈哈，而且很可爱，有没有？"

当我这么说的时候，那些要开口嘲笑我的人就手足无措了。

到后来，魔力就产生了，别人也会觉得，我这个缺陷还不错，很可爱。

最后就能总结出一个道理：如果你喜欢自己的某一方面，别人也会喜欢；如果你假设别人喜欢你的某一方面，到最后别人就真的会喜欢。

即"只要相信，期待就能成真"。

这件事情在心理学上是经过验证的。

心理学家找了十几个人参加实验，让他们跟陌生人交谈，在交谈之前，他们就对一些参与者说："对面这个人很讨厌你，因为我编造了一些对你非常不好的事，并且告诉了他。"然后他又对另外一些人说，"对面这个人很喜欢你，因为我给对方讲了你的很多优点。"

实际上，心理学家让他们进行交谈的时候，没有跟任何人说过任何话。

他们的交谈开始了，结果就是那些觉得对面的人喜欢自己的人，会表现得更有魅力，会更开朗、更积极、更讨人喜欢。最后，他们真的就获得了对面的人的喜欢。

那些以为对面的人很讨厌自己的人，在交谈过程中表现得小心翼翼、戒心重重、畏畏缩缩，对方也真的就讨厌他们了。

这个实验表明，如果我们的期待是积极的，我们就会表现得积极，别人就会用积极的方式来回馈我们；如果我们用一些比较消极的期待面对对方，那么我们最后得到的也会是很消极的结果。

比如，我们经常害怕被别人拒绝，你会发现到最后，你真的会遭到别人的拒绝。

所以，要学会用积极期待去引导别人对你的印象。

关于怎么去频繁曝光自己的印象关键词，先说到这儿。

下面我再分享一个大绝招。

那就是：利用超出期待的事件，牢牢固定住你在他人心目中的印象。

首先，我们要学会管理别人的期待。

管理别人的期待，就可以帮助我们降低别人对我们的消极印象。

为什么吹牛的人不讨人喜欢，因为每次在他那里，别人的希望都会落空，所以自然对他的评价越来越低。所以切勿为了一时的爽快和存在感，让别人对你期待过高。期待越高，越有失望的风险。你完全可以先主动降低你在别人那里的期待值，然后再有意识地去突破，去做超出期待的事情。

你肯定也有这样的感受。身边有个朋友，之前一直非常浑不吝、不正经，但是突然有一天做了一件很严肃的事情，在评价他的时候，你就会说，这个人看着不正经，但是实际上很严肃。

反过来，如果一个人天天说自己特别高尚，人特别好，跟别人说"你们有麻烦都来找我，一定帮你们"。虽然他帮了不少忙，但是如果有一天他没帮别人，别人对他的印象就会唰的一下降下来。

所以要学会有意识地去操控他人对你的期待。

刚认识一个人的时候，可以试着降低他的期待，然后忽然有一天，你做了一件超出他期待的事情，他对你的印象会立马扭转，且牢牢固定。

这背后是有原理的。

首先是近因效应在起作用。

你有没有过这样的经历：一个人其实挺不好的，各种不好，但突然有一天,他帮了你一把,你对他前面全部的印象都没有了。

这就是为什么女孩子很容易原谅渣男。渣男伤害过她很多次,但最近一次好像表现得还不错,这个女孩立马就觉得他人还是挺好的,这就是近因效应。

你对一个人最大的印象,来自最近他对你做的事情,所以不要害怕降低了别人对你的期待之后,你在他那里的印象就没有办法扭转了。完全可以。

其次,我们对一个人的印象并不是由日常来决定的,而是由他做的让你印象最深刻的一件事情决定的。

那什么事情会让人印象深刻?

咱们刚才说的前后对比太明显的算一种,还有许多种类,比如别人都做不到的事情你做到了,也会让人印象深刻。

像我开头讲的那个朋友,就非常善于抓住时机去做超出期待的事情。

所以如果你在别人的印象里是吝啬的,你只需要狠狠地大方一次,他们就无法把你定义为吝啬的人。

如果你在别人的印象里是懒惰的,你只要狠狠地勤奋一次,他们就不再觉得你懒惰。

在工作中,这个方法更好用。

某些时刻超出老板的期待,绝对可以助力你在职场上的成功。

记住,永远不要再那么被动地给别人留下印象,而是要学会主动,像一个导演一样去策划、去管理。

可能你会觉得,这样的人会不会想太多,活得很累?

不用想太多。这么做的人,真的不会累。

我们之所以能够拥有想要的人生,能做成某一件事情,都是需要付出代价的,都是需要去谋算策划的。

想得越多,麻烦越少。

说话交易理论：
如何说话才能受欢迎

说话，是一辈子都要修的功课。在这门功课上，我们得到的不及格太多了。

我现在回想自己大学毕业找工作的那段经历，在面试环节，好多话都说错了。面试官问我："你最喜欢的一句话是什么？"我说："最穷不过要饭，不死终将出头。"

你可能会问，这句话不是显得很有拼劲吗，为什么是错的？

因为我没有考虑到，当时面试我的是一个看起来超级稳妥、注重规则的女领导，她更喜欢的答案应该是"靠谱就是最大的能力"等这类话。

果不其然，过了两天我就收到了拒绝通知，并且 HR 详细地告知了我被拒绝的原因：上司认为，你这个人不太好领导。

我后来研究了许多具体的说话技巧，怎么和人谈判，如何说服他人，怎么称赞一个人方才显得更真诚，等等。

学来学去，我发现说话跟做交易的本质是一样的。说话，其实就是做交易。说的人给出内容，听的人付出时间和耐心。所以，怎么说话才能受欢迎这个问题，和卖什么别人才愿意买是一样的。

最低的标准就是值得。当倾听者付出了成本之后，不能让他亏本，要让他开心、有获得感，这样他的大脑就能产生多巴胺，而多巴胺会令人上瘾，他会忍不住来找你说话。

这个上瘾的过程就好比打游戏，在游戏中能够获得美好的感受，所以会一直不停地想要再来一局。不过生活当中，有些人就像很无趣的、令人生厌的游戏，人们在他们的游戏里只感受到挫败和屈辱。

想让别人听你说的话，需要察言观色，发觉对方想听什么。也就是说，当你卖出一样东西的时候，必须要考虑对方是否有这方面的需求。但是对方需要什么有时候很难判定，尤其是在彼此都不了解的情况下。

换位思考是很难的。我曾写过一个方法去修炼这方面的能力，就是去记录那些别人对自己做错的事情，记录自己被冒犯的时候，并且分析这类话的特点，保证不从自己的口中说出。

除此之外我们还要记录反馈，说错话不怕，记住对方给你的反馈，保证不再说就好了。

还有一个更直接的方法，就是提问。

但是像推销员一样开口就问"您需要点什么？"其实会令人戒备和不舒服，与陌生人初相识，最好先聊一些比较轻松的话题，打开说话的局面，然后再去探索他目前的状态和需求。

收集第三者证据也是有效的方法。平时在朋友圈和微博会看到许多吐槽，大多数人并不会直接把令自己最舒服的交谈方式讲给他人听，而是选择在社交媒体中默默吐槽遇到的不愉快的交谈经历。如果你就是被吐槽的那种人，就要注意纠正自己的不当言谈。当然，也有人会写出一些自己的感动和温馨时刻。

我的线下课学员曾讲过这样一个故事。

她怀孕和生产的过程都是独自在国外度过的，本来丈夫要过去陪同，但是被工作绊住走不开。在国外独居期间，她要挺着大肚子买菜做饭，生产时刻只有医生和护士在她身边。离开医院的那一天，其中一个护士跟她说："从怀孕到生产，你都是一个人，辛苦了。"

那一刻她痛哭流涕，其实家人不是不关心她，丈夫会每天打电话过来让她吃好点，母亲也会表示担心和挂念，但从未有人跟她这么认真地说"你辛苦了"。

我当时听到这个故事，就默默地跟自己说，爱和关心有时候不能代替"你辛苦了"这四个字，因为有些时候真的是很辛苦啊。说出来，才表示你看到了，你懂了。

这就是换位思考的训练方式，这个世界上没有感同身受，人类的悲欢并不相通，我们只能通过观察、感受和记录，来慢慢地了解人性。

识别一个人的需求很难，如果容易的话，这个世界上每个人都会赚到钱。

不过有一个更简单的方法，就是去想一下哪些东西是大家都需要的。

说话中，可以提供的价值大致有这几种。

首先，情感价值。

类似表扬、感谢、爱的表达，这些都可以让人感受到情感上的愉悦。但这些话有些人却不喜欢好好说，他们经常用贬损表达喜欢，用批评表达爱，这就跟踩钢丝似的，稍微不慎，便弄巧成拙。

我就比较老实。我会真诚而赤裸地表达喜欢和感激，这些话是绝对不会出错、有一定价值的，算是说话市场当中的长销款。

其次，信息价值。

大学期间我们班上有个女孩，听课认真，记笔记整齐，每次回到宿舍会向我们所有人转达老师留的作业内容，这就是在提供信息价值。

再次，资源价值。

人脉就是典型的资源，有人跟你说，要介绍厉害的朋友给你认识，你会很开心。

最后，智力价值。

现在我所在的一个创业群里，有许多行业翘楚分享经验，我经常能从他们的分享中找到看问题的不同角度，可以感受到一种智力上的提升。

我人生中的每个阶段都能遇上这样的挚友，与他们谈话仿佛能看到一个新的世界，那个世界的架构与自己的所闻所见都不同。

这四种价值，是每个人都需要的。

给出去，总是没错。

在使用说话交易理论的时候，我总结出几个说话的原则。

第一，确定你的交易方。

你在生活当中一定经历过这样的场景，A 拿 B 开玩笑，周围一帮人哄堂大笑。在 A 的眼里，他说话的交易方是这一群人。

但这个时候他往往忽略了 B 的感受，B 作为一个被开玩笑的人，有没有觉得你为他提供了价值？还是说，你的行为只导致了伤害？

我们不是非得为了取悦一群人而去伤害另一个人的。

有时候，当众去夸奖一个人，拼命地捧高一个人，也会导致其他人不舒服，所以在说话之前，一定要确认自己的交易方都有哪些人。

当你说出一句话，现场的每一位都可能是你的交易方。

第二，倾听更容易提供价值。

其实作为一个倾听者，在社交中风险更小。

倾听者完全可以从容不迫地提供自己的说话价值，在对方讲话的时候，双目注视，频频点头，以此表示耐心。

这个交易中，你只要做到上述这些事情就可以了，如果你想增加自己说话的价值，还可以给出正面的反馈，例如"你说得真好"。那么你会很容易获得对方的喜欢，对方什么事都想跟你说。

以前我很羡慕那种被人信任的人，他们也不见得是社交明星，却给人一种信心和被接纳感，所以周围的人都愿意找他们分享秘密。

后来，我发现做到这一点太简单了。点头称是，表示听懂，给出反馈——就可以做到了。不过倾听也有倾听的缺点。就是有时不能充分地展示自己的价值。

说的人展示自己的机会更大，因为他可以把控自己的说话内容，完全可以主动地设计一些更有价值的内容扩散出去。他可以讲笑话把你逗笑，他也可以表示自己有许多的资源，以这样的方式让人们喜爱他。

可是听的人没有这个机会。他只能通过倾听和反馈，表示自己是个温柔耐心的人。

这是说话价值理论给我的第二个启示。

第三，无价值的谈话要不得。

有几种典型的无意义、无价值的谈话。

第一种，就是无用、无聊的话。

每一次开口说话都想想，这段话对别人有用吗？有什么用？会让他开心，会让他觉得自己被人喜欢，还是能为他解决问题？

无用、无聊的话并不会直接伤害他人，但因为对方听你说话付出了成本，所以他听完之后会很恼火，或许在过程中就会表现出不耐烦。

在演讲当中，有一句话我一直觉得是超级废话。好多人上台之前很紧张，喜欢在开讲之前做许多铺垫："我这次没有准备""我现在有点紧张""我也不知道说什么"……

这些话的意义是什么？

对演讲者来说，或许可以缓解紧张，但是对听众来说，就是完全无用和无聊的。

第二种是无价值谈话，是引起对方消极感受的谈话类别。

有些话本身就是坏话。

我每次跟员工说要加班的时候，都能感受到他们的痛苦在从头皮上冒出来。这种话，不仅没有为对方提供价值，反而会引起他们的消极感受。

还有一些话，看上去不是坏话，却会让对方觉得危险。比如我当着 A 的面说了 B 的坏话,其实我并没有说 A,也没有剥夺 A 的什么东西,但是我的行为会让 A 觉得,是不是有一天我也会说他的坏话。

任何暴露人品缺点的话,其实都会让对方潜意识中感受到防备和不安。相反,如果一个人真诚正直,和他交往就可以预测到,他的行为绝对不会伤害到自己。

除此之外,更值得关注的是另外一种话,那就是"坏说的好话"。我家里的七大姑八大姨最喜欢说"我是为了你好",却在提出建议的时候非常强势,这些话即便表达了关心和爱,也会让人不舒服。

以上就是一些不受欢迎的话。

不过人活着不可能一直处处取悦、毫无原则,总是有一些风险比较大的话,我们必须说出口。那么应该怎么说,才能尽量降低交易风险呢?

第一种,批评别人的话。

比如孩子今天逃课去网吧了,肯定要批评他。可是许多批评最终无效的原因是对方根本不听。因为不喜欢,所以选择逃避。

那具体怎么处理批评话术,才能不让对方胡乱拒绝?

分为四个步骤:

第一个步骤,表达对方做的具体事实给自己带来的感受。

我学习说话的过程中,得到的最深刻的体悟是:其实谁生气就是谁的原因。

什么意思呢?

孩子不好好学习,男朋友不回微信,你之所以会生气,其实不是他们不好,而是你自己的需要没有被满足,你自己定的标准没有达到。

你需要孩子好好学习,你需要男朋友及时回微信,这才导致你有动力去批评和谴责,因为你想改变他人。但是没有人会觉得这种被改变是舒服的。所以不如直接坦诚地说"你的做法导致了我的消极感受，所以我才想让你改变"。把责任揽在自己身上，对方就不会那么抗拒。

你可以说："你去了网吧，这让我非常难过，我一直都在担心你是不是在外面出事了。"而不是说："你这么大个人了，怎么一点都不懂事？"

第二个步骤，说完自己的感受后，去充分倾听对方的理由。他为什么会这么做？他当时是怎么想的？

孩子跟你说："我去网吧是因为有个朋友心情不好，所以我想陪他放松一下。"

第三个步骤，从中挑出不对的环节替换。

比如，"朋友不开心，不一定要陪他去网吧，你可以陪他去打球"。充分听取对方做错事的过程之后，给出建议和替代的方法。

第四个步骤，说出对他的期待。

这个方法可厉害了，当你给出建议之后，你可以表达你的信任和期待。

"我觉得下次碰到这种情况，你一定能处理得更好。"

"在我心里，你是绝对能做到既安慰了朋友，又不让我担心的。"

批评一个人，无非希望他用正确的做法替代错误的做法。所以如果你想让对方做什么，就去鼓励他，甚至提前赞美他做得好。

而不是反复地说"不要""不许""不应该"。

按照正确步骤来说话，就能把一句本来会让别人不高兴的批评的话，变成一句让别人听了之后感觉不错，甚至觉得很好的话。

最后，他会自愿去改正错误的做法。

第二种风险很高的话，叫作反对。

很少有人真心喜欢被人反对。

就连我作为老板，理智上明明知道应该多听取员工的意见，尤其是优秀员工的意见，才能把工作做得更好，但是还是会有不舒适感。

于是只能自己去克服，告诉自己，不能不喜欢提反对意见的人。可是如果能学会一些针对提反对意见的说话方法，其实可以让双方都舒服。

首先，先合理化对方的观点。当然不是同意他的观点，而是去合理化他的观点。

这招我用得可太熟练了。每次我要反对一个人的时候，我会先找出合理的部分。

一、合理肯定对方的感受。

"你会有这样的感受，是很正常的。"

注意，有这样的感受是合理的，并非产生的观点合理。

二、合理肯定对方产生观点的过程。

"你有这样的观点，肯定是有你的理由的。"

这意味着，我觉得你因为这个理由产生如此观点是合理的，而不是我同意你的观点。

肯定完之后，就要提建议了。

其次，从自己的经历和角度出发，提出反对意见。

举个例子，朋友和男朋友吵架，决定回去拿刀把男朋友砍了。如果你反对这么做，你要怎么说？

先去合理肯定对方的感受：你的男朋友很过分，产生愤怒感太正常了。

或者合理肯定对方的观点：基于这样的事实，或者基于你的性格，你决定这么做，我是能够理解的。

然后从自己的角度出发提建议：只是就我自己而言，我之前也想过用暴力方法来处理问题，然而效果不好，所以我觉得应该先采取更好的沟通方式，看看能不能解决。

这样对方就容易采纳你的建议。

当一个人被反对的时候，最讨厌的感觉就是"你说的都对，我说的都错"，你不在意我的感受和我的理由，你只是一味地觉得你是最聪明的。

你再从自己的经历跟角度出发来提出反对意见：我反对你，并不是说你就是错的，你说的话都是没用的，只是从我自己的经历，从我自己所见过的证据来说，这样做更合理。

第三种高风险的话，叫作请求的话。

我请别人帮忙，就等于让别人付出，我的请求并没有给对方什么价值，所以他可能不会喜欢。

公司里我很欣赏的一位员工哪里都好，就是在和同事协作的时候，总是喜欢用祈使句。

"我要三点之前拿到这份资料，你去给我做了。"这种话没人喜欢听，对方只会觉得你讨厌又蛮横。

怎么说出请求的话，才能让对方觉得付出的同时，自己居然还赚了？

第一种方式，可以说清楚让对方帮忙后的结果。

"如果你可以帮我做这份资料的话，接下来的工作一定会非常顺利，我在流程上至少能节省三小时，我们整个项目都会获益的。"这种话可以让对方感受到自己行为的价值。

第二种请求的方式，叫作非你不可。

"只有你能帮我做这份资料，别人都不行。"

这种非你不可的说法，会让对方感觉到自己被认可。

还有第三种方式，就是感谢，提前把你的感谢说出来："帮我扫地，太谢谢你了。"其实就等于把有价值的话附加在没价值的话上了，也会让你的请求变得好一些。

第四种高风险的话，叫安慰。

安慰的风险可高了。

好多人都觉得安慰的话是天生正义的，所以说话会特别不注意。

但遭遇了不幸的人是非常脆弱的，情绪是不稳定的，假设你本身条件比对方优越，对方可能会觉得你站着说话不腰疼；假设你在安慰的时候反复提到他的伤口，他反而可能更痛苦；假设不知道对方想听什么话，那么对方在无比难受的情况下，还要付出时间和耐心听你的那些无价值的话，也会很难受。

所以大家千万不要随便安慰他人，不要觉得，我安慰你是给你送温暖来了，所以我的每一句话都是好话。

那么我们在安慰的时候，应该注意什么？

第一，不要上来就分享自己的经历跟感受，很多人安慰别人的时候，喜欢讲"你这个情况，我也遇到过"，然后自己倾诉了十五分钟，这样会让对方感受特别差。

因为他失去了被注意的感受，而人的痛苦是需要被关注的。

第二，不要上来就提建议。

如果你上来就提建议的话，他只会体会到更深的无力感。

我有一次跟我哥吐槽自己遇到的难事，我哥上来就跟我说，早跟你说过应该这样做，那样做。那一刻，我很郁闷，我难道不知道怎么做吗？我只是需要被关注和安慰而已。

第三，一定要去肯定和支持对方的感受。这种话是永远不会出错的。

比如对方离婚了，很伤心，你应该无条件地支持对方："遇到这种情况肯定是会伤心的，换了谁谁不难受啊。"

这种话就叫作肯定跟支持对方的感受。

在安慰别人的时候，最容易犯什么错误？忽略对方的感受。

举个例子。比如A家的小狗丢了，B跟他说："不是什么大事，没关系。"我们安慰别人的时候，是不是经常说"没关系"？但"没关系"这个词其实特别冒犯别人。

"怎么就没关系了？我的感受就那么不应该吗？我这么难过，然而你却告诉我没关系？"

上学的时候，班里经常有人考不好，心里很难过。我们班主任上来就安慰同学："不应该难过，这种时候就应该抓紧时间分析试卷，看看自己哪里没考好。"

这种话比"没关系"更严重，因为这直接点出了对方的感受是错误的。所以我们在安慰别人的时候，一定要向他传达"你此刻的情绪是对的，是应该的"这样的话，他会感到安慰。

还有最后一个方法，如果你真的不知道说什么，你不妨在行动上关心他。"我也不知道说什么，那我就去帮你买点吃的吧。"

最后一种高风险的话，叫拒绝。

拒绝别人，肯定是风险很高的，肯定是不提供价值的，别人肯定是不爱听的。那么应该怎么做？有人跟你借钱，然而你不想借，怎么办？

第一个步骤，理解对方的困境。"我知道你现在遭遇了经济上的困难，这时候肯定需要借钱。"

第二个步骤，清晰地说出自己拒绝的理由，表明拒绝的态度。"我最近手头也有点紧，所以这次暂时不能借钱给你。"

第三个步骤，告知对方什么情况下自己一定会提供帮助。"如果过了这段时间，你还解决不了这个问题的话，我一定会帮你的。"或者说，"借钱这件事我帮不了，我可以帮你做的事情是为你介绍借钱的渠道，如果需要的话你就告诉我。"

我们需要注意的一点是，你一定要强调自己的不便之处。很多时候，你拒绝别人的时候说得很模糊，这种模糊会让对方觉得，你本来是可以帮他的却不愿帮他。

有些人更傻，总是怀疑他人的借钱理由。"有这么困难吗？一定要借钱吗？借钱不好。"这样只会让对方觉得你是在为拒绝找借口。

你可能会觉得，一定要这么绕弯子吗？不借就是不借，干脆一点拒绝就好了。如果是那种可以干脆拒绝的关系，我们就不用那么为难了。拒绝本身是非常伤害对方感情的，之所以要小心翼翼地处理这件事情，就是因为不想失去这个朋友。朋友来找你帮忙，一般都是把姿态放低的，如果被拒绝了，等于在这种低姿态上又被你踩了一脚。所以如果处理不好，会非常影响感情。

我们只是利用自己的智慧，把影响降到最低。

以上就是处理一些风险性对话的方法。

接下来该思考的一个问题是，是不是价值高的话就可以随便说？

能把好话说好的人，也不多。

我跟许多人分享过我说感谢的一个妙招。我在读高中的时候，成绩非常差，那时候总要找班上的优等生请教问题，每次跟他们说谢谢的时候，我都会在感谢上叠加表扬，比如加上一句"你怎么这么棒，你怎么这么厉害"。感谢加上表扬，能让你的话价值翻倍。

感谢也可以叠加承诺，如"有什么我能帮忙的地方，你一定要告诉我"。

感谢还可以叠加效果，"谢谢你帮我，因为你，我现在感觉学习也不难了""你帮我解决的这个问题已经困扰我许多天了，你的帮忙让我今晚不用熬夜了"等等。

我还有许多具体的技巧，在我总结自己说错的话时，对各种情况都做了分析和研究。这些具体的技巧，即便知道了，也很难直接应用到生活中。因为我们的大脑已经习惯了原来的那种谈话回路，好多话都是脱口而出的。如果想要做出改变，就需要大脑非常警惕，能够迅速地识别出谈话的信号，调出自己脑海中那个更正确的说话方法。

我经常跟线下课的学员讲，知道正确的知识很容易，但是如果缺乏自我监督能力（意识到自己在做什么）和自我塑造能力（用正确的做法替代惯性的错误做法），就很难做出改变。

　　说话交易理论之下，可以多列举一些高风险的谈话，找出处理方式，一旦出现类似谈话，就能有意识地调整自己。

　　知道这个理论本身就会让人警觉一些。

　　最后想提醒大家，说受别人欢迎的话有个前提，就是你必须是一个有价值的人。

　　有些人的表扬和夸奖是无用的，为什么？因为这个人本身就没什么价值。对于自己不认可的人，得到他再多的夸赞也没有快乐可言。

　　有些人的支持和赞同也没有用，因为他本身不是一个有逻辑的、会思考的人，他的同意也只是盲从罢了。

　　一个根本没有自己独立看法的人，是支持还是否定无足轻重。

　　所以什么是有价值的人？

　　第一种，有能力给别人提供资源、提供帮助的人，他们的话是有价值的。

　　第二种，有能力独立思考，且思考深刻的人，他的话也是值得听的。

　　有价值，进而受欢迎。

　　这就是我的说话价值理论。

Chapter

Six
学习篇

别让你深度思考的能力被毁掉
或者丢失。

背景知识：
阅读理解能力，是最基础的能力

每次和宝妈聊天，我都会问她们，除了上学之外，你们会考虑培养孩子哪一方面的能力？

妈妈们的答案基本上都是会送孩子去学钢琴、学舞蹈等等。

可能是这些妈妈都吃够了没有特长的亏，因为不会唱歌，不会跳舞，所以只能看着那些能歌善舞的姑娘在学校的各种晚会上光芒四射，而自己只能眼巴巴地坐在底下当观众。

儿子学什么呢？学打篮球、踢足球。

我的大学同学生了个儿子，才两三岁就送去学书法，原因是同学觉得写一手好字对男孩来说很加分。

这些答案没有对错，我只是想，她们认为学这些重要的原因是什么？

到底学什么更能滋养一个人的成长呢？

就我回溯自己这短短二十多年的人生，资质普通，没什么加分技能，不说勤劳、勇敢这些品质的话，我立身所凭的能力是理解和表达。

懂得快——别人一说我就能理解；表达方面有优势——不算能言善辩，但是表达还算清晰。

而这些能力来源于一件事——阅读。

所以如果让我选择，我会给我将来的孩子一座图书馆，他可以不学唱歌、弹琴，但他一定要有大量的阅读基础。

我会带他去听各种专家、学者、明星、企业家，甚至一个有着特别生活经验的普通人的讲座。我会送他去世界各地，去发掘发生在我们生存的星球上的各种人的故事。

郝景芳曾写过：现实中的教育系统，负担的第一功能往往并不是培养，而是选拔。

选拔实际上并不涉及教育理想，而是一种资源分配。

为了杜绝徇私舞弊，最好是清清楚楚的数字标准；

而为了获得数字标准，最好是有标准答案的题目。

以"培养"为目标的教育，期望每个孩子拥有适合自己心灵的成长环境；

以"选拔"为目标的教育，期望用可操作的手段挑出排名最靠前的孩子。

这段话，我太同意了。

其实我们在上学期间基本上都没有被"培养"过，而且即便选拔，严格的高考制度也只能够考核某些能力罢了。

这就是我们高中一毕业就会迷茫的原因，比迷茫更可怕的是，有些学习成绩不好，并且其他什么也没学的孩子，等于带着一个几乎本能的大脑，面对一个没有正确答案的复杂世界。

复杂的真实世界里需要的是什么呢？

需要的是洞察和理解的能力，是分析和思辨的能力，是表达和影响的能力，是创造和协调的能力。

而这些东西学校几乎没有教过，如果不想成为一个不讨学的白痴，就要自学。

我很重视自己这方面的自我教育，因为需要，也因为不服气。

像我们这种从小地方考出来的所谓高才生，常被塑造成木讷而不聪明的刻板印象。

既然学校没能让我变聪明，那我就要自己培养自己。

作为一个个体，我无法像教育专家一样为自己设计出一个专业的能力培养体系，我只能一路摸索，一路学习，拼命地从环境中汲取我需要的东西。

后来我发现，当我学习得越多，我就学习得越快。

具体来说，一个人的学习速度和学习能力的强弱，其实取决于他过去学习的东西，取决于他过去积累了多少，记忆了多少。

而我们大脑当中积累和储存的知识，可以称为"背景知识"。

"背景知识"这个概念，是我从一本书中找到的，我一直都很想形容大脑内存的重要性，直到有一天遇到这个概念，我惊喜地发现，就是它，它可以代表我想说的意思。

背景知识是什么？

有一个例子是这样的，厨师小明和服务生说："我不会在老板来吃晚饭的时候，试推我的新菜品。"

这句话就包含了两个要点。第一，小明要推出新菜品了；第二，他不会在老板来吃晚饭的时候推出新菜品。

这是我们能从这句话当中总结出的要点，只要能读懂这句话，就能提炼这句话给出的字面信息。

但如果要真正理解这句话，就需要知道它没有明确给出的背景信息。

第一，人们在尝试新东西的时候，很容易出错；

第二，我们都希望给老板留下一个好印象，所以不愿意在他来吃晚饭的时候推出这个新东西。

只有拥有这两条背景信息的人，才能理解小明说的这句话。

如果是一个婴孩，他不知道尝试新东西会出错，或者他不知道人们在老板面前都想留下好印象，就不能理解这句话。

他就会问:"为什么啊?为什么不在老板来的时候尝试?"

这就是人和人之间理解能力的差距。

我们平时在看任何一本书时,甚至听人家说的话里,都有许多背景知识被省略掉了,所以有人能听懂,有人就不能。

而如果我把所有的信息都说出来,如:

小明说:"我不会在老板来吃晚饭的时候,试推我的新菜品,因为推出新菜品很容易出差错,而我想在老板面前留个好印象,所以我不会推。"

我们会觉得这些说话和写书的人非常啰唆。

我再举一个例子。

有一次我在直播的时候,有个同学问我:"媛媛姐,我想学习英语,又想减肥,同时还想开始准备考研,我有一堆事情要做,但是我每天什么都不做,总是在宿舍里浪费时间,怎么办?"我说:"导致这个结果的原因有很多,但是其中之一,就是你的选择太多了,你需要减少你的选择。"她说:"哦,是的,我太不专注了。"

直播时间有限,我无法为她解释更多,实际上这个跟是不是专注没有关系,选择过多本身就会限制行动。

这时候我看到快速滚动的弹幕里有这样一条,就是"选择悖论"。

选择悖论是我之前带着大家在读书的时候学习的一个概念,书里对于选择过多带来的危害做了细致的探讨。

那一刻我在想,有这个背景知识的人和没有这个背景知识的人,在听到我说的那句话时理解的内容不一样,理解的程度也不一样。

信息被呈现的时候,本身就是跳跃性的,如果背景知识不充足,理解能力则会不到位,就会觉得深奥和艰涩。

长期下去,就失去了深度阅读和深度思考的能力,只能去看看朋友圈里的鸡汤故事和伪科学文章,因为理解那些内容,只需要基本的生活经验,不需要任何其他的背景知识。

一旦需要相应的背景知识才能理解问题时，这样的人就会露怯，暴露无知。

我发现我许多在农村生活的小学同学，小时候在同龄人中很聪明，但是长大后许多人就会变得像我们的父辈一样，大脑好像运转缓慢了。

而其中上过学的，考到大城市的几个同学，仍然能保持大脑灵活。

原因就是后者见的世面多了，读的书多了，大脑中储存的背景知识多了，理解能力就更好了。

最近公司在做 App，产品经理经常跟我抱怨，技术人员的理解能力有问题，很难沟通，好像根本听不懂他说的话，明明已经说得很清楚了，为何对方还不懂？

职场上除了专业技能之外，判断人的另一个方法就是看这个人灵不灵，好不好沟通。灵不灵其实取决于他大脑里储存的东西够不够。

如果你说一句话，对方在大脑中根本调不出任何有用的东西去帮助他理解，就是不灵。所以他的问题是连地基都没有，而不是楼盖得够不够高。多与人沟通确实可以提升理解能力，因为对方丢给你的话本身就是信息，你的大脑需要处理和分析才能理解别人说的话，听得多了，自然收集到的信息就多。但是更快的方式是多读书啊。读书是获取背景知识最快捷的方式之一，不用亲身经历，不用总和人亲自沟通，就可以让自己的大脑迅速丰富起来。

书读多了，理解能力就增强了。

而阅读理解能力就是人最基本的能力。

有一本书叫作 *Marva Collins' Way*（《马文·科林斯之路》），哈佛幸福课的主讲人曾强烈推荐过这本书。

Marva Collins（马文·科林斯）是出生于 1936 年的一位美国教育家，她在 1975 年创立了一所学校，专门接纳那些所谓的别人眼中的不良学生，把那些面临着毒品、犯罪困扰的孩子一个接一个地送入大学。

除了对学生鼓励，让他们变得更加自信之外，Marva Collins 采取了一个很特殊的教育方法,她把当时学校的落后教材抛弃,找来了一些故事书,手把手训练学生的阅读和写作能力。

Marva Collins 始终都认为,无论一个人以后做什么,只有拥有阅读和表达能力,才能适应工作,并且做得更出色。

通过那些故事,Marva Collins 教学生们历史、地理、哲学、戏剧……在她的细心指导之下,即便是四年级的小学生都可以阅读莎士比亚的作品。

这种大量的阅读训练,大大增加了学生的背景知识,进而提升了他们的理解能力。

背景知识增多的好处,不只是在阅读理解方面,当你积累了足够多的背景知识之后,你的记忆能力和表达能力会提高。就像我今天写的这篇文章。

这篇文章肯定被不止一个人看到,但是大家的理解程度不一样,当你在看这篇文章的时候,你的大脑不由自主地在检索过去的记忆和经历,帮助你去理解我所写的每个词。有人检索到了相关的内容,所以很快理解;有人不能,会觉得不知所云和枯燥;有人已经知道了我所说的一切,理解起来很容易,可能会觉得无聊。

理解程度的不同,又决定了你能记住多少。

如果你拥有相关的背景知识,你只需要把你理解到的新知识归类到过去的记忆和经验中。这是一件很容易的事情。

而无法理解的人,何谈记忆?死记硬背一个孤立的知识点,很快就会忘记。所以背景知识的多少,严重影响你的学习效率。

我们学习的速度,如果画一幅图的话,它的速度其实一直在增加。学得越多学得越快。

人和人之间的差距只会越来越大。

我的起点可能比大多数人要低很多,之所以最后能到达跟别人同样的终点，甚至比我的同龄人还要走得快很多，就是因为我学习速度很快，并且越来越快。

读书真的会使人聪明啊。

深度思考：
把问题想明白，然后解决掉

1995 年，美国旧金山举行过一个会议，这个会议上集合了来自全球的五百多位政治、经济精英，包括撒切尔夫人、老布什这样的人。

这些精英在一块儿讨论的命题是"如何应对全球化"，他们都觉得，随着全球化的程度加深，一定会造成严重的贫富差距。

最终全球财富会集中在 20% 的人手里。

这样一来，那 80% 的人就成了边缘人，如果他们不满、抗争、发生冲突怎么办？

有人就想出了一个方法，这个方法叫作"给那 80% 的人塞上一个奶嘴"。

这些奶嘴是什么呢？比如发泄型产业，多发展赌博、色情，还有游戏产业，让这 80% 的人把多余的精力发泄出来。

发展满足型产业，比如看一些明星的花边新闻、家长里短，让这 80% 的人沉溺在安逸当中，从而失去上进心，也失去深度思考的能力。

这样的话，他们慢慢就不会抗争了，他们会期待媒体为他们思考，会被娱乐信息占据全部思考能力等等。这个战略，就是著名的奶嘴计划。

人一旦失去深度思考的能力，就容易上当受骗，更重要的是，有一句很棒的话大概是这么说的：走向世界的捷径，就是拥有自己的观点。

可是扪心自问,自己是有观点、有看法的人吗?这些观点足够深刻和理性吗?我们到底是属于那 80% 的人,还是那 20% 的人?

思考能力低下有几个特征:

第一个特征,特别爱听故事和看故事。

自媒体作家,也就是大家平时看的公众号作者,他们最喜欢编故事。

因为他们知道,喜欢在手机上看文章的人不喜欢动脑。而不爱动脑的人,只看得懂故事,所以他们就天天在公众号里编故事,拼命吸引不爱动脑的粉丝,最终把这些粉丝变现。

看故事和听故事,是人从童年就养成的习惯,但是我们不能只看故事和听故事,当看到一些需要动脑思考的内容,或稍微有点难度的内容时,你是会动脑思考,还是马上翻过去?

你现在还能读那种有深度的文章吗?还是每天都沉浸在别人编的故事里?

你的思考能力,是不是已经被毁掉?

第二个特征,情绪化。

有一部分人喜欢用情绪代替自己的思考,遇事第一个动的是情绪,而不是脑子。情绪一上来,什么都干得出来,什么都说得出来,这部分人很容易被煽动和忽悠。

第三个特征,情感跟逻辑分不清楚。

"妈妈一定是为我们好的,所以妈妈说的都是对的,所以要听妈妈的。"这句话就是严重地把情感跟逻辑混为一谈。"妈妈是为我好,是爱我的,我特别感动",这是情感。但是"因为妈妈爱我,所以她说的都是对的,我都要听",这是逻辑错误。

"你为了我好"跟"我要听你的"之间没有逻辑关系,你对我好并不代表你是对的，出于为我好的目的，也可能做出对我有伤害的事情。

第四个特征，只能从自身出发。

你发条微博说"婆婆和媳妇太难相处了"，底下一定会有人反驳你说"我和我婆婆相处得就很好"。

"地域黑"也是这种人，用自己见过的个案来替代全部，以偏概全，凡事从自己的经验出发，这是典型的思考能力比较低下的表现。

第五个特征，喜欢把假设当结果。

"我国现在经济已经开始衰退，所以我们都不要辞职，找工作会越来越难。"

这句话是我随便举例的，在生活中这样的言论太多了，给出一个假设的前提，然后提出建议。

在这句话当中，"中国经济衰退"就是一个假设。

很多人喜欢把假设当结果，从假设出发就开始去推论其他事情，而这个假设本身都不一定被证明过，如果假设是错的，那后面的话根本就不可信。

第六个特征，用现象代替原因。

一个公司，员工每天懒散，业绩不好，应该怎么办？

销售总监认为，是销售人员没有干劲造成的，所以他每天都在想方设法地给销售人员打鸡血、喊口号、培训、发奖金，各种措施下去之后，没有效果，即便员工看上去很有激情。

为什么会这样呢？

因为销售总监看到的那个并不是原因，只是现象。原来公司业绩不好，并非销售人员懒散造成的，而是产品质量有问题，销售不积极不是根本原因，而是产品本身缺乏竞争力。

有些事情只是呈现出来的现象，不能把它当作原因来解决。我朋友是某公司客服部门的经理，客服部门的离职率非常高，刚招的员工基本上三个月内就会离开，老板怪她培训不到位，但其实是销售人员的管理有问题：销售对客户经常夸大其词，最后导致客户埋怨过多，客服人员承受的压力太大，才导致了频繁有人离职。

第七个特征，把概率当必然。

不好好学习就一定考不上大学，考不上大学人生就一定很失败。这叫作把概率当必然，这也是思考能力低下的表现。

如何培养深度思考的能力？我们的观点到底是怎么形成的？为什么有些人看上去很有想法？

一般情况下，观点形成需要经历四个阶段。

第一个阶段，在知识也缺乏，信息也缺乏，能力也不够的时候，我们判断一件事情，首先是靠直觉。直觉认为这个说法有道理，但是具体为什么，也说不上来。

直觉很容易带来偏见。我妈就对父母离异的孩子有偏见，她认为父母如果离婚了，孩子的性格一定有缺陷。有人认为贫寒家庭出身的孩子，一定很自卑。

这些直觉带来的偏见可能是因为听了别人的只言片语之后形成的，也可能是因为对自己过去经验的模糊感受。偏见总有一天会遭受挑战。以前你认为父母离异的孩子一定是自卑和不幸福的，结果有一天你看到了另外一个说法——家庭不健全的小孩，长大之后反而更幸福。

这个时候，一场辩论在你的头脑中展开，见识了不同的观点，就要去选择到底相信哪一个。

判断的次数多了，就会拥有判断力。

这就是观点形成的第二个阶段。

在后来的人生当中，你会遇到各种不同的观点在大脑中激荡，慢慢地你变得不敢说话，也不敢下定论了，你再也不是那种能把自己的直觉脱口而出的人。你会从一个特别敢说话、什么都敢说的状态，到一个不怎么敢说话、小心谨慎的状态。其实这是好事，这证明自己开始因为有知而不再无畏。

这是第三个阶段。

最后，在终于积累了很多的经验，看了很多的观点之后，你形成了自己比较认同的观点，这时候又敢于表达自己的想法了。你的观点经历了从直觉到偏见，到反复被挑战之后调整，到最后形成自己的观点，基本就会稳定下来，短时间内不会变化。

但是这个观点也不是牢不可破的。

你经历过偏见被推翻的过程，所以并不排斥他人来挑战你的观点，这时候的你会成为既有主见又不顽固的人。所以如果想要形成深度思考，必须要让自己的偏见接受挑战。

我妈一辈子也不会改变她的偏见了，因为她没有机会对其他任何论点进行思考，她这个年龄已经停止学习了。

刻意的深度思考有两个方向：上推式思考和下推式思考。

什么是上推式思考？

调查研究发现，在某国，A人种的犯罪率比B人种要高出23%，那就意味着每一百个B人种犯罪，就有一百二十三个A人种犯罪。

当你看到这句话的时候，你会想什么？

你会想说："对，是这样的，A人种受教育的程度低，他们特别暴力，爱抢劫，而且还爱乱生孩子。"

你会对这个调查结果产生自己的想法。

在没有见过其他的观点时，大脑当中现在形成的很有可能是直觉带来的偏见。

我们向上研究一下，为什么那个国家的A人种犯罪率高？

上推式思考的关键就是，在看到信息的时候，不跟着信息下定论、说情绪，而是反推为什么，往上推论。

为什么 A 人种犯罪率高呢？

因为在某国，青年的犯罪率比较高，原因也很简单，年轻人比较冲动，而 A 人种年轻人比 B 人种年轻人要多，最终造成的结果就是 A 人种罪犯比 B 人种罪犯多。也就是说，犯罪率高并不是因为他是 A 人种，而是因为年轻人大多数都是 A 人种。往上推论之后，你可能会自我检讨"好像冤枉 A 人种了"。这个时候，就是不同的观点在脑海当中碰撞，已经开始挑战偏见了。

我们接着再往上想，为什么 A 人种年轻人这么多？

在二三十年前，A 人种有一个很高的生育潮，不知道为什么，他们那段时间特别爱生孩子。

当你这样一步一步往上推的时候，会发现原因一层接着一层，最终你会找到问题的源头，把这个问题认识得更深刻，思考深度大大加强。

所以，以后我们看到类似的新闻报道时，不要盲目地被信息带着走，大部分这样的新闻信息都有强烈的指导性和煽动性，他们之所以那么说，就是希望你去这么想。

用往上推论的方式去解决问题，才能找到根本问题所在。

经理在车间的地面上发现了油渍，他有以下几种做法：

一、找人把地面擦干净。检查一下哪里漏油，发现是一台机器漏油了，于是找工人来检修，修好之后不再漏油。

二、发现机器漏油之后，继续查漏油的原因，发现是其中一个螺丝的标准不合格，要求采购部重新采购新螺丝，杜绝漏油情况发生。

能做上推式深度思考，就能从源头解决问题。

在上述两个案例当中，主要采用原因链条法往上推，这个方法要求大家一定要问为什么，问到不能再问为什么为止，找出事情的根本原因，然后再下结论。

原因链条法是一种上推方式，还有其他方式。

第二种，叫作追溯证据来源和可靠性。

今天，我跟你说在某国，A人种的犯罪率比B人种要高23%，并且这是一个心理学家调查得出的结论。

你不要直接下定论，你可以往上思考一下，我话里的信息是否可靠，例如，这个数字是否是真的？这个心理学家是谁？他是否权威？我说的是否有偏差？

第三种上推方式，叫作时空追溯法。

我前两天看到报道说印度强奸案发生的概率很高，但是我不会马上下结论——"印度很乱"。而是会想看一下，印度一直以来都是这样吗？历史上是否也存在这种现象？如果历史上印度并非强奸率很高的国家，那么到底是什么因素发生了变化？

这样也容易让你找出根本原因，形成深度思考。

除了历史追溯之外，也可以做平行对比。

关于中国看病难的新闻，隔一段时间就会被报道一次，黄牛排队难挂号，医生态度不好，住院没有床位，等等。看到这种新闻，先不要抱怨。

要么向上推，中国历史上看病一直都这么难吗？如果过去很容易的话，为什么现在很难？也可以平行对比，只有在中国看病这样难吗？为什么别的国家并不难，还是说别的国家看病比中国还要难？

这时候就容易形成深度思考。

以上是我给大家提供的关于上推的三种路径：第一种路径，追溯原因的链条，为什么之后的为什么；第二种路径，追溯证据的来源和可靠性，看看提供的证据是准确还是不准确；第三种路径，时空追溯法，过去是不是这样，我们也可以平行看一下其他的对比对象是怎么回事。

与上推思考不同的一种思考方向，叫作下推式思考。

什么叫作下推式思考？

最近有很多人都在呼吁限制明星参加真人秀的酬劳，指责明星片酬过高，他们参加一个节目等于十个科学家工作一辈子。

看到这样的数字会很惊悚，很气愤，难免会下结论："不应该让明星拿那么多酬劳，应该限制明星的酬劳，最高不能超过五十万。"

这时候其实可以进行下推式思考，想一下，如果真的限制明星酬劳，会发生什么事？

明星只拿了五十万，但是他的节目会有很多人看，越火的明星，对提高收视率越有帮助，收视率高了，广告效果就好，广告效果有保障的话，电视台的广告费还是那么贵。

所以限制酬劳的最终受益的是谁？

法律没有限制电视台收广告费的上限，所以只要这个节目的收视率高，电视台就可以跟许多广告商要价，而最终它一定会选择那个给钱最多的广告商。

这样的情况不是我们想要的，那么怎么办呢？限制电视台广告收费的价格？假设最高定在一百万，有许多广告都要投，应该挑选哪一个？

挑选了谁，谁不就赚到了吗？

这个广告商开心死了，以前要花一千万才能抢到的广告位，现在一百万就能拿下了。当然，可能一百万也拿不下，在这么多广告商都觉得一百万很值的时候，大家一定会抢起来，那么会不会有广告商愿意多拿一百万给电视台领导，作为贿赂，反正出两百万也值。

让贿赂发生肯定是不对的，那这样好了，广告商获益之后让他多纳税，最终把这部分钱变成税收，可不可行？

又或者不要限制明星的收入好了，他可以拿一千万酬劳，然后让他直接去纳税。

如果要向明星收重税的话，会发生什么事情？

有没有可能会出现一些避税的方法，比如签阴阳合同什么的？监督这些明星纳税可行不可行，成本会不会很高？

我也不知道哪个方法最好，但当你进行下推式思考的时候，你的思考已经开始变得有深度了。

下推式思考的精髓，就是假设。

你可以假设结果就是这样的，然后去推论接下来会发生什么，有哪些问题。假设限制明星的酬劳会怎么样？不限制明星酬劳而收取重税会怎么样？

在一步一步的假设中，有可能就会产生你想要的答案。

在这个过程中，思考开始从一个点变成一条线，一条线会变成一个面，一个面会变成一个球，你的思考会越来越立体和有深度。

以上就是我分享的深度思考的两个方向。

思考无论是否深刻，大脑一定要开放。一个大脑不开放的人，喜欢处处下结论，而一旦有了结论，思考就停止了。我经常告诉自己："我说的话不可能是绝对正确的，是可能变化的。"正因为这样，我才会一步一步地推翻自己，从而更接近真相。

在我们这个时代，信息太多了，如果没有深度思考的能力，就会像一个陀螺一样，反复被抽打，今天被这个煽动，明天被那个启发，最终一定会付出代价。

在我们这个时代，问题越发复杂，每个问题都存在于它的系统当中，如果只能看到表象，问题就不会被解决，最终还是要付出代价。

结论就是，谁傻谁吃亏。

别让你深度思考的能力被毁掉或者丢失。

吸星大法：
那些学得快的人，到底厉害在哪里

大多数人因为年轻而骄傲，但是我经常因为年轻被质疑。

听听这话：我吃过的盐比你吃过的饭还多，我走过的桥比你走过的路都多。

一个人的年龄确实跟智慧有关，活着的时间越长，积累的学习材料越多，大概率生存的智慧也会增长。

但年龄绝对不等于智慧。

有些人真的是年龄增长而脑子不长。

因为一个人的成长不只是需要学习材料，还必须要思考加工。

这就好比生活确实给了人许多题目，但是架不住你一道不做，所以许多三四十岁的人仍犹如巨婴。

同样，有些人做一道题学到的东西比别人做十道题都多，并且懂得自己找题做，这也可以解释为什么二十多岁的人可以比四五十岁的人还要成熟和有智慧。

我总结了两个超越年龄障碍，累积经验的方法。

第一个，利用别人的经历作为学习材料。

高中学哲学时就做过这样的练习题：

一个 60 岁的饱经风霜的老人，与一个 16 岁的小孩，在听到同一句话时，理解的程度是不一样的。

老人阅历、经验丰富，所以理解得更深刻。增加自己的学习材料，是增智的手段之一。

我那时候看书少，但是我一旦看到一个社会事件，或者周围人经历事件的时候，就会问自己三个问题。

第一个问题：如果是我，我会怎么做？

第二个问题：他是怎么做的，结果是什么？

第三个问题：跟他的做法相比，我选择的做法好在哪里，差的话差在哪里？

许多人以为增长见识就是多去旅行，或者多见世面，这是个大错特错的想法，因为只看是没有用的，没有深度参与或者深度思考，就跟你复习的时候看书一样，眼睛滑过去了，什么也没记住，脑子一动不动。

所以不能只是看，还要想才行。

经常这么做的好处有很多。

第一，把别人的生活经历作为学习材料，比在课本上看到的、听课听来的更直接和深刻；第二，因为关注了很多不属于自己生活经历的知识和问题，在以后遇到你关注过的知识，就比没有关注过的人强很多；第三，这些广泛的关注范畴作为背景知识，可以加深你对每一个当下的理解。

我一直用这个方法来学习，丧心病狂到看到别人离婚，我都会想要是我，我会怎么做，读研时学习《婚姻法》，结合以前自己看到的实例，学得不亦乐乎。

微博头条上的热搜八卦曝光明显出轨，我就一直等待他们的公关消息，等到以后会自己分析，出轨方、受害方和婚外情对象、婚外情对象的对象，四者谁写的公关文最好？危机公关的规律是什么？

海底捞之前被曝光厨房不卫生，遭遇了严重的信誉危机，当下就出了一篇非常精彩的公关文。我会想，如果是我，我会怎么写这篇文章？

虽然我未曾亲身经历，但是我也思考过许多比我的经历更复杂和更庞大的事情。这才是见世面。

见，且思。

绝对不能做这个世界的旁观者。

有人喜欢坐着鼓掌，有人喜欢看戏骂人，但是他们最终都只会成为他人的消费品。

信息太多太杂，越旁观的人脑袋会越笨，那些赚你钱的人，就希望你什么都不用想，只要接受就可以。

你越处于旁观位置，想得越少，大家就越容易赚你的钱。而聪明人从不只是简单的旁观者，他们的脑子就没有停止过，都是一边看一边想。即便没有经历，也能拥有经验。

第二个，利用别人的思维作为发散的方向。

这个世界上有大把比我聪明的人。在读一些书的时候，我发现自己并不能够完全理解作者的意思。这就意味着作者的思考比我更复杂。

什么是利用别人的思维作为发散的方向？其实就是用别人的脑子来思考。

当出现一些问题跟热点事件的时候，首先要问自己对于这个问题是怎么想的，一定要独立思考，明确阐述自己对这个问题的观点，然后再去理解不同的观点。

看到信息的时候，一定要看评论，但是不要只看一个人的评论，也不要直接看评论。

看评论是人的本能，不信你下次主动观察一下自己，点开一则新闻的时候，下意识的动作是先去看评论。

为什么？

因为人对一则新闻有自己的看法和情绪，而点开评论，就是为了寻找那个跟自己共同的声音。如果有人骂了你想骂的话，说了你想说的观点，那反手就是一个赞,对吧?

如果有人的说法跟你不一样呢?你还是会先看这条评论的评论,如果有人在骂这条评论,你就放心了,你甚至还会追着骂。

而当你发现你跟所有人都不一样呢?勇敢的人,会表达自己的看法,怯懦一点的就会来一句"难道只有我一个人这么想吗"。实际上就是一种翘首等赞的心理。

一般人都是不吭声的,人在进化中有长期的群居经验,在一个群体中,如果你和大家都不同,这是一件很危险的事情,你的本能就会掩饰这种不同。你发现了吗?

在我描述的这一系列过程中,人是没有任何思考的,几乎都是下意识的动作。

我们只是疯狂地在找人认可我们的声音,这就是为什么每天有无数信息过我们的脑海,但是我们的思考能力却没有任何提高。

如果你有耐心去思考别人的观点,你会发现有些人的观点跟你一样,但出发点不一样,有些人跟你的观点虽然不一样,但是他也有恰当的逻辑。

也有些人,看评论觉得评论说得有道理,看评论被反驳,觉得反驳也有道理,反驳的人又被骂了,觉得骂人的也有道理。

最后选择了点赞最多的那个去相信。

别被我说晕了。

如果你有我说的这种特征的话,确实需要认真地提高自己思考问题的能力了。方法就是,先去理解这些不同的观点。没有想到的观点和角度,先去理解为什么别人会这么想。然后你再去丰富自己的观点,深化自己的思考。

好吧,这么说有点空。

我的笔记里面,有一个栏目叫作"思想",里面记录了很多观点。

当一个社会热点事件发生的时候,我会把自己觉得不错的、不同角度的观点都写下来,强迫自己再重新思考一遍。比如其中有一则笔记的标题是:劳动者之间是不是平等的。

之所以记录这则笔记，是因为当时看到一个社会事件。

有一个名牌大学的毕业生去当了清洁工。

我的第一个想法是：工作没有高低贵贱，每一个劳动者都值得尊重；但是每一份工作创造的价值大小是有差别的。

原子弹专家和清洁工，就是不一样。但是我不能贸然表达，否则一定会有人误解我。

等我想明白了以后，打开评论，看到了各种观点。有人在骂，说："人人平等，清洁工怎么了？狗眼看人低。"还有人说："个人选择，个人自由，其他人没有资格干涉。"也有人说："我不支持大学生去做清洁工，因为人格上的平等，不意味着劳动价值上的平等，劳动价值的平等，也不意味着对人员素质要求的平等。"

看到这句话的时候，我记录了下来。

因为我没有说明白的事情，他说明白了。

我在笔记里写下"人格的平等，不等于劳动价值的平等"，原子弹专家跟清洁工从劳动者的人格上当然是平等的，但是他们为这个社会创造的价值不一样。当我们能够为社会创造更大价值的时候，却选择做一份价值更小的工作，其实也是一种形式的浪费。我们每个人长大除了父母栽培、自己努力之外，还消耗了一定的社会资源。

"劳动价值平等，不意味着对人员素质要求的平等"，这句话我也写下来了。

假设制造一颗原子弹和扫干净一条大街的劳动价值平等，但是这两个工作要求的人的能力不一样，一个对脑力要求更高，一个对体力要求更高，所以找一个与自身素质更适配的工作显然是更理性的选择。

不过即便是我认可的观点，也会有人反驳。

反驳有理，我也会一一记下。在这个过程中，我收获了许多看问题的角度，他们可能有人是大学老师，有人是街头小贩，他们的人生经验和我的人生经验完全不同。

这就是用别人的脑袋来思考。

而且肯表达出来的观点,尤其是大V写文章论证的观点,一般是他们觉得非常骄傲的,哪怕是一条微博,其实都是精心编辑发出的,这等于把别人脑袋当中非常好的那部分拿过来,消化成自己的思考,促进自己的大脑成长。

到底什么是愚蠢,什么是聪明?

其实聪明的人不见得任何时候都是正确的,但是因为勤奋思考,所以有自己的原则、观点和立场,并且随时在吸收和学习,准备更新自己的认知。

吸星大法好,能把周围的一切都化为自己功力增长的养料。别人的错误和失败,形成我的经验;别人的经验,成为我的智慧。

但是愚蠢的人呢?

就好像我们村东口的二大爷,每次都拿着个小烟斗站在大槐树底下指点到底什么时候适合跟日本开战。不要小看我二大爷,他每次都能把周围人反驳得心服口服,因为他的每一个观点,都有一个根据,而那些根据就是来自网络的只言片语。

生活中有太多这样的二大爷了。

经历少,不思考。

所以67岁的人了,还跟小孩一样"纯真"。

学习就是加速度

我在演讲时说过,命运给你一个比别人低的起点,是希望你奋斗出一个绝地反击的故事。

可绝地反击不容易。

人生好比跑步,之前看过一个小视频,可以明明白白地说明什么叫作赢在起跑线。

一群孩子站在草坪上进行一场跑步比赛。

老师说:"比赛开始之前,我有几个条件要说。如果你符合这些条件,就向前迈两步。如果你不符合条件,就待在原地不动。"

宣布完规则之后,老师说了第一个条件:"如果你们父母的婚姻持续到了现在,向前两步。"

接着是第二个条件:"如果你的成长环境里有个父亲般的人物,向前两步。"

"如果你有机会得到私立学校教育,向前两步。"

"如果你请过家教,向前两步。"

"如果你从来不用担心手机欠费,向前两步。"

"如果你从来不用和爸妈一起担心账单,向前两步。"

这个时候,参赛者之间的距离已经逐渐拉开了。

很多参赛者可以在每一个条件宣布时,都开心地向前跨越两步;

也有些参赛者,从最开始到现在,一步都没有移动过。

一位黑人男孩始终待在原点,看着大家一步步接近终点,他已经有些迷茫了。

看完这个短片,你会想到什么?我当时想到了努力,对,一定要努力。落后的孩子就要快点跑。出生在什么起点上,我们都不能控制,有一些外界条件,不是我们能左右的。

但是这个老师忽略了一些事实,那就是每个人身上都有不同的加分项。

那个什么都没有的黑人小朋友,或许他比所有人都更有勇气,更聪明,更自律,所以未必会输。可勇气无法衡量,一般人都会忽略它的作用,不会注意到它的优越性。

还有,聪明也并非一眼能够看到的条件。但这些其实都可以给你的人生助跑。

家境比我好的人一大把,受教育程度比我高的人也太多了,但正是因为起点低,压力大,所以我比常人更舍得吃苦,更敢于面对。

这是一种巨大的优势。

除此之外,有许多优越条件是既定的,比如父母不是你可以重新选择的,甚至他们的感情也不是你能影响的,生命当中是否有一个父亲般的给你指导的前辈,真是运气说了算。

但有些条件是可以通过努力去获得的。尽管没有一个给我们父亲般指导的前辈,但是我们可以通过读书,通过学习获得。

创业之初,我曾立下一句 slogan(口号):学习就是加速度。

在我们没有资本、没有好的发展机遇时,学习是我们缩短跟别人差距的唯一方式,学习是可以让我们赢得更快的方式,是我们可以赶上别人的唯一武器。

只要拥有学习的习惯和技巧,就永远有赢的可能。但是学习本身就很难。

在学习这件事情上，常出现的问题有这些。其实我们用来学习的时间是非常少的。大家认真核算一下，自己一天的时间到底够不够用。

作为一个已经工作的人，我们经常感觉抽不出时间学习，所以做了许多的学习计划最后都无疾而终，过了一段时间回头看，什么都没有学，又会骂自己怎么那么懒。

懒惰是一方面，但实际上你的时间真没有想象的那么多。

我在实习阶段做过学习计划，但是发现根本就执行不了，有时候我拥有时间，但是缺少精力。

下班回到家已经晚上七点，看上去好像可以学习到十二点，但是我没有把自己放松的时间计算进去。上班使人筋疲力尽，回到家以后，意志力严重缺乏，根本无法开始学习。

还有人计划在上班时间学习。确实，工作有时候是不饱和的，但是你考虑到同事可能随时来找你，老板可能随时会发现你的情况吗？

上班时间是根本无法集中精力去学习的。

普遍的情况是这样的：我们一天当中大部分的清醒时间，都是在工作，工作本身当然是学习，但是非工作形式的学习，工作时间肯定是完成不了的。

工作的时间是你卖给老板的。工作结束后回到家已经很累了，此外你还有家庭生活，其实留给自己的时间少之又少。所以大家千万不要高估自己的学习时长，在使用学习时间的时候，要非常谨慎，不要觉得只要学就有用，学什么都行，随便买一堆书，买一堆课程，瞎听瞎看，这样你浪费的最珍贵的反而不是钱，而是本来就很稀罕的学习时间。

第二个我们在自主学习当中会遇到的问题，就是学习范围太广。

总有人问我，在线学习是不是骗人的，为什么我报了那么多课程，也学习了，但是我却没有任何改变？

其实知识本身没什么骗人的，有人在推广的时候虚假宣传，有人在内容上瞎编乱造，我们只能说这个人是骗人的。

至于为什么你学习以后没有改变，因为本来就不会有改变。

首先，你学习的东西太少了。

可以看一下自己现在列的书单和自己报的线上课，尽管涉及方方面面，然而在每一个方面的学习广度和深度都没有，所以我们很难感受到自己通过学习解决了某个问题和带来了哪些改变。

上学上了十多年，大学四年集中地学习一个知识领域都没有什么改变，怎么可能通过学习一两个月就有改变？

肤浅学习只能让你了解，不能为你解决。

第三种比较常出现的学习问题，就是当我们选定了某个领域来学习，比如我想学学新媒体运营，我一定要有一个完美的学习计划，我一定要系统学习，为此可能会花费几千上万块去报一个班。

好多学习理论也是这样倡导的：一定要整体性学习，一定要系统学习，一定要有学习框架。

其实很多时候，过分追求一个完美的计划和框架，会导致自己没有办法开始，等到这个计划做得完美之后，你可能已经不想学了，光做这个框架就已经浪费了你很多精力。

对于自制力差的人，反而要坚信：三分钟的热度，有三分钟的收获。

报个班是学习，平时听到别人说的某句话，或者谈到这个问题的文章，都要认真地钻进去，不要想着以后再看，还要系统地规划一下才可以开始。

学习这件事情太难坚持了，这本身就是最大的问题，许多人学习只是模糊地觉得学习是一件正确的事情，并没有仔细辨认过自己学习的原因。

人为什么要学习某样东西？

自主学习的动力一般源于以下几种：

第一种学习动力是兴趣。兴趣会带来想学的感觉，比如看到人家弹古筝非常优雅，所以就特别想要弹古筝，这是学习动力的一种。

第二种学习动力就是急用。我需要掌握这个技能解决当下的问题。

第三种学习动力可以忽略不计,就是为了模糊的有用感而学习。

我周围好些朋友一旦迷茫、焦虑,不知道干什么的时候,就会学英语。我问他们为什么要学英语。他们说:"希望可以改变一下现在的状态,上进起来。"我说:"为什么上进等于学英语?"他们就会说:"嗯……英语将来很有可能会用到啊,阅读英语原著什么的。"总之结论就是,一旦想要自我提升,就会学英语,一旦学英语,就会背单词,一旦背单词,就会 abandon(放弃)。

最好的状态当然是我很想学,而且这个技能又非常有用,这是一种完美的状态。

但是急用的东西未必感兴趣,感兴趣的东西未必急用,如果要我来选的话,去学那个急用的技能。

有人可能觉得这样太功利了,这些人秉持的观念就是学什么都有用。

你读的书会成为你的底蕴。

乔布斯在斯坦福的演讲中曾说:假如我当年在大学没上过那一门课……所有个人电脑恐怕都不会有今天各种优美的字体。

这也是一个"当初不经意的选择,对后来人生造成影响"的例证。

一时兴起,拥有某个技能,为前途奠基,这样的好事我是从不想的,因为我不知道哪个技能能在将来发挥作用。

现实是什么呢?现实是有一堆东西要学,有一堆问题等待被解决,为什么我不学习那些可以让我的现状变好的东西呢?为什么我非要追求看不到的底蕴?

如果学习不能让我生活得更好,学习也就没有意义了。

而比这更现实的是,人在学习时是需要看到效果的,否则真的难以坚持。

当抱着急用的心态去读书学习的时候,因为着急,所以学习效率很高,效果很好,最终用自己的所学解决了实际存在的问题,就能体会到什么是学以致用,你才会把学习当作信仰,当作习惯。我现在的创业过程中,每天都要一边做事,一边学习,不用被任何人激励和监督,我就能自己坚持不懈地学。因为遇到的问题太多了，怎么管理员工，怎么管理项目，这些都是需要从零开始学习的东西。

许多创业者能保持读书和学习的热情，跟自己的境遇是分不开的。当你的环境一旦安逸下来，就不会再遇到新的挑战，学习的动力也会丧失。

这种动力不是模模糊糊的兴趣可比的。

原因很简单，我喜欢弹古筝，跟我下周就要上台表演古筝带来的学习紧迫感是不同的。对成年人来说，学习最难的就是投入和坚持，然而大多数人的"兴趣"不成熟，都只是一时兴起，非常脆弱。

所以经常会发生这样的状况，今天想去跳舞，明天想学瑜伽，后天想学古筝，最后都没有学成，因为你的"想"和好奇心不足以支撑你克服学习过程中的障碍和忍受学习中的无聊直到入门。

如果真的是兴趣所在，那是忍都忍不住的学习欲望，所以就不存在选择的问题了。

还有一个原因，就是即便我们对这个东西非常感兴趣，但是学习材料和学习过程本身也是非常枯燥的。

比如我对跳舞感兴趣，我可能只是对它在台上展现的那一刻感兴趣，只是对在舞台上的状态非常羡慕。但是学习舞蹈的孩子都知道，学习的过程很枯燥，一个动作要做几遍、几十遍。

怎么样把学习变得有趣，这是人类的永恒命题。

我们来总结一下从急用性出发学习的好处。

第一，能够帮助你及时应用你的所学，并且得到反馈，它符合学习的正确步骤，完成了知识和实践的结合。

我在上高中的时候，最痛苦的就是不知道所学的这个东西是哪里来的，不知道它将来是怎么用的，学习对我来说就是一个记忆工作，我只要在做题的时候想起来是怎么解的就可以了。

更何况我学的那些都非常抽象，理解起来也很困难。

从急用性出发学习的第二个好处，就是因为这个问题很着急解决，并且一直存在，所以自动会提醒你马上去学习。

我有个朋友，要在年会上讲话，但是他的表达能力很差，所以他天天都坚持去学习演讲。因为这件事情就在日程表上摆着，所以会一直提醒他赶紧练，不练就来不及了，他在短短两周之内练习的效果可能比别人练习一个月还要好。

第三个好处，就是学习效率高。因为要用，所以你必须得快速地理解和消化这些知识，相比无目的地散漫学习，效率要高出好多倍。

我无法再用更多的语言跟大家解释这个方法有多好，说太多你们会觉得我很啰唆。

但是自从高考结束以后，我就是用这样的方法学习的。我通过读书和自学，解决了人际交往的问题；通过读书和自学，解决了自己在创业中遇到的问题。

面试的时候，有一个应届毕业生问我："媛媛姐，我到了公司以后有人带吗？"

我说："你这个问题本身就有问题。我出来创业，有人带我吗？入职以后，你的前辈顶多是把基本的操作流程快速地告诉你，或者矫正你一些工作习惯，现代社会分工很细，所以没有什么工作的门槛高到需要跟古代学徒制似的，一个人去完完整整地带另一个人。"

不会有人带你的，带也带不了多远。最核心的那些东西必须要你自学。你可以读书，你可以去百度搜索，你甚至可以去一些行业群内付费提问专家，你可以花钱去听最好的名师课。

在一个公司里，带新入职的基层员工的人又能厉害到哪里去？

互联网如此发达的时代，明明可以很方便地跟这个行业内的卓越者学习，你为什么不自己去？所以，你根本不需要纠结什么有没有人带你。她听蒙了，来了一句："你说的也对。"

好吧,实际上我们公司就是没有谁带谁的说法,在实践中学习,遇到问题主动询问和自己动手,就是最好的学习。

从急用出发去学习的具体步骤是怎么样的?

第一步,做一个问题清单,列举自己眼下最想解决的问题是什么。

现在很着急解决的工作当中的问题,或学习当中的问题,或生活当中的问题,都可以写下来,然后在上面标明紧迫程度。

我最近比较着急学的知识是关于如何管理的,甚至还去看了许多心理学书籍。我就像一个饥渴了许久的沙漠迷失者,在一本又一本书中寻找答案,这个过程根本不用任何人敦促。

第二步,从清单中最急迫的问题开始,用关键词上豆瓣搜索相关的书单。

豆瓣的书评区质量还不错,搜到书之后除了评分之外,还可以从长评里找一下这本书的读书笔记,通过别人写的读书笔记就能看出这本书的主要内容是什么,写得好不好,进而可以过滤掉很多"标题党",或者虽然好但是无法解决你问题的书籍。

第三步很关键,是一个非常好用的技巧,就是从目录跟框架出发,先去了解一下这本书讲的是什么,找出其中最着急阅读的章节开始读。

这样做的好处,第一,可以避免你把这本书买回来之后从来没有打开过;第二,避免你读了序言跟第一章之后,就没有兴趣读下去了。

如果这个章节读了一半没读懂,不妨再退回去。这时候你退回去读,就会很感兴趣,因为读不懂又成为一个急迫解决的问题了。

这个方法我屡试不爽。

第四步,把你问题的答案记录下来,也就是做读书笔记。

记录是非常重要的,我们会发现,有些问题横亘在你的生命里,会多次出现。

而我们的记忆力显然没有那么好。

以前去大学做讲座,大家提出的问题几乎都是类似的。

A 提出了这个问题,"老师,请问怎么提高情商",B 还是会提问一遍。

更不能理解的是,A 在以后的人生中会一直向不同的人提这个问题,人总是这样,以为提出问题就是解决问题,至于问题的答案是什么,他连记都不想记,等下一次再遇到这个问题怎么办。

问呗。

很多时候,我们对于问题的关注度超过了对于答案的关注度。所以你一定要记录自己已经找到了哪些方法,并且按照那些方法去实践,最好把那些方法的实践效果也记录下来。

这样的话,当你想提这个问题的时候,你就可以看看哪些被实践过,有没有反馈,就没有必要总是反复地提问了。

最后一步,就是做一些其他章节的阅读,快速把这本书给结束,看看有没有更多、更好的启发。这就是我们自主学习的一个步骤。

不知道你读到这儿脑海当中是否浮现出一个疑问:为什么我把学习和读书画等号?

发现没有,我在提到具体如何学习的时候,第一个步骤是教大家去找书。实际上现在的学习手段不只是读书了,有许多音频、视频课程,微博有问答,知乎也有答案,甚至还有许多专业网站。但是读书还是我首推的。

你有没有发现,人对文字是有崇拜心理的?对待文字,人类的心情是很庄重的。没有出现音频和视频的年代,也就是文字时代,文字就是智慧的象征,著书立说就是一个学者的终极追求。话,可以随便说,书,不会随便写。

说出的话有人会忘记,但写下的字是需要经过许多人的眼睛和脑子审视的,会被许多人评论的,而且他们还可以对着你的文字去查询,去探讨。所以人在写书的时候,会比在说话的时候更谨慎。

这就是我为什么推荐大家去书里找答案,在书里,你能找到一个更谨慎的答案,你也能找到一个更系统的答案。

遇见问题,先去书里找答案,这是一个很好的习惯。

但是问题是，即便书里有答案，大家还是视而不见，他们喜欢反复问，到处碰，总茫然。

那些厉害的人，都是自学的。学习得多了，学习本身就成了能力，就成了普通人最不凡的武器。

End
写在最后：
年轻没有用

TED 演讲上有个心理学家的演讲视频，大概是说：20 岁到 30 岁是人生最重要的十年。许多关于人生的重大决定，都是在这个阶段做出的，好比和谁结婚，要不要生个孩子，选择什么样的工作，等等。

人们总说，30 岁不过是人生一个新的十年。这是一句谎言。

20 多岁的时候谈恋爱，好像在玩抢凳子的游戏，你总觉得眼前的这段不算数，总觉得不会和他结婚，恋爱的原因只是觉得寂寞，想有人陪着你一起玩。

可是到了 30 岁，音乐会忽然停止。

周围的人都找到了自己的那把椅子坐下，因为不想成为那个唯一没有坐下的人，你会慌忙地抢一把离你最近的椅子。

一位婚姻不幸的女性说："我常常想，我现在的丈夫就是当时离我最近的那把椅子。但最近的那把椅子不一定是最好的选择。"

20 岁的时候总觉得自己很年轻，还可以去浪费和挥霍，于是把当下该做的都推给以后，把青春当成放纵的借口。到了 30 岁就只能凑合。

年轻时，做错事让人付出的最大代价，不是伤心，而是时间本身。青春不过也就那么几年罢了。

我今年 28 岁了，20 岁这十年即将过完。如果让我对十年前的自己说一句话，我会告诉她，青春真的没有用。你总觉得年轻人有无限可能，但如果像你这个样子过着一成不变的生活，那未来只有一种可能：你会成为一个更老的自己，不会有任何其他的事情发生。

年轻人如果更早知道这一点的话，后来的人生会更从容。

现在我把自己后来知道的一些事情分享给你，希望对你有帮助。

关于工作：

第一点，即便年轻，也没有那么多试错的机会。

很多人喜欢说，年轻就是要多尝试。但就像我之前说的，时间是最大的成本，做事最好有连续性，在一件事情上积累一年和五年，感受是不一样的，资源也是不一样的。

有句话说，对于我们普通人，在一个领域去深挖是回报率最高的做法。

第二点，不要害怕暴露缺点，随时准备跳出舒适圈。

我录了几条抖音发到网上，结果好多人在评论里嘲笑我，说我不好看，说我胖，说我说话的姿态不优美。看完这些评论之后，我很庆幸，庆幸自己当时鼓起勇气去做了这件事，庆幸这些缺点暴露了出来。

人是怎么进步的？因为有缺点暴露出来，然后去改正，人才会进步。

在职场上也是这样，不会做的事情、做错的事情、麻烦的事情、不喜欢的事情，不要逃避和偷懒。这些事情就是你工作中的怪兽，打怪的过程能暴露出你身上需要增加的能力值，进而实现成长和蜕变。

否则，你有可能成为那些不敢跳槽的职场老油条。

第三点，老板只喜欢做选择题，而不是简答题。

千万别总是问老板，这个怎么做，那个怎么做。什么都问他，那么要你干什么呢？哪怕再幼稚，哪怕是新人，也要动脑想出几个方案，然后让老板去选。在职场上，一个人的价值体现在他能解决多少问题。

第四点，了解人比学技术重要。

不管是做产品还是社交，都太需要高情商了。我说的不是那种迎来送往的表面社交技巧，而是比较有能力换位思考，能够体会到他人的逻辑和心态。据说乔布斯可以在测试产品的时候瞬间把自己变成白痴，像一个什么都不懂的人一样来使用产品，然后提出问题。这个能力很厉害，所以他才能做出那么好的产品。

所有的生意，都是人的生意。
懂人，才能赚到钱。

第五点，做一些长期才能看到效果的事情。

有句话说，我们总是喜欢高估自己一年内能做的事情，却低估十年以后的自己。

短暂地投入，快速地成功，这是每个人都喜欢的事情，但是往往会期待落空。一年内我们能做到的事情不多，但从现在开始长期坚持和投入，十年后则会发生翻天覆地的变化。

读书、锻炼、学习某样技能，这些事当中只要有一件可以坚持十年，你就能颠覆自己的命运。

第六点，工作是头等大事。

别被朋友圈刷的那些猝死文章给带跑了，也别被感情填满生活，如果有一样东西不会给你带来任何好处，还会影响工作，就要立马挥刀斩断。

工作太重要了，人生价值需要在工作上体现，理想生活和承担责任也需要工作来保障，所以别为了任何人牺牲你的事业。

我们需要注意的是工作效率和工作节奏，而不是在工作和生活之间做选择。

关于爱情：
第一点，在第三次恋爱之前，觉得不合适要果断分手。
我有个姐姐，谈了七年长跑的异地恋，29岁的时候分手了，再去寻找新的伴侣恋爱，却发现不像年轻时可选范围那么大。

但其实这七年中，她一直觉得有不合适的地方，却没有勇气终止这段错误的感情。

我说过，恋爱最大的成本就是时间。别信那种30岁没什么的鬼话，年纪越大选择越少，这个是必然的事情。尤其在小城市，30岁之后遇到合适伴侣的概率会明显变低。

找到合适的人是需要试错的，所以这个过程不要太晚开始，也不能太犹豫。

在第三次恋爱之前，或许你都不知道什么是合适。

在激素的作用下，与一人相恋，相处久了发现不合，果断分手就好了，或许以后不会遇上比他更好的了，但是谁说得准呢？

单独去评价一个事物，远远没有在对比后再去选择来得理性。

直到遇到第三个时，也许你已经知道，自己要的到底是什么了。这个时候就不要没头脑地乱撞了。

第二点，只要说出你的需求，那么大多数吵架都可以避免。
不爽的时候，我们都会把自己的需求隐藏起来，生闷气，等对方来猜，去找一个表面的原因来掩盖。

但大多数情况下只要把自己的需求说明白,就可以避免争吵。男人也是非常现实的。

永远别想着靠男人上位。

第三点,男人也会嫌弃女朋友穷,而且这样的人不在少数。

有钱人也知道自己有钱,所以一般情况下,你必须付出对等的代价,才能达到平衡状态。

赚钱还可以靠自己,但是恋爱不能你一个人谈。一个合适的人,绝对不等于一个有钱的人。

第四点,结婚前最好先和对方谈谈。

谈谈你们能给对方带来什么切身利益,哪怕只有"在一起很快乐",也算好处的一种。婚前把大多数问题都了解清楚。例如"多少岁的时候生孩子""双方的父母怎么安排"等等。婚后再来磨合这些问题会更痛苦。

第五点,吵架是增进感情的机会。

人需要争吵、翻脸,再和好。两极分化之后会有互相融合的过程。这种允许愤怒的关系才给人稳固的笃定感。在这个过程中,要去找到解决矛盾的方法,掌握表达生气和吵架的技巧。

不怕有矛盾,怕的是双方没有办法解决矛盾,每次吵架都能演变成分手战争,这对双方来说都是损耗。

关于生活:

第一点,靠谱的朋友要有两三个。

到了一定年纪,那些脾气差的、满身负能量的、没有共同语言的、没有人生目标的、特别虚荣的朋友基本上就可以断掉了。他们都不适合深交。

在你的事业有了起色，当你有了家庭后，你的精力越来越有限，把时间放在有价值的人身上才更值得。比如那些能给你建议的，能让你学习的，能互相信任的，以及和他在一起会很开心的人。

这样的朋友有两三个足矣。

不要为了合群而压抑自己，凡是勉强努力才能合群的，本身就不是你的圈子。如果始终无法融入一个圈子，最应该做的就是换一个。

只要一个人性格无害、品格正直，就不会没有朋友。

第二点，越早做打算越好。

25岁的时候我们每个人都不知道将来会怎么样。

父母那一代人25岁的时候，国家就开始安排工作了，而我们这一代，25岁的时候就只剩下迷茫了。

迷茫的时候也是有很多事情可以去做、去想的。年轻时要学会理财，学会为未来的生活去防范风险。你永远不知道什么时候要用钱，手头至少要有让自己抵御一次失业或生病风险的钱。

要掌握一些可迁移的技能，防止失业。要为自己解决养老问题，以免老来悲惨。

第三点，学会休息。

如果你在假期一味地放纵只会更累。睡到天昏地暗，宅到地老天荒，这都没有办法缓解你的疲惫感，反而会让你的生理和心理越来越疲惫。所以一定要学会休息，学会在休息的时间放松、清空自己。这个休息会成为你工作的救星。

很多人都是这样，既不会工作，也不会休息，把自己搞得浑身是伤，疲惫不堪。我找到的最适合的放松方式，就是远离城市，彻底和工作隔离，去爬山和郊游。

第四点，学会盯住自己的人生目标。

你必须要知道，自己来到这个世界上到底是做什么的，什么样的你才是最舒服的。做自己规划好的事情，不要被无意义的人或者事牵绊，不要生闲气。不要被他人为你塑造的形象所累，不要被称赞和好评绑架，不要相信任何一种他人告诉你的人生目标，例如生孩子。

第五点，家庭最重要。

人因为无条件的爱和亲密感，从而有坚定的自信基础。我之所以常有安全感，是因为我知道这个世界上有人会无条件地接纳我和爱我，所以我才能无惧任何否定和困境。

因为被爱，所以才能勇敢。

家庭对我来说是最重要的，家人是我们连接感的重要来源，决定了幸福中很重要的一部分。

所以要珍惜和维护你的家庭，如果你很不幸出生在一个充满缺憾的原生家庭里，那么，你要自己去创造一个新的家。

第六点，什么时候都可以重新开始。

30岁不晚，50岁也不晚。只要是做正确的事，任何时候都不晚。或许最终没有足够的时间和条件去实现，但起码你正走在通往正确的路上。

如果选错了爱人，选错了工作，还勉强坚持下去，那会错一辈子的。学会及时止损、断臂求生，就算一辈子好不了，也比一辈子不好强。

第七点，永远靠自己。

这个简直就是人生真理。

你会发现什么人都不可靠，有时甚至发现就连父母都不可靠。

当父母和你的观念不同时，他们并不会支持你，或者突然有一天你会发现父母的无力。但这并不代表要让大家成为"离群索居者"，而是在心理上一定要自立。自立的人才有安全感。不管你有任何愿望，你有任何想买的东西，不管你想过哪一种生活，都要靠你自己来做到，来完成。

18岁的时候我认为，25岁的人老得可怕。

25岁的时候我反而不觉得害怕。

年少不值得回头，那时候的自己慌乱无序，骄傲自大。而现在，时光赐予人智慧和成熟，让一个人日渐笃定和从容。能够驾驭一切以后，谁会羡慕被奴役的日子？

年轻没什么好的。虽然我现在还算年轻。

© 中南博集天卷文化传媒有限公司。本书版权受法律保护。未经权利人许可，任何人不得以任何方式使用本书包括正文、插图、封面、版式等任何部分内容，违者将受到法律制裁。

图书在版编目（CIP）数据

精准努力：刘媛媛的逆袭课/刘媛媛著．—长沙：湖南文艺出版社，2019.10（2021.8 重印）
ISBN 978-7-5404-9445-2

Ⅰ．①精… Ⅱ．①刘… Ⅲ．①成功心理—通俗读物 Ⅳ．① B848.4-49

中国版本图书馆 CIP 数据核字（2019）第 207272 号

上架建议：畅销・成功励志

JINGZHUN NULI：LIU YUANYUAN DE NIXI KE
精准努力：刘媛媛的逆袭课

作　　者：	刘媛媛
出 版 人：	曾赛丰
责任编辑：	薛　健　刘诗哲
监　　制：	毛闽峰　李　娜
特约策划：	由　宾
特约编辑：	周子琦
营销编辑：	侯佩冬　吴　思　焦亚楠
封面设计：	利　锐
版式设计：	梁秋晨
出　　版：	湖南文艺出版社
	（长沙市雨花区东二环一段 508 号　邮编：410014）
网　　址：	www.hnwy.net
印　　刷：	三河市兴博印务有限公司
经　　销：	新华书店
开　　本：	880mm×1270mm　1/32
字　　数：	322 千字
印　　张：	11
版　　次：	2019 年 10 月第 1 版
印　　次：	2021 年 8 月第 4 次印刷
书　　号：	ISBN 978-7-5404-9445-2
定　　价：	48.00 元

若有质量问题，请致电质量监督电话：010-59096394
团购电话：010-59320018